U0211160

家庭金融

冯淑娟　王耀辉　主编

HOUSEHOLD
FINANCE

ZHEJIANG UNIVERSITY PRESS
浙江大学出版社
·杭州·

图书在版编目（CIP）数据

家庭金融 / 冯淑娟,王耀辉主编. -- 杭州 :浙江
大学出版社，2024.11. -- ISBN 978-7-308-25579-0

Ⅰ. TS976.15

中国国家版本馆 CIP 数据核字第 2024H3E422 号

家庭金融

JIATING JINRONG

冯淑娟　　王耀辉　主编

策划编辑	吴伟伟
责任编辑	陈逸行
文字编辑	梅　雪
责任校对	马一萍
封面设计	雷建军
出版发行	浙江大学出版社
	（杭州市天目山路 148 号　邮政编码 310007）
	（网址：http://www.zjupress.com）
排　　版	浙江大千时代文化传媒有限公司
印　　刷	杭州宏雅印刷有限公司
开　　本	787mm×1092mm　1/16
印　　张	20.25
字　　数	363 千
版 印 次	2024 年 11 月第 1 版　2024 年 11 月第 1 次印刷
书　　号	ISBN 978-7-308-25579-0
定　　价	88.00 元

编辑委员会

前　言

共同富裕是社会主义的本质要求，是中国式现代化的重要特征。共同富裕是马克思主义价值观在中国式现代化建设过程中的新体现：只有符合广大人民的利益，从广大人民角度来看的价值，才是真正的价值；人民是社会价值的创造者和享用者。中国具有典型的家国文化特征，新时代市场经济的发展使我国人民生活水平不断提高，以家庭为单位的家庭金融的健康发展，可以推动中国式现代化的稳步前进。一方面，居民通过参与金融市场进行资产配置，获得剩余资金的财产性收入，可以实现在优化收入结构的同时减小由收入来源单一带来的风险，这符合国家"多渠道增加城乡居民财产性收入提升财产性收入比重"的要求；另一方面，以家庭为单位的人民美好生活的需要，在实际上也需要通过金融市场实现家庭融资需求，甚至在必要的时候实现家庭消费的跨期配置。

家庭参与金融市场的程度是衡量一个国家资本市场发展质量的重要内容。据一些专业机构的调查，在城镇中，70％的家庭对理财服务表现出浓厚的兴趣，而在农村也有超过50％的家庭希望学会一些与市场经济接轨的理财思路和理财方式。越来越多的家庭不断活跃在金融市场中，为金融市场的发展注入源源不断的新鲜活力，促进金融市场的进一步发展；越来越多的家庭持有金融资产，以进一步稳固家庭的资产及经济状况。

推动家庭金融发展的一个重要方面是提高金融素养。家庭成员金融素养不高是家庭金融发展的隐性门槛。一方面，金融素养需要个体通过系统的金融知识学习和金融市场投资实操不断积累，是金融理论和金融现象认知能力的综合表现。另一方面，个体非理性特征的存在又导致金融素养容易受到非理性状态的驾驭和控制。金融素养与金融行为不匹配，不但会给家庭带来巨大的风险，而且影响社会的稳定和发展。在金融发展水平不断提升的今天，金融素养越来越成为衡量一个人能否成为合格金融市场参与者的重要标准，直接决定了家庭参与金融市场的收益获取和风险规避能力。这对于提升财产性收入水平、优化家庭收入结构，进而实现物质财富增加将起到重要的推动作用。

2006 年，美国金融学会主席约翰·坎贝尔（John Campbell）首次提出了"家庭金融"概念。坎贝尔将"家庭金融"定义为研究家庭经济决策、储蓄和投资行为的学科。家庭金融研究关注个人和家庭如何在不同的经济环境下进行财务规划、风险管理和资产配置。这些决策包括如何存款、借贷和投资以满足家庭的消费需求、教育支出、退休储蓄和财富传承等。为了更好地满足相关学科人才培养的需要，我们启动了《家庭金融》的写作进程，组织团队完成了各个部分的写作工作，还得到了浙江省现代服务业研究中心开放基金的立项支持（SXFJY202308），叶斯怡、高韬、潘俞宇、胡翌晨、陈安琪、冯超、顾奕安、廖楚越等参与了资料搜集等工作。

家庭金融是一个新兴课题，具有开放式、创新式、未来式的意义。我们作为中国家庭金融理论书籍的编写者，在此抛砖引玉，希望能得到各位专家学者的赐教。

目　录

第一章　家庭金融概论 ……………………………………………………… 1

　　第一节　家庭金融概述 ………………………………………………… 2

　　第二节　家庭金融主要内容 …………………………………………… 10

　　第三节　家庭金融的发展研究 ………………………………………… 20

　　复习题 ………………………………………………………………… 24

第二章　家庭金融基础知识 ……………………………………………… 27

　　第一节　融资与投资 …………………………………………………… 29

　　第二节　利率与通胀率 ………………………………………………… 37

　　第三节　风险与收益 …………………………………………………… 41

　　第四节　投资组合理论 ………………………………………………… 43

　　第五节　投资心理学 …………………………………………………… 45

　　复习题 ………………………………………………………………… 49

第三章　家庭财务分析与资产配置 ……………………………………… 51

　　第一节　家庭资产负债表 ……………………………………………… 53

　　第二节　家庭现金流量表 ……………………………………………… 58

　　第三节　家庭财务比率分析 …………………………………………… 62

　　第四节　投资人特征分析及资产配置评估 …………………………… 69

　　复习题 ………………………………………………………………… 75

第四章　家庭融资工具 ……………………………………………… 81

　第一节　信用卡 …………………………………………………… 83

　第二节　住房消费信贷 …………………………………………… 88

　第三节　其他消费贷款 …………………………………………… 92

　第四节　民间借贷 ………………………………………………… 98

　第五节　其他短期小额借贷 ……………………………………… 99

　复习题 …………………………………………………………… 101

第五章　家庭保守型投资工具 ……………………………………… 105

　第一节　银行储蓄 ………………………………………………… 107

　第二节　短期国债 ………………………………………………… 109

　第三节　国债逆回购 ……………………………………………… 112

　第四节　货币市场基金 …………………………………………… 116

　第五节　移动互联网新型理财产品 ……………………………… 119

　第六节　中长期银行储蓄 ………………………………………… 124

　复习题 …………………………………………………………… 127

第六章　家庭稳健型投资工具 ……………………………………… 131

　第一节　中长期债券 ……………………………………………… 133

　第二节　中长期债券价值计算 …………………………………… 141

　第三节　中长期低风险理财产品和基金 ………………………… 143

　第四节　储蓄型养老金 …………………………………………… 147

　第五节　公募基金 ………………………………………………… 150

　复习题 …………………………………………………………… 158

第七章　家庭激进型投资工具 ……………………………………… 161

　第一节　股　票 …………………………………………………… 163

　第二节　融资融券 ………………………………………………… 170

　第三节　股权投资 ………………………………………………… 176

　第四节　期　货 …………………………………………………… 182

第五节 金融期货 …………………………………………………… 198

第六节 外 汇 …………………………………………………… 203

第七节 期 权 …………………………………………………… 221

复习题 …………………………………………………………… 233

第八章 家庭其他类金融工具 …………………………………………… 235

第一节 黄 金 …………………………………………………… 237

第二节 房地产 …………………………………………………… 242

第三节 文化产品 ………………………………………………… 251

第四节 彩 票 …………………………………………………… 258

复习题 …………………………………………………………… 263

第九章 家庭金融风险及其防范 ………………………………………… 267

第一节 家庭投融资风险及其防范 ……………………………… 270

第二节 家庭财产传承风险 ……………………………………… 274

第三节 家庭个体安全风险防范——保险 ……………………… 275

第四节 家庭财产传承风险防范——信托 ……………………… 284

复习题 …………………………………………………………… 290

第十章 家庭理财规划 …………………………………………………… 293

第一节 子女教育 ………………………………………………… 295

第二节 家庭税务 ………………………………………………… 301

第三节 婚姻与财富 ……………………………………………… 308

第四节 家庭理财规划书制作 …………………………………… 312

复习题 …………………………………………………………… 315

第一章 ·······································

家庭金融概论

学习目标

● 了解家庭金融的概念、起源以及金融经济学的相关知识
● 理解家庭金融的特征、影响因素和挑战
● 熟悉货币需求理论和均值方差体系相关知识

【导入案例】

"今天股票的收盘价是多少?""今天人民币兑美元的汇率又跌了!""企业发行新债券了!"这些或许陌生或许熟悉的金融从业人员的专业术语逐渐进入大众的视线,进入许多普通老百姓的家庭和日常生活中。只要细心留意,就会发现这些话语逐渐成为许多家庭饭桌上的谈资,金融对于大多数家庭来说,已经不再是陌生的字眼,而是与生活紧紧相连在一起的、促使家庭经济更健康平稳发展的工具。

第一节　家庭金融概述

一、家庭金融的概念

(一)家庭

家庭是根据亲属关系联结在一起,并共同生活、相互依靠的基本社会单位。一个家庭通常由父母与子女组成,也可以包括其他亲属成员,如祖父母、兄弟姐妹等。家庭是人类社会中最基本的组织形式,它提供了情感支持、物质支持和社会支持,是人们成长、培养价值观和传承文化的重要场所。《婚姻家庭大辞典》中释义:"家庭是一种由具有婚姻关系、血缘关系乃至收养关系维系起来的人们,基于共同的物质基础和思想基础而建立起来的一种社会生活的组织形式。"[①]社会是由众多的家庭单位构成的,家庭是社会进步、发展到一定历史阶段的产物,是构成社会生活的基本单位,两者具有辩证关系,相辅相成,具有相当的稳定性、连续性和持久性,共同的

---

① 彭立荣. 婚姻家庭大辞典[M].上海:上海社会科学院出版社,1988.

住处、经济合作和繁衍后代是家庭的三大特征和作用,其中最重要的就是经济合作。

随着时代的变迁和经济的发展,尤其随着近年来人们生活水平的极大提高,每个家庭除了保证平时的生活支出,还有了越来越多的资金积蓄。家庭成员的自主权利不断增加,不只是扮演传统意义上的劳动者和消费者的角色,每个家庭为了享受更好的生活,还扮演着投资者和经营者的角色,由众多成员组成的家庭已经成为社会的一个基本经济组织。现代生活中,一个家庭的基本运作最离不开的就是消费。站在家庭的角度来看,消费已经不再仅仅是以个体形式进行的经济活动,而是集合家庭成员的全部经济资源,以达到效用的最大化。因此,家庭金融作为金融学新的方向和分支,分析研究家庭参与金融市场经济活动的动机、目的和影响因素,对金融研究具有一定的创新性,也是国家金融稳定的基础,具有较好的理论意义和现实意义。

(二)金融

关于金融,从不同的角度有不同的定义。例如,从范围看,金融有狭义和广义之分,狭义金融往往就是货币资金的融通,而广义金融不仅指涉及货币、信用以及与此有关的形成、运行的所有交易行为的集合,而且还是涉及货币供给、银行与非银行信用,以证券交易为操作特征的投资、商业保险等,以及以类似形式运作的所有交易行为的集合。[①]

我们认为,"金融"就是资金的融通及其有关的活动。"资金"是资产的金额,一定货币量的资产就叫作资金。资产越多财富与权利就越大,这里的权利可以理解为"索取权",如"债权"。"融通"是指资产在金融市场中通过流通转换等方式进行的一种财富与权利的交换,这就是金融市场的运行,由此形成了一个金融体系。

(三)家庭金融

家庭参与金融市场的程度是衡量一个国家资本市场发展质量的重要内容。随着互联网的快速发展,广大家庭的金融意识不断增强,越来越多的家庭不断活跃于金融市场,为金融市场的发展注入源源不断的新鲜活力。这也意味着越来越多的家庭持有金融资产以进一步稳固家庭的资产。

约翰·坎贝尔[②](John Campbell)在对 2005 年以前的研究进行深入分析和讨

---

① 曹龙骐. 金融学[M]. 北京:高等教育出版社,2006:2.

② 美国当代著名金融经济学家,2006 年倡导创设一个新的金融学研究领域——家庭金融学,连续发表一系列研究成果,产生了广泛的影响,是家庭金融学的主要创立者和推动者。

论的基础上,2006 年在他就任美国金融学会主席时,首次提出了"家庭金融"这个概念。坎贝尔将"家庭金融"定义为研究家庭经济决策、储蓄和投资行为的学科。家庭金融研究关注个人和家庭如何在不同的经济环境下进行财务规划、风险管理和资产配置。"家庭金融"越来越受重视,现已发展成为一个独立的研究领域,有助于推动金融学的理论完善和范畴扩充。

二、家庭金融的兴起

(一) 金融经济学的诞生

对于金融史来说,1952 年是具有重大意义的一年,那一年美国的经济学博士哈里·马科维茨(Harry M. Markowitz)就"投资者面对不同的资产,如何进行投资组合选择"提出了一个具有跨时代意义的研究问题。1952 年,《金融杂志》刊登了他的论文《资产组合选择》。在这篇论文中,马科维茨对上述问题进行了深入分析和研究。马科维茨将风险视为投资组合收益的变异性或波动性。具体而言,马科维茨使用统计上的标准差(即投资回报的方差平方根)来度量投资组合的风险。标准差衡量了投资组合回报与其平均预期回报之间的偏离程度。较高的标准差表示投资组合存在较大的波动性和风险。马科维茨认为,投资组合的风险不仅取决于其持有的各个资产的单独风险,还取决于这些资产之间的相关性。如果资产之间存在低或负的相关性,可以通过组合它们来减小投资组合的整体风险。当一种资产的价格下跌时,其他资产的价格可能会上涨,从而减少整体投资组合的波动性。由于均值方差分析框架的提出,马科维茨斩获了诺贝尔经济学奖,金融经济学也应运而生。

金融经济学是一门科学体系,专门研究金融资源的配置和效率、风险管理以及市场的稳定性。虽然债券、股票和各种衍生品等金融工具种类繁多,它们带来的收益和风险也各不相同,但它们有一个共同的特征:人们希望通过持有金融工具在未来创造更多价值,以最大限度地满足自身物质购买力的需求。金融经济学建立在完美市场假设的基础上,旨在分析理性投资者如何以最有效的方式运用资金和投资,以实现他们最终设定的目标。通过研究金融市场的运作规律、投资决策的制定和风险管理的方法,金融经济学致力于提高投资者的决策能力和市场的整体效率,推动经济的稳定发展。

(二)中国目前的金融体系

中国的金融体系是以中央银行(中国人民银行)为领导、商业银行为主体、非银行金融机构为补充、多种金融机构并存、金融市场逐步发展的新型金融机构体系

（见图 1-1）。

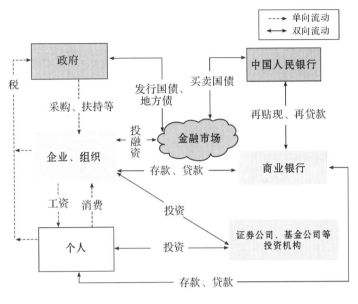

图 1-1　中国金融体系

中国目前已经建立了与社会主义市场经济体制相适应的金融体制和金融运行机制。在一国的金融体系中,金融机构提供金融产品,这些产品经过交换成为金融商品,金融商品的交换场所被称为金融市场。由于金融商品价格的波动性,它成为投资者牟利的工具,也被称为金融工具。

金融市场是金融工具交易和资金融通的场所。它既可以是一个有形的市场,也可以是一个无形的市场。金融市场由金融机构和投融资者组成。政府、企业和家庭是金融市场的投融资主体。

（三）抽象化的金融市场

政府、企业和家庭在金融市场中通过直接或间接的方式进行货币资金的融通。我国金融市场由一类特殊机构、两个方面、三个主体组成（见图 1-2）。

1.一类特殊机构:金融机构

金融机构是金融市场中资金融通的组织者。一方面,它们和其他企业一样把追求利润最大化作为自己的经营目标;另一方面,与一般企业不同的是,它们必须接受金融监管机构的监管。政府和监管机构在金融体系中发挥"宏观调控"和"金融监管"的作用。宏观调控主要为实现四大目标:第一,促进经济增长。第二,增加就业。第三,稳定物价。第四,保持国际收支平衡。金融监管的目的是促进金融机构依法稳健经营,实现可持续发展。

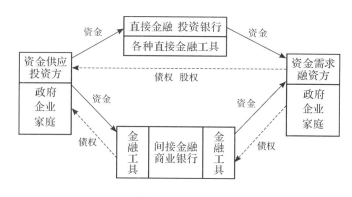

图1-2 金融市场

金融机构按其功能可以分为货币当局、金融监管机构、商业银行、政策性银行、非银行金融机构和外资金融机构。

货币当局是指中央银行,即中国人民银行。中国人民银行的主要职责是履行宏观调控职能,更好地执行货币政策,其主要业务包括再贴现和再贷款、买卖国债等。

2023年3月,我国金融监管体系由"一行两会",变为"一行一局一会"的新格局。"一行一局一会"包括中国人民银行、国家金融监督管理总局、中国证券监督管理委员会(简称证监会)。

中国六个大型综合性国有银行分别是中国银行、中国农业银行、中国工商银行、中国建设银行、交通银行、中国邮政储蓄银行。商业银行除了以上六个大型综合性国有银行,还包括其他股份制商业银行,如城市商业银行、农村商业银行等。六大国有银行的资产负债规模和中间业务约占我国商业银行业务总量的50%以上。

政策性银行是为贯彻、配合国家特定经济和社会发展政策而提供资金融通的银行。1994年,中国组建了国家开发银行、中国农业发展银行和中国进出口银行三家政策性银行,目的在于实现政策性金融与商业性金融分离。

非银行金融机构包括保险公司、证券机构、投资基金机构、信托公司、农信社、金融资产管理公司、金融租赁公司等。这些机构通过提供保险、发行股票和债券、接受信用委托等方式筹集资金,并且将所筹集到的资金用于长期投资。

外资金融机构包括外资、侨资、中外合资的银行、财务公司、保险机构等在我国境内设立的分支机构及驻华代表处。外资金融机构通过贷款、间接投资或直接投资等方式向我国境内企业提供资金。

2.两个方面:买入者与卖出者

买入者与卖出者又称投资者和融资者。付出货币或资金买入金融工具的是投资者;反之,卖出金融工具得到货币和资金的是融资者。

3.三个主体:政府、企业和家庭

政府是金融市场的调控者和监管者,也是金融市场中金融工具的买入者和卖出者。为了更好地监管金融市场,中国政府设立了"一行一局一会"进行分业管理,其中中国人民银行主要负责货币政策执行和宏观审慎监管,国家金融监督管理局主要负责微观审慎监管和消费者权益保护,证监会主要负责资本市场监管。

企业(公司)是经济活动的主体,它们有着最大的融资需求,因而也是金融市场运行的基础。企业因从事商品生产和流通而与金融市场紧密联系在一起。企业生产经营过程中发生的资金短缺可通过金融市场进行融通,金融市场的主要资金来源是企业,企业和金融市场密不可分。专门研究企业金融的课程叫"公司金融"。

家庭(个人)是金融市场中最基本也是最普遍的金融单位。与企业金融一样,家庭金融是独立的金融单位,由个人或家庭组成,单体的体量较小。家庭金融分析家庭如何使用金融工具以实现金融资产增值或保值的目的。专门研究家庭金融的课程叫家庭金融。

(四)我国目前的金融市场

金融市场的构成十分复杂,它是由许多不同的市场组成的一个庞大体系。金融市场可以根据交易方式的不同分为直接和间接的投资融资方式,它们都是通过金融工具的交换来实现的,形成了债权或股权关系。股权融资大部分采用直接融资。直接融资不经过任何金融中介机构或是经过金融机构但是金融机构不承担风险,其任务就是进行信息匹配并收取中介费。直接融资中,资金短缺一方(融资者)直接与资金盈余一方(投资者)协商解决所需资金,通过有价证券及合资等方式进行资金融通,如发行企业债券或股票、收购兼并、企业内部融资等。间接融资是指以金融机构为媒介进行融资活动,主要是银行贷款等,金融机构要承担融资风险。

根据交易金融工具的期限来区分,金融市场可以分为货币市场和资本市场两大类。货币市场是融通短期资金的市场,资本市场是融通长期资金的市场。货币市场和资本市场又可以进一步分为若干不同的子市场。货币市场包括金融同业拆借市场、回购协议市场、商业票据市场、银行承兑汇票市场、短期政府债券市场、大额可转让存单市场等;资本市场包括中长期信贷市场和证券市场等。中长期信贷市场是金融机构与企业之间的贷款市场;证券市场是通过证券的发行与交易进行融资的市场,包括债券市场、股票市场、基金市场等。

(五)金融理论研究层次

金融理论研究通常划分为三个层次:

第一个层次是宏观层次，即一个国家或者整个国际的层次，比如国际金融，或者中国金融，这种通常称为宏观金融，它有一个金融政策制定的主导权或一个共同约定规则。

第二个层次是中观层次，即按照某个地区或者某个行业来进行的投融资活动，比如一个地区的投融资活动，长三角金融，或者某某省的金融；或某个行业的投融资活动，比如航运金融、汽车金融等，这些统称为中观金融。

第三个层次是微观层次，叫微观金融。微观金融的参与主体主要是企业和家庭，这是研究金融活动细胞的课题，一是公司金融或企业金融，二是家庭金融。企业和家庭是整个金融体系的主要细胞，也是金融活动的主体。而家庭是资金的主要提供者（如存款），也是融资的需求者（如房贷等），所以家庭金融在整个金融活动中占据了十分重要的位置。

三、家庭金融的发展

2006 年在美国金融学会上，坎贝尔首次提出了"家庭金融"这一概念，并对家庭金融领域研究做了很好的阐述。坎贝尔指出，家庭金融所面临的两大挑战是度量和建模。他认为，家庭金融研究的核心是相对贫困和缺乏教育的家庭的实际行为与理想行为之间的不一致性，这种不一致问题亦称投资错误，大多数家庭的不一致问题可以通过在标准金融理论中融入容易被忽视的微小摩擦加以解释。坎贝尔认为，家庭金融主要关注的是家庭投资者的效用目标，通过拥有或者可以拥有的金融资产如股票、债券等的规划配置实现资产的跨期优化，从而实现最有效地使用资金和达到资金效用的最大化。

与公司金融类似，家庭金融研究的是家庭如何运用金融工具达到其设定的获利目标。但是，两者之间也存在显著差别。

第一，范围和参与者不同。家庭金融侧重个人和家庭的财务管理和决策，研究个人和家庭如何管理储蓄、投资、消费决策、退休规划、风险管理等；而公司金融则关注企业和组织的财务活动，研究公司如何筹集资金、进行投资、管理资产和负债，以及决策与财务战略相关的问题。

第二，目标和关注点不同。家庭金融的目标通常是满足个人和家庭在不同生命周期阶段的财务需求和目标，如储蓄、子女教育、退休规划等；而公司金融的目标是生成股东价值和实现公司的财务目标，如盈利最大化、市场份额增长、股价提升等。

第三，决策过程和影响因素不同。在家庭金融中，个人或家庭的财务决策通常受个人偏好、家庭状况、风险态度、收入水平和家庭关系等因素的影响;而在公司金融中,财务决策通常由公司的管理层以及董事会等机构来制定,受市场竞争、法规要求、股东利益和公司的财务状况等多种因素的影响。

第四,披露和透明度要求不同。家庭金融方面,个人和家庭的财务信息通常更私密;公司金融方面,上市公司在许多国家有披露和透明度的要求,需向股东和投资者提供财务信息和业绩报告。这样做是为了保护投资者的利益和帮助他们做出明智的投资决策。

家庭金融的研究大致有两条相辅相成的路径:一是在金融经济学的基础上,利用所掌握的理论知识来分析家庭在金融市场中的行为,并给家庭提出相应的建议;二是通过对家庭金融行为的实证分析和研究,为金融经济理论提供更加强有力的案例基础和数据支撑,带动金融经济理论层面的进一步完善。

在过去的一段时间,家庭金融理论得到了广泛的研究和发展:一是在理论框架层面,家庭金融的理论框架正在不断扩展和完善。早期的研究主要关注家庭的储蓄、消费和投资行为,随着研究的深入,越来越多的研究者开始关注家庭财务规划、风险管理、财富传承等更广泛的主题。家庭金融领域逐渐形成了一个综合性框架,以解释和理解个人和家庭在金融决策和财务管理方面的行为。二是在方法和数据层面,随着研究的进展和技术的提升,家庭金融研究中使用的方法和数据也得到了改进。传统的方法包括经济学模型、实证分析和调查研究,随后引入了实验经济学和行为金融学的方法。此外,随着大数据和信息技术的发展,研究者能够利用更丰富的数据源进行更深入的研究,如金融交易数据、消费数据和社交媒体数据等。三是在交叉学科研究层面,家庭金融研究日益与其他学科交叉,如心理学、社会学、教育学和公共政策等。这种跨学科合作为家庭金融研究提供了更丰富的视角和方法,促进了对家庭金融行为更全面、更深入的理解。四是在实践应用层面,家庭金融理论得到了广泛的实践应用。金融机构、政府和非营利组织越来越重视家庭金融问题,并根据相关研究开展政策制定、金融产品设计和财务教育等方面的工作。实践应用通过向个人和家庭提供更好的金融工具、资源和教育,增进他们的财务健康和经济福祉。

四、家庭金融研究的意义

家庭作为社会的基本组成单位,通过金融产品直接或者间接参与金融市场,对资本市场的健康发展和家庭财富的保值增值都具有很重要的意义。在如潮般的微观数据的支撑下,随着众多研究方法的引入,家庭金融研究进一步完善,宽度和深度进一步拓展。从整体上看,家庭金融涉及金融学、心理学、社会学等,并与之结合,是当前金融研究的热点。

家庭金融研究的意义大致涵盖以下三个方面:

其一,通过对家庭金融资产的选择行为的深入研究,揭示劳动收入、自有房产、信贷约束、社会保障、受教育程度、社会关系网等对家庭资产配置决策的影响,从而帮助、教育投资者更好、更合理地进行投资规划,尽可能地规避风险,提高家庭经济福利,促使家庭资产保值增值。

其二,家庭金融的研究在一定程度上可以促使相关决策部门更贴近实际地制定方针政策,如是否应该让家庭自主决定退休金账户资产的配置、如何要求金融机构对其提供的各种金融产品进行适当的信息披露、如何改进产品的设计才能更好地保护投资者的利益等。家庭金融的研究可以帮助金融市场更好地完善,促进金融市场健康发展。

其三,家庭金融的研究发现有助于拓宽资产定价的研究视野,同时提高资产定价模型的解释能力。例如,Heaton 和 Lucas 通过引入个人业主收入风险改善了传统定价模型对资产价格的解释能力,而引入个人业主收入风险的动机就来自家庭金融现象的实证。[①]

第二节　家庭金融主要内容

一、家庭金融资产选择的起源与成形

(一)家庭金融资产选择的起源:货币需求理论

严格来说,家庭金融资产选择的起源可以追溯到货币需求理论。凯恩斯的货币需求理论构成了众多货币经济学问题讨论的基础,在经济发展中占据重要地位。货币需求理论深入论述了家庭对货币和有价证券的选择问题,核心在于当利率变动时,人们如何调整持有货币和有价证券的比例。同时,希克斯(Hicks)将货币视

---

① Heaton J, Lucas R. Market liquidity and the magnitude of aggregate fluctuations in earnings [J]. Journal of Financial Economics,2000(2):227-264.

为真实价值与票面价值相等的完全货币,而其他证券则是真实价值与票面价值有所差异的不完全证券。这两者可以相互转化,而持有货币或证券则需要考虑投资成本、收益和未来支取日期这三个要素。这些重要思想为后来资产选择理论的形成和完善奠定了重要的基础。

弗里德曼(Friedman)在1957年提出货币与债券、股票之间存在替代关系。由于债券、股票等风险资产的预期收益相对较高,人们愿意持有这些资产而减少货币的持有量。金融资产的预期回报越高,需求就越大,对货币的需求会相对减少,这样的资产重组有助于提高投资者的收益。此外,马尔沙克(Marschak)在1938年提出使用均值方差坐标系中的无差异曲线来描述人们的偏好。人们的偏好因素包括对等待的厌恶程度、安全性需求和不确定因素等。在偏好和期望明确的前提下,资产选择问题可以转化为在特定时间点,以不同价格持有不同金融资产的问题。这些研究背景为后来马科维茨提出资产组合理论提供了坚实的基础。

(二)家庭金融资产选择的成型:均值方差体系

从20世纪50年代开始,家庭金融资产选择进入了理论发展的重要阶段。在经济学家马科维茨等的不断完善和发展下,最终形成了经典的资产选择理论,并分为两大分支。一是马科维茨提出的均值方差分析体系,后来由夏普在此基础上进行了进一步的修改和完善,并形成了著名的资本资产定价模型。二是阿罗提出的状态偏好分析体系。

1.均值—方差资产选择理论

马科维茨在金融资产的预期收益和方差的基础上,深入分析了投资者的金融资产选择行为,提出了均值—方差资产选择理论。该理论强调在风险与收益之间的权衡,并通过构建多种投资组合实现最佳配置。马科维茨认为,有效的投资组合是指在给定风险水平下,没有其他组合能够获得更高的收益率,或者在给定收益水平下,没有其他组合有更小的风险。马科维茨引入了无风险资产,并将其与市场组合(包括所有可选资产的加权组合)结合形成了资本市场线(capital market line,CML)。在CML上的每个投资组合都包含无风险资产和风险资产组合,而不同投资者的风险偏好则通过调整所占资金比例来确定。此外,马科维茨强调投资组合的分散化对降低风险水平的重要性,通过选择不同资产之间相关性较小的组合,以进一步减小投资组合的整体风险。

2.状态偏好资产选择理论

根据阿罗的状态偏好资产选择理论,证券是当前财富与未来财富复杂关系的体现。由于现在和未来的时间差以及未来状态的不确定性,每个证券的收益与特定的未来状态相对应。因此,投资者在金融资产选择上更多地考虑对未来状态的判断。阿罗以数学方法首次证明了资本市场的风险分散功能。在有效市场假设下,通过分散投资可以降低除未来状态不确定性外的资产总收益的不确定性。换言之,只要市场中的证券足够多,通过合理配置资产,非系统性风险可降至较低水平。投资者对风险的态度反映了对未来不同状态的偏好程度。这种投资者的风险偏好可以通过状态依赖效用函数来刻画,该函数考虑了投资者在不同市场状态下的偏好权重。综上所述,阿罗的状态偏好资产选择理论揭示了投资者对未来状态判断的重要性,以及风险分散和投资者偏好对资产选择的影响。

【开胃阅读】

夏普等的资本资产定价模型

资本资产定价模型(capital asset pricing model,简称 CAPM 模型)是由美国学者夏普(Sharpe)、林特尔(Lintner)、特里诺(Treynor)和莫辛(Mossin)等于 1964 年在资产组合理论和资本市场理论的基础上发展起来的。CAPM 模型是用来描述资产预期收益率和风险之间关系的经济学模型,是现代金融市场价格理论的支柱,被广泛应用于投资决策和公司理财领域。夏普等在马科维茨资产选择理论的基础上,吸收了托宾的无风险资产理论,进一步深入研究投资者对无风险资产和风险资产的选择和配置行为,最终得出资本资产定价模型(CAPM 模型)。理性的投资者根据均值方差对资产组合进行选择和绩效评价,选择依据是风险既定收益最高或者收益既定风险最小,每个投资者的最佳风险组合客观存在且无关风险偏好。

资本资产定价模型基于以下几个假设。

◇ 投资者理性:投资者是理性的,他们在做决策时会考虑风险和收益。

◇ 风险的度量:标准差是衡量风险的唯一指标。

◇ 投资组合:投资者可以在任意数量的风险资产之间投资,并可以卖空。

◇ 无风险利率:投资者可以在无风险资产上获取一个确定的利率。

◇ 市场完全:所有投资者共享同一观点,并且具有相同的信息,市场是完全的。

夏普将总风险分为不可分散化的系统风险和可分散化的非系统风险。在市场达到均衡状态的时候，资产的预期收益率应该等于无风险收益率加上一个风险溢价，即资产的贝塔系数(Beta)与市场的风险溢价之积。其中，贝塔系数衡量了资产的系统风险，即与市场波动相关的风险。

CAPM模型因其简洁和实用性，在证券市场技术分析中得到了广泛的应用。CAPM模型不是一个完美的模型，但是其较好地描述了证券市场上人们的行为，帮助投资者考量所得到的额外回报是否与其中的风险相匹配，为现代金融学打下了坚实的基础。

二、家庭金融的特征

根据《中国统计年鉴》《中国金融年鉴》、中国经济网等相关数据，中国家庭金融资产总体呈现倾向储蓄、房地产占比较大、金融产品占比较小、保险和养老起步较晚的特点。

家庭金融决策和个人金融决策有许多相似之处，宛如一对"双胞胎"，但是家庭金融决策是以家庭整体为对象，汇集了家庭中所有个人的金融经济活动。在制定金融决策时，家庭更倾向于选择中长期的投资策略。此外，不可交易和非流动性资产在家庭资产中占比较大。同时，大多数家庭都面临不同程度的融资约束，这会直接导致家庭在决策过程中存在一定的行为偏差。家庭金融具有以下几个方面的特征。

(一)投资决策具有长期性

家庭金融投资通常会受许多因素的影响，家庭投资决策与整个家庭的生活息息相关，决策具有明显的长期性特征，因此，投资者会更加谨慎理性地选择投资组合。所以，家庭在进行决策时，通常会综合考虑投资组合的生命周期、通货膨胀率等因素以及其对家庭资产的影响程度，尽力规避风险，实现资产的保值和增值。

(二)持有流动性较差的资产

住房作为典型的非流动资产，是大多数家庭青睐的资产之一，也是中产阶级最主要的资产类别。除了作为抵押品用于获取贷款或其他金融服务，住房还类似于长期债权资产，其价值会随着消费相对价格的变化而变化。然而，住房的流动性较差，意味着其转化为现金可能相对困难。这种流动性不足在一定程度上会增大房屋拥有者所承担的金融风险。

（三）融资约束

融资约束普遍存在且不可避免，如住房等资产只有作为抵押才能向银行借到大量流动资金。房产作为不动产，可以作为抵押向银行借得流动资金，缓解家庭部分的资金困难。但是，房产在许多人眼里已经不再是单纯的资产，更是家庭成员的归属感所在。同时，房产本身价格的高昂和其不同于其他资产的用途和作用导致其在缓解融资约束方面所能发挥的作用也是较为有限的。家庭在进行投资和消费决策时，不仅要考虑家庭资产和投资机会，还要考虑融资过程中可能出现的约束。

在投资过程中，很多的家庭会难以做出正确的决策，导致金融资产遭到一定程度的缩减。文献研究显示，我国大多数家庭对投资理财的认知还停留在较浅的层面，仅仅是将其作为一种取得经济收益的金融活动，所以，更加注重收益性，而容易忽略金融产品本身的复杂性和市场的波动性，以及由此带来的风险。

家庭在金融决策过程中可能引起失误的原因，通常可以归结为内部和外部两大类。内部原因是大多数家庭缺乏金融的基础知识以及对国内外金融咨询的关注和了解，盲目从众投资，这会使家庭金融资产的安全性受到一定程度的威胁。相比之下，将家庭资产委托给专业的人士进行管理，可以大大降低风险，从而达到资产的保值和增值。外部原因是我国的金融市场相比欧美等发达国家，在深度和广度等方面还存在较大的差异，许多机制和保障体系还处于成长阶段；企业融资渠道有限，监管体系还在进一步健全和完善中。同时，金融市场的波动性也增大了家庭投资选择的艰难程度。

三、家庭金融资产选择的影响因素

家庭资产根据其金融性主要划分为金融资产和非金融资产两个大类，这里主要介绍的是家庭金融资产。

家庭金融资产是家庭总资产的重要部分，是指以债权、权益及其他形式存在的资产，包括现金、储蓄存款、债券投资、权益投资、股票、基金、保险以及各类管理性资产等。

我国家庭金融资产的总体发展特征是以储蓄存款为主，多种投资多元化发展。近年来，随着数字货币等形式的出现和发展，居民手持现金的比例正在逐年下降，储蓄存款的比例虽有下降但总体较为稳定，一些经济较不发达的地区还是以储蓄作为家庭资产的大头。

（一）家庭收入的概念

默顿（Merton）在 1971 年引入了工资收入的概念，并指出理性投资者将其工资资本化，并将工资收入作为投资与无风险资产组合的补充。投资者会根据无风险利率将工资收入以现值的形式加入他们的资产组合，以保持其总资产的稳定。家庭收入通常包括收入的数量和稳定性两个方面。众多经济理论，如相对收入理论、绝对收入理论、持久收入理论和生命周期理论，都认为收入是影响消费的重要因素。许多研究表明，家庭收入与金融资产市场参与程度呈显著的正相关关系，即家庭收入提高，金融资产的持有比例也会相应提高。随着收入的增加，家庭倾向更多地选择投资风险性金融资产。此外，年龄对投资风险也会产生影响。年轻的家庭更多地投资股票、债券等风险性资产。这是因为年轻家庭通常有更长的投资时间，能够更好地承担风险，并有机会从长期股票市场的增长中受益。因此，默顿的观点表明，在资产配置方面，考虑到工资收入和家庭收入等因素，年轻家庭更倾向于投资风险性资产。

但也有一部分学者认为，家庭金融资产持有作为一个长期的资产组合，不会随着收入的增长或者财富的变化而改变。史代敏和宋艳认为，收入对家庭金融资产总量并不会有过于显著的影响——这意味着家庭的资产配置可能保持相对稳定，即使相对的收入水平发生变化。[1] 然而，对于整个学术界来说，有关收入对家庭金融资产总量的影响尚未达成一致的结论。对于收入风险对金融资产选择的影响，学术界也没有得出一致的结论。有一种观点认为，收入风险与风险性金融资产的比例呈负相关关系。这意味着，收入风险越大的家庭越有可能会增加预防性储蓄行为，从而降低风险性金融资产的持有比例。然而，另一种观点认为，收入风险较大的家庭有可能持有更多的风险性金融资产，因为他们可能希望通过高风险投资来实现更高的回报，以减轻潜在的收入风险所带来的冲击——对此较为合理的解释是，在家庭面临收入风险的时候，投资者会不满意期望收益较低的投资组合，这样，收入风险迫使家庭更倾向于选择期望收益率更高的非存款性金融资产。风险性高，期望收益率也高，投资者期望通过非存款性金融资产的增加来提高家庭资产组合的整体收益。同时，依据"鸡蛋不能放在同一个篮子里"的原则，投资品种的增加也会在一定程度上分散风险。

---

① 史代敏，宋艳. 居民家庭金融资产选择的实证研究[J]. 统计研究，2005(10)：43-47.

（二）自有房产

房产具有消费品和投资品的双重属性，是国内外大多数家庭最重要的财富形式。作为耐用消费品，房产满足了一个家庭的居住需求，因此人们在购买房产时需要关注房屋的实际使用价值；作为投资品，房产的市场价值可能随时间增加，同时相较于一般金融产品，其具有资产价值大、交易成本高、流动性差等特点，是一种难以细分的实物资产。另外，房产可通过租金收入、资产抵押等方式获得短期现金收入。

房产对家庭金融资产的选择存在正反两方面的影响。

一是"挤出效应"，也称"替代效应"，是指房产与风险性金融资产间存在替代关系。在家庭购买房产后，其储蓄的流动性降低，这样就会在一定程度上减少家庭风险资产持有的可能性和比例。在均值方差有效性的框架下，每个家庭都会在房产的约束下将自己的投资组合做到最优化。相关研究发现，拥有房产的家庭需要面对房价波动的风险固定支出（如每月的房贷），因此会更加倾向于持有较安全的金融资产。[①] 而从生命周期理论看，处于不同生命周期的家庭，其风险承受能力不同，房产的挤出效应也会有显著差异。朱涛等通过实证研究发现，房产的"挤出效应"对中年家庭的影响不甚明显，但对青年家庭的影响较为显著，其原因是青年家庭的财富积累少而住房又是刚需，所以投资房产后更可能受流动性的约束，进而导致可用于风险投资的资产减少。[②]

二是"财富效应"，即房产增值使家庭账面资产增加，从而激励家庭更多地持有风险金融资产。当一个家庭的房产增值时，他们的资产配置可能变得不平衡。持有大量的房产资产可能会使家庭的财务状况过于依赖房地产市场的表现。为了降低风险并更好地实现资产分散，家庭可能会考虑将一部分资金投资于其他金融产品，如股票、债券、基金等，以获得更广泛的市场散布和风险分散。与此同时，当房产增值时，家庭可能会面临不同的资金需求。例如，他们可能想扩大生意、支付子女的教育费用、规划退休等。这些新的资金需求可能无法完全通过房产变现得到满足，因此家庭可能需要考虑持有其他金融产品，以满足不同的资金需求。

（三）信贷约束

在莫迪利安尼和弗里德曼的储蓄理论中，信贷约束（credit constraint）被定义

---

① 何维，王小华.家庭金融资产选择及影响因素研究进展[J].金融评论，2021(1):95-120,124.
② 朱涛，卢建，朱甜，等.中国中青年家庭资产选择：基于人力资本、房产和财富的实证研究[J].经济问题探索，2012(12):170-177.

为个人在借款市场上的限制性条件,即是否能够借到足够的资金以实现其消费目标。如果一个家庭能够从银行或其他金融机构借到任意数量的资金,就不存在信贷约束。然而,在现实生活中,许多人无法获得无限制的借款,他们会受到自己的借款能力和借款市场的限制。根据这个理论,信贷约束的存在可能导致以下情形。

第一,临时收入变化的影响。受到信贷约束的家庭可能会对临时的收入变化更加敏感,并将其更多地反映在消费水平上。例如,如果收入突然下降,受信贷约束的家庭可能无法通过借款来平滑其消费,因此他们可能会强制性地削减消费。

第二,消费和储蓄的波动。受到信贷约束的家庭的消费和储蓄水平可能更加波动。当他们无法借到更多的资金以满足其消费欲望时,他们可能会在不同时期进行储蓄和消费的抉择。

信贷约束对家庭的影响是多方面的。首先,信贷约束会增加家庭的风险厌恶,降低其对风险资产的持有比例,并增加预防性储蓄的需求。信贷约束的存在限制了家庭对风险性金融资产的需求,从而限制了家庭持有风险性资产的比例。实证数据表明,无论家庭收入高低,都有可能面临流动性约束。然而,低收入家庭受流动性约束的可能性远大于高收入家庭。其次,由于存在流动性约束,低收入家庭的储蓄率显著提高。

(四)交易成本

交易成本也被称为交易费用,指完成一笔交易所产生的各种与此交易相关的成本,包括以下方面:寻找适当价格所需的成本,确定成交条件、签订合同、履行交易以及为避免交易对方违约而付出的成本等。常见的交易成本包括交易佣金、证照管理费、印花税、转让费、交易费等。在金融市场中,交易成本影响投资者的投资风险和损益比。一般来说,如果投资者的交易成本较高,投资者的投资风险就会相对较大,利润率就会相对降低,损失率就会相对上升。

(五)社会保障制度

社会保障作为一项基本制度,是社会的"安全网",也是经济的调节器。社会保障有着维护社会公平正义、合理调节财富分配机制的作用,使社会群体收入保持一个橄榄形的健康状态,同时也可以为家庭提供风险规避的手段,从而影响家庭的资产选择和结构。社会保障以政府为支撑,从两个方面对家庭金融资产选择产生影响。一方面,由于需要定期缴纳社会保障费用,家庭可支配收入减少,因此在金融资产上的投资也会相应减少。另一方面,社会保障制度的存在可以帮助家庭应对各种风险,减小经济上的不确定性,如医疗保险可以降低家庭因医疗费用而承受的风险,失业保险可以提供一定的收入保障。这两个方面有着互相抵消的作用,因此,从个体角度看,社会保障对家庭金融资产选择的影响要看这两者综合后的效应。

家庭投资主要分为风险投资和无风险投资两大类,投资者如何决策很大程度上取决于投资者对待风险的态度和相应的承受能力。当一个家庭对风险没有足够的承受能力时,风险损失可能会使整个家庭陷入经济困境。因此大多数情况下,人们往往会选择风险偏低的投资组合。社会保障对家庭投资的影响主要是以社会保险作为缓冲或者补偿,从而降低风险,影响家庭投资组合的决策。

(六)受教育程度

坎贝尔曾认为,低教育水平家庭不参与股票投资是一种理性的选择。家庭在金融市场的参与度与活跃度很大程度上得益于教育。受教育可以促进家庭收入增长、提高家庭对金融市场以及各种产品的认识和掌握。随着金融市场的成熟和完善,金融产品和服务也在不断地更迭换代,特别是期权、期货、衍生金融工具等,这在一定程度上提高了市场参与者的门槛,要求市场参与者具备一定的理论基础和专业知识。一般来说,受教育程度对家庭金融资产选择的影响主要有以下几个方面。

一是投资意识和金融知识。家庭受教育程度可以影响家庭成员的投资意识和金融知识水平。受过良好教育的家庭成员可能更加重视财务规划和投资,更了解不同金融资产的特性和风险。他们可能更有能力理解和评估不同的金融产品,并做出更明智的投资决策。

二是投资目标和风险承受能力。家庭受教育程度可能影响家庭成员的投资目标和风险承受能力。受过良好教育的家庭更有可能设定明确的财务目标,并制定相应的投资策略。此外,受教育程度也可能对家庭成员的风险承受能力产生影响。一般认为,受过良好教育的家庭成员可能更加倾向于接受风险投资,因为他们有更多的知识和信心来处理风险。

三是资产配置和多元化。家庭受教育程度可能与家庭的资产配置和多元化程度相关。受过良好教育的家庭成员更有可能进行资产多元化配置,将资金投资于不同的金融资产类别。他们可能更了解风险分散的重要性,并寻求通过投资组合的多样性来降低风险和实现更好的回报。

四是金融规划和决策能力。家庭受教育程度可以影响家庭成员的金融规划和决策能力。受过良好教育的家庭成员可能更擅长制定长期的财务目标,制订预算计划,并做出明智的金融决策。他们可能更注重长期财务规划,如退休储蓄、教育基金等,以实现家庭的财务目标。

家庭金融资产选择是通过金融市场及金融产品来实现的,对专业性的要求相对较高,特别是衍生品类结构较为复杂的金融工具,更要求投资者具有一定的金融知识储备。金融知识较少的家庭,不仅股市参与率较低,而且家庭对金融市场的参与度不高,甚至储蓄规模也不大。

(七)其他因素

除以上几个因素外,其他比如健康状况、社会网络、社会互动、年龄、性别、婚姻状况等也会在一定程度上影响资产选择。

家庭的健康状况对金融资产和实物资产有着显著的不对称影响。特别是在社会保障不完善的情况下,重大疾病直接导致家庭支出的增加,甚至可能使家庭因病致贫。健康状况较差的家庭通常需要承担较高的医疗费用,并面临较短的规划期限。因此,这些家庭更倾向于选择低风险的资产,以期增加家庭的预防性储蓄。

社会网络是地区最基本的联系网络,是人们在社会生活中形成的一种相对稳定的社会结构,这种结构通过日常交往和社会关系的建立而形成。社会网络对提高家庭收入有着积极的作用,特别是在促进低收入家庭的脱贫致富方面,因此被称为"穷人的资本"。社会网络的发展程度越高,居民通过社会网络越容易获取金融知识和借贷机会,对股票、债券等市场的参与率和参与度也就越高。这种高度发展的社会网络对家庭金融资产的选择具有积极的促进作用。

社会互动和社会网络存在密切联系,指的是个人的偏好受参考群体成员行为的影响。这种影响机制是通过非市场的群体互动来实现的,因此也被称为非市场互动。通过社会互动,投资者可以更快地获取市场信息,同时通过口头和观察学习,他们能够增加金融知识,收获投资经验,促进家庭金融资产参与市场。

人们所面临的责任和义务以及未来的收入期望都会随着年龄的增长随时发生变化,理性的家庭会根据实际情况选择适合自身需求的金融资产组合。生命周期理论认为,随着年龄结构的变化,人们对资产的选择也会有所变化,家庭在不同年龄阶段金融资产选择的差异实质上是通过金融市场平滑生命周期的储蓄和消费来体现的。大部分观点认为,家庭风险性金融资产的选择与年龄呈明显的倒 U 形特征,即年轻的时候持有风险性金融资产的比例较低,随着年龄的增长,在退休前后达到峰值,然后逐年下降,具有生命周期效应。

《养老金融蓝皮书:中国养老金融发展报告(2020)》的数据显示,43.8%的调查对象认为,在养老理财或投资中任何时候都不能出现亏损,即不能承受任何的风险;41.5%的调查对象可以阶段性承受 10% 以内的亏损;只有 14.7% 的调查对象可以阶段性承受 10% 以上的亏损。从不同年龄段群体对养老理财或投资风险的承受能力来看(见表 1-1),调查对象的风险承受能力随着年龄的增加呈现倒 U 形趋势。

表 1-1 不同年龄段群体对养老理财或投资风险的承受能力

单位:%

风险承受能力	年龄				
	18—29 岁	30—39 岁	40—49 岁	50—59 岁	60 岁以上
任何时候都不能出现亏损	45.61	39.53	43.29	41.65	47.99
可以阶段性承受 10% 以内亏损	40.48	45.45	41.37	42.71	38.21
可以阶段性承受 10%—30% 的亏损	12.68	13.21	13.67	14.57	12.46
可以阶段性承受 30% 及以上的亏损	1.23	1.81	1.67	1.07	1.34

数据来源:董克用,姚余栋.养老金融蓝皮书:中国养老金融发展报告(2020)[M].北京:社会科学文献出版社,2020.

婚姻是家庭生命周期开始的标志,反映了家庭的稳定性,会影响家庭的风险偏好,从而对金融资产选择产生影响。一般认为,已婚家庭的风险承受能力更高,进行风险资产投资的可能性更大。已婚家庭子女的出生,会直接改变家庭的储蓄和消费行为,甚至孩子的性别也可能会对家庭投资行为产生影响。

第三节 家庭金融的发展研究

一、中国对家庭金融的相关研究

中国家庭金融的发展历程可以追溯到 20 世纪 80 年代末 90 年代初,大致经历了以下几个阶段。

20 世纪 80 年代以前,中国的家庭金融在很长一段时间内都处于较低的水平,经济发展水平较低,金融市场体系有待完善。

20 世纪 80 年代末 90 年代初,改革开放后,开始推行家庭经济,特别是农村家庭经济得到发展。这一时期,农村家庭逐渐获得了一些经济自主权,开始积极参与生产经营和农村金融活动,如储蓄、贷款和互助组织等。同时,城镇家庭也逐渐面临着个人储蓄和金融投资的新选择。

20世纪90年代到21世纪初,随着市场经济的发展,中国的家庭金融得到了更多的关注和研究。这一时期,国家积极推动个人储蓄和金融投资,金融机构也开始开展个人金融业务。同时,外资金融机构的进入和金融市场的发展为家庭提供了更广泛的金融产品和服务选择。

2005—2010年,中国的家庭金融逐渐迈入多元化发展阶段。金融市场的深化和改革使家庭有更多的金融工具和渠道来管理个人财务和进行投资。同时,家庭债务、信用卡和房地产等问题也得到了重视。

2010年至今,政府在家庭金融方面进行了一系列政策引导和推动。政府发布了一系列关于个人金融业务、财富管理和家庭理财的指导意见和政策文件,鼓励金融机构提供更多便利的金融服务,加强家庭财务管理和风险教育。同时,金融知识普及和金融教育也成为重要的发展方向。

国家每年都会公告家庭财富的相关报告。根据经济日报社中国经济趋势研究院编制的《中国家庭财富调查报告2019》,我国居民家庭金融资产配置结构单一,依然集中于现金、活期存款和定期存款,医疗、养老和子女教育等预防性需求是家庭储蓄的重要因素。调查报告显示,2018年,我国家庭人均财产为208883元,比2017年的194332元增长了7.49%。2018年,城镇和农村家庭人均财产分别为292920元和87744元,且城镇家庭人均财产增长速度快于农村。城乡居民在财产构成方面存在一定差异,从我国居民家庭财产结构来看,城镇居民家庭房产净值占家庭人均财富的71.35%,农村居民家庭房产净值的占比为52.28%。[①]

相较于其他西方国家,我国对家庭金融的研究起步较晚。但是,21世纪以来,我国经济一日千里,得到迅猛发展。2010年,我国国内生产总值(GDP)超越日本,成为世界第二经济大国。随着居民财富日益增加,我国家庭金融微观调查数据库逐步建立和完善,这为家庭金融的研究提供了强有力的数据支撑。从已发表的学术资料来看,我国金融学者针对家庭金融资产选择行为及其影响因素等方面,从理论和实践两个维度进行了广泛而深入的研究。虽然学者研究的切入点不同,研究结论也不尽相同,但是其最本质的主题都是围绕家庭如何通过金融资产配置来提

[①] 经济日报社中国经济趋势研究院家庭财富调研组.房产占比居高不下 投资预期有待转变[N].经济日报,2019-10-30(15).

升家庭福利。

总体而言,中国的家庭金融在过去几十年取得了显著的发展。随着中国经济的不断发展和金融体系的完善,家庭金融在促进个人和家庭财务健康、增进经济福祉方面的作用将更加重要。

二、家庭金融研究面临的挑战

不同的家庭在进行家庭金融决策时存在显著差异。在家庭金融研究过程中,传统的分析方法往往难以帮助金融学者深入研究家庭在投资和消费决策中的选择。尽管大多数家庭可以根据自身具备的金融知识有效地进行资金管理,但也有少数家庭存在盲目和随机投资行为,这进一步加大了家庭金融研究的难度。

(一)金融数据的挖掘

家庭在实际生活中如何进行投资决策是一个颇受大多数金融学者关注的问题,在进行家庭投资组合的研究时,研究者需要进行大量微观数据的分析和实际调查。"如何进行投资决策"看上去似乎是一个简单的选择题,但是难以获取理想数据会加大研究者的研究难度,很大一部分原因是家庭在接受调查的过程中,可能不愿意透露个人和家庭的财务信息,导致数据不完整。人们的隐私意识增强,尤其是在涉及与财产相关的问题时,人们会更加谨慎地、有所斟酌地回答相关情况和决策,这在一定程度上大大提高了家庭金融研究的难度。此外,家庭中复杂的财务状况也增加了家庭金融研究的难度。许多家庭通常在不同的金融机构拥有多个账户,而这些账户下的资产情况也多种多样。这种复杂性使研究者很难准确地统计家庭的资产情况,实验数据误差性较大。

那么理想的家庭金融数据是怎么样的呢? 它通常应具备四个特征。

一是数据应具有代表性、高质量和广泛性。数据应该来自一个有代表性的样本,覆盖不同地区、不同社会经济背景和类型的家庭。这可以确保研究结果的普遍适用性和可靠性。同时,数据还应该是高质量的,准确、完整、可靠,并且包含广泛的家庭金融信息。这些信息既包括家庭在收入、支出、储蓄、投资、负债、资产组合、退休计划等方面的数据,也应该包括个体和家庭的人口统计信息、受教育程度、职业等背景变量,以便研究者对家庭金融决策的影响因素进行分析。

二是数据应具有多层次性。家庭金融决策通常受多个层面的影响,包括个体层面、家庭层面和环境层面。因此,理想的家庭金融数据应该包括这些层面的信息,以便进行综合和深入的分析。

三是数据要能够用于分析处理。数据的形式可以将复杂的家庭资产状况清晰地表现出来，便于研究者分析和处理。

四是数据要能动态地体现家庭金融决策。随着时间的推移，金融市场上的各种产品都会发生一定的变化，从而导致家庭的投资决策产生变化。因此，研究者要进行数据的跟踪采集，得到动态的数据集。

（二）金融资产投资模型的风险评估

研究者很难根据经典金融学理论对家庭资产投资选择进行理性分析，因为投资决策是一个综合考量的过程。大部分家庭在进行投资规划时，会综合考虑各种因素。默顿的概念框架介绍了在投资机会不断变化的情况下，家庭如何进行长期财务规划。该框架强调，长期投资者应该不仅对冲投资风险，还应对任何可能对再投资产生影响的因素进行对冲。

传统的分析方法很难构建与默顿理论相符的模型，直到 20 世纪 90 年代才出现了可行的经验性默顿模型。在研究者的探索中，Campbell 认为，风险溢价在一定时间范围内是恒定的。[1] 而 Kim 等研究者则认为，股票溢价是投资风险的主要影响因素。[2] 研究者普遍认为，可以建立通用的多元数学模型以计算多种资产的实际收益和风险溢价。这些模型的共同特点是能够很好地解释分析结果与实际家庭财务中的差异。

当然，在建立模型时最值得注意的是，人们对通货膨胀的看法基本上决定了长期名义债券的风险。如果通货膨胀可以得到良好控制，那么名义债券对长期投资者来说就是安全的资产；反之，名义债券就具有很大的风险。

三、对家庭金融研究的展望

家庭金融是金融学界不少学者关注并研究的课题，近十年来，家庭金融的研究和发展也取得了一定的进步。家庭金融已经逐渐形成了完善的理论体系和研究框架，与公司金融、资产定价等都有一定的关联，但是又有自己的独特性。以下，将结合我国对家庭金融研究的实际做出进一步的展望。

（一）家庭金融研究的宏观面向

传统的西方金融研究大多数关注微观行为，数据库也大多是微观数据，而我国

---

① Campbell J. Household finance[J]. The Journal of Finance，2006(4)：1553-1604.

② Kim Y，Lee J. The long-run impact of a traumatic experience on risk aversion[J]. Journal of Economic Behavior and Organization，2014，108：174-186.

在过去较长时期,金融研究大都侧重宏观现象,政策研究倾向较大。为了解释我国现行经济现象,如高储蓄率、收入分配差距等,需要掌握国内外理论研究的方式方法,并结合我国经济的现实特点,进行创造性的研究。在宏观面向的深入研究和实证方面,发掘家庭资产与负债的选择以及配置行为对家庭资产的影响等方面的证据,可以帮助我们更好地了解、熟悉家庭金融行为所产生的经济影响。家庭金融的蓬勃发展在一定程度上降低了国家贫困率,为经济建设贡献了自己的力量,为社会主义经济发展添砖加瓦。

当然,哪些因素对家庭金融资产供给的动态平衡具有长期深远的影响,家庭金融产品供给的短期均衡又有哪些特征以及优势,这些都有待进一步研究和探讨。

(二)家庭金融研究的微观面向

家庭金融资产选择行为大多受相关微观数据的约束和影响,因此,家庭金融的研究在微观面向上有着更多的发掘维度。除了收入、教育、年龄、性别、社会关系等因素的影响,还有哪些因素对投资者参与市场产生影响,以及其产生的经济后果如何等都对家庭金融发展有着重要推动作用及研究意义。

家庭金融未来拓展的面向是多维度的,家庭金融研究在我国尚处于初级阶段,对其深入的研究和更深层次的发展需要更多学者付诸长期且持续的努力。

复习题

一、选择题

1. 以下国内机构无法提供理财服务的是　　　　　　　　　　　　　　（　　）

　　A.基金公司　　　　B.保险公司　　　　C.信托公司　　　　D.律师事务所

2. 在风险管理手段中,保险属于　　　　　　　　　　　　　　　　　（　　）

　　A.预防风险　　　　B.自留风险　　　　C.回避风险　　　　D.转移风险

3. 下列哪个不属于家庭金融的特征　　　　　　　　　　　　　　　　（　　）

　　A.不可交易资产占比较大　　　　　　　B.投资金额较大

　　C.决策具有长期性　　　　　　　　　　D.持有非流动性资产

4. 下列情况导致家庭决策失误可能性最小的是　　　　　　　　　　　（　　）

　　A.家庭成员欠缺一定的金融知识　　　　B.我国金融市场还不够成熟

C.将资产委托给专业人士进行管理　　D.监管体系还有待完善

二、判断题

1.家庭购置房产后,会更倾向以风险性较低的金融资产为自己创造资产的升值,这种现象是财富效应。　　　　　　　　　　　　　　　　　　（　　）

2.受信贷约束越强的家庭,会更注重风险性金融资产的持有份额,增加预防性储蓄。　　　　　　　　　　　　　　　　　　　　　　　　　　（　　）

3.年龄会影响家庭的资产选择组合。生命周期理论认为,不同年龄的家庭在资产选择上的差异实质是平滑储蓄和消费,家庭风险性资产选择和年龄呈明显的U形特征。　　　　　　　　　　　　　　　　　　　　　　　（　　）

三、思考题

1.中国目前的金融体系是如何构成的?

2.中国家庭金融的发展历程经历了哪几个阶段?

3.家庭金融资产选择的影响因素有哪些?

第二章

家庭金融基础知识

学习目标

● 掌握融资与投资的基本方法及理论
● 学会如何利用利率和通胀率来制定家庭理财策略
● 了解家庭金融风险类型,学会防范风险和提高收益
● 了解投资组合理论,学会分散风险
● 学会塑造正确的投资心理,做一个理性的投资者

【导入案例】

案例一:1972 年,香港某知名股评人曾在香港股灾前股指位于 1200 点时看空,结果差点被公司解雇。1973 年港股到达 1773 点后大幅下跌,到 1974 年跌至 400 点,他躲过"大熊",信心百倍。1974 年 7 月港股跌至 290 点后他认为可以捞底,拿出全部积蓄 50 万港元抄底和记洋行。该蓝筹股从 1973 年股市泡沫时的 43 港元/股一直跌到 5.8 港元/股,此时他全仓买入。结果后来 5 个月,港股再度跌至 150 点,和记洋行跌至 1.1 港元/股。最后斩仓时,他亏损 80% 以上。

案例二:徐某年近半百,是南京市一家药材公司的普通职工。1992 年,我国证券交易市场刚刚起步,许多单位和个人在这片领域淘到了第一桶金,徐某就是其一。凭着丰富的投资经验,不管股市如何涨跌,他总是能及时嗅出大盘行情,事先进行调整,让自己的投资稳定增长。2001 年 10 月,股市形势急转直下,而他仍认为能像以前那样安然度过低谷。他接受的委托资金超过 100 万元。2005 年 6 月,沪指跌破 1000 点大关,一夜间回到了 13 年前,朋友们委托他炒股的财产在这次大跌中损失殆尽。

思考:结合以上两位的炒股经历,思考他们为什么会失败。

家庭金融指的是家庭成员利用股票、债券、基金等投资工具进行资金的融通,从而实现资源跨期优化配置,抵御通货膨胀,达到家庭长期消费效用最大化的效果。为了系统地学习后续知识,本章将详细地介绍家庭金融的基础金融知识,为后续内容做铺垫。

第一节　融资与投资

金融就是资金的融通。金融产品是用来进行资金融通的工具,包括货币、黄金、外汇、有价证券等。资金融通分为两个部分——投资与融资。

家庭投资是指一个家庭在一定时期通过向某个领域投放充足的资金或实物货币等价物以实现未来可预见的资金增值,或者获取一定收益。投资可以为家庭带来良好的收益,使家庭资产保值增值,有策略有目的的投资可以提高家庭的生活质量。

家庭融资是指由于家庭经营、投资活动的需要,在一定的金融市场上利用各种筹资渠道进行资金筹措和集中的行为。融资在家庭金融活动中有着重要的作用,家庭融资不同于企业融资,在金额、融资方式、还款期限等方面都有较大的区别。融资可以筹措资金,为后续家庭运用金融工具以实现某个目标提供资金保证。

一、资金的价格

家庭在进行经济活动时需要使用到各种各样的金融产品,借此在市场上流通以谋取利益,各种各样的金融产品就是资金。资金是家庭将各种金融工具变为金融资产的过程。金融工具是指在金融市场中可交易的金融资产。金融资产是单位或个人所拥有的资产。不同的金融产品有不同的价格,这些金融产品由市场竞争形成价格,金融产品的利率和收益率也受其影响。

(一)债券价格

债券价格指的是债券发行价格,通常与债券面值相同。现实中,受发债者定价考虑的影响,或是受资金市场供求关系和利率变化的影响,债券的市场价格与它的面值可能脱轨。所以债券的面值是固定的,但是债券的市场价格是波动的。发债者计算利息归还本金的过程,是以原本约定好的价格为依据,也就是以票面价格为基准,而非市场价格。市场价格主要由发行价和交易价两部分组成,发行价是尚未在交易市场上流通,刚发行时的价格;而交易价则是发行后在交易市场上流通的价格。债券价格的影响因素有很多,这些因素都会造成发行价格的变化以及交易价格的波动。

1. 期限

债券的期限越短,债券的价格就越接近它的最终价格;债券的期限越长,债券的价格就可能越低。另外,还债的期限越长,发债者遇到各种风险的可能性就越大,也会导致债券的价格低于期限短的债券。

2. 票息

债券的票息指的是债券的名义利率,名义利率越高,到期收益也就越高,因此债券的售价也会相应提高。票息是受多种因素影响的,其构成为基准利率、信用差价和其他溢价之和。基准利率一般都是美国国债同期限收益率,如果基准利率低于美国国债的收益率,那就不会有人投资此债券;信用差价是根据公司信用评级的不同,给予投资者的额外补偿,此补偿建立在基准利率的基础上。公司经营状况越好、信用评级越高、所处行业现状和前景越契合当今市场的需求和发展,则信用差价就会越小;反之,如果公司信用评级低、经营状况不佳、所处行业前景不被市场所看好,那么信用差价就会较大。债券的结构也会对差价有影响,次级债的差价较高级债会明显增大。

3. 投资者的心理预期

当市场利率发生变化时,投资者的心理预期也会随之变化。如果市场利率上升,投资者的心理预期也会上升,导致债券价格下跌;反之,债券价格会上涨。这是因为投资者的心理预期对债券价格有着重要的影响。

4. 企业的信用等级

金融学中风险与收益是成正比的,发债者信用等级高,其债券风险较小,因此价格较高;相反,信用等级低的发债者,其债券价格较低。因此在债券市场上,国债价格要高于一般金融债券,而金融债券由于受监管机构的监管,其价格一般又要高于企业债券。

5. 供求关系

债券的市场价格还取决于资金和债券供给间的关系。在国内经济状况良好时,企业通常需要增加设备投资,因此它会通过卖出债券向金融机构借款或发行公司债来筹集资金。这会导致市场资金紧缩,债券供给量增加,进而导致债券价格下跌。相反,当国内经济状况不良时,企业对资金的需求减少,金融机构的资金剩余增加,从而增加对债券的购买,引起债券价格上涨。此外,中央银行、财政部门和外汇管理部门对经济进行宏观调控时,也会影响市场资金供给量,进而影响债券价格,通常还会导致利率和汇率的变化。

6.物价波动

当物价上涨速度较快或通货膨胀率较高时,人们通常会以保值为目的选择投资房地产、黄金、外汇等领域。这种投资行为会使资金供应不足,从而导致债券价格下跌。

7.政治因素

经济的发展和政治密切相关,政治对经济的影响不可忽视。当政府换届时,国家的经济政策和规划可能会发生重大变化,这可能会导致债券持有人采取不同的买卖策略。

8.投机因素

在债券交易中,人们总是尽力获取差价,而一些机构大户则会利用资金或债券进行技术操作,如拉高或压低债券价格,以引起价格波动。

（二）股票价格

股票价格是指股票在证券市场上买卖时的价格。股票本身没有价值,仅是一种凭证。其有价格的原因是它能给其持有者带来股利收入,故买卖股票实际上是购买或出售一种领取股利收入的凭证。票面价值是参与公司利润分配的基础,股利水平是一定量的股份资本与实现的股利比率,利息率是货币资本的利息率水平。股票价格受多种因素的影响,包括经营业绩、平均利润率、净资产、心理因素、股市操纵等。

1.经营业绩

股票价格与上市公司的经营业绩呈正相关关系,公司业绩越好,股票的价格就会越高;反之,股票的价格就会相对低一些。

2.平均利润率

当两个部门的投资利润率存在差异时,资金会从利润率低的部门流向利润率高的部门,直到两个部门的投资利润率基本持平。股票的价格受到资金供应情况的直接影响,当进入股市的资金增加时,股票的价格会上涨。例如,当有利多消息发布时,外围资金会涌入股市,进而导致股票价格上涨。当某个领域的投资利润率发生变化时,股市与该领域间的投资利润率会产生一个位差,根据平均利润率规律,资金会从股市流向该投资领域,或从该投资领域流向股市,这就会导致股票价格发生变化。

3.净资产

净资产又称股票的账面价值或净值,是指上市公司每股股票所包含的实际资产的数量,通过会计方法计算得出。因为任何一个企业的经营都是以其净资产的数量为依据的,所以净资产标志着上市公司的经济实力。如果企业负债过多,净资产较少,大部分经营成果将用于还债;若负债过多导致资不抵债,企业会面临破产风险。

4.心理因素

投资者的心理状态对其投资决策有着重要影响,其中一些心理倾向会对股价产生负面影响。

5.股市操纵

上市公司的经营业绩、股价与平均利润率之间的关系、股价与净资产含量之间的关系是股价变动的合理因素,这些因素促使股民调整资金的流向,以期获得更高的投资回报。然而,股票价格的波动是多种因素共同作用的结果,只有当某些因素出现时,才会有人买入或卖出,从而引起供求关系的变化,导致股价的涨跌。在股市中,一些机构和大户利用其强大的资金实力操纵股价,他们通过大量买卖影响某只股票的资金供应量,从而引起股价的急剧波动。

6.行业因素

行业地位变化、发展前景或发展潜力、新兴行业的冲击以及上市公司在行业领域中所处的位置、经营业绩、经营状况、资金组合和领导层变动等,都会对相关股票价格产生影响。

7.市场因素

投资者的行为、大户的意愿和操纵、公司之间的合作或相互持股、信用交易和期货交易的变化、投机者的套利行为、公司的增资方式和增资额度等,都可能对股价产生重要影响。

(三)基金价格

基金的发行价格是指基金发行时由基金发行人所确定的向基金投资人销售基金单位的价格;基金的市场价格是指基金投资人在证券市场上买卖基金单位的价格。开放式基金的价格是指基金持有人向基金公司申购或赎回基金单位的价格,它以基金资产净值为基础进行计算。

1.基金单位资产净值

基金单位资产净值是基金单位的内在价值,也是影响基金价格的主要因素。基金单位资产净值与基金价格间呈一定的正相关关系,当基金单位资产净值较高时,基金价格会相应较高;反之,基金价格则就会较低。

2.基金市场的活跃程度

基金市场活跃程度直接影响基金交易的活跃程度及基金价格。活跃程度表现为参与人数的多少、资金量的大小、交易频率的大小等。

3.银行存款利率

当银行存款利率提高时,银行存款对投资者的吸引力会增加,导致一些投资者减少对基金的投资并增加银行存款,这可能会导致基金价格下跌。相反,如果银行存款利率下调,基金价格可能会上涨。

二、融通的方式

融通是资金盈余者利用市场工具将资金借给资金短缺的一方,任何一个个体或单位均可成为资金短缺和资金盈余的一方,资金短缺和资金盈余的融通方式各不相同。

(一)资金短缺的融通方式

资金短缺的融通方式有抵押贷款、质押贷款、担保贷款等。

抵押贷款也称"抵押放贷",指借款人以易于保存、不易损耗、变卖方便的物品作为抵押物,保证贷款能够到期偿还,以向银行借款的一种方式,如房产、有价证券等。若借款人在贷款到期时不能还清贷款,银行有权对该抵押物进行变卖,把获取的资金用于还贷,多余资金还给借款人,不够的部分由借款人继续还款。

质押贷款是以借款人或第三人的动产或权利为质押物,贷款人按《中华人民共和国民法典》规定方式发放贷款。质押必须转移占有质押物,因此无法质押不动产。

担保贷款是指借款人以自身的财产为抵押,为他人承担风险,以向银行贷款。当借款人无法偿还时,由担保人进行偿还;若担保人无法偿还,银行直接对抵押物强制执行。

(二)资金盈余的融通方式

资金盈余的融通方式有银行储蓄、购买债券、购入股票、购入基金等。

银行储蓄是指投资者将钱存入银行用以获取利息收入的经济活动。银行的储蓄类型可以分为活期储蓄和定期储蓄。活期储蓄是一种不与银行约定存款期限、客户可随时存取、存取金额不受限制的储蓄方式。活期储蓄的起存点很低,任意金额都可以开户,银行定期结算利息。活期储蓄适用于个人生活待用款和闲置现金款,利用闲置的时间赚取利息。定期储蓄即客户与银行事先约定好存入时间和期限,存入期满即可向银行提取本息的一种储蓄方式。相对于活期储蓄,定期储蓄的利率更高,但流动性相对较差,两者都具有良好的安全性,但利率相较于其他金融投资工具都比较低。

债券是债务人为了筹集资金,按照法定程序发行,债务人向债权人承诺于约定日期还本付息的有价证券,债务人常为政府、企业、银行等。债券按照发行主体的不同可以分为国债、金融债券和公司债券等。国债是国家按照债券的原则,以其信用为基础,向社会筹集资金所形成的债权债务关系。国债被公众认为是最安全的投资工具,也因此国债利率相对较低。金融债券是指银行及其他金融机构所发行的债券。金融机构由于受到监管机构的监管,能保持良好的资金结构,具有良好的安全性,其利率略高于同期定期存款的利率水平。公司债券是指公司为筹集资金用于公司运行而发行的借款凭证。公司不同于国家,不具备公信力,也不同于银行受监管,因此公司债券风险相对较大,收益也较大。

股票是股份公司所有权的一部分,是股份公司为筹集资金而发行的所有权凭证,股东持有持股凭证可以取得股息、红利和参与股东大会。股票收益主要来自股票的流通,通过低买高卖来赚取差价。股票具有较高的收益性,也具有较高的风险性。股票价格的波动受公司经营状况、大众心理、银行利率和供求关系的影响,具有较大的不确定性。

基金是一种以股票、债券、外汇等为投资目标,基金公司通过向投资者发行收益凭证,将社会上的闲散资金集合在一起,交由专业的基金管理机构管理,由基金托管人监管,是一种利益共享、风险共担的集合投资方式。基金由基金经理管理,是一种间接投资工具,可以实现专家理财。基金操作透明度高,较为安全。

三、我国金融机构体系的变化及发展

金融业在国民经济中扮演着至关重要的角色,对经济发展和社会稳定具有重要影响,可优化资金配置和监督经济等。也正是因为金融业的独特地位和特点,各国政府都高度重视本国金融业的发展,我国也有着相应的认识和发展历程。经过多年的改革,我国金融业发展迅速,规模空前。随着经济稳步增长和金融体制改革的深入,为金融业带来了美好的发展前景。

（一）1948—1952 年：初步形成阶段

1948 年 12 月 1 日，中国人民银行成立，它是在原有的华北银行、北海银行、西北农民银行的基础上建立的，这标志着中华人民共和国的金融机构体系开始运转。

（二）1953—1978 年："大一统"的金融机构体系

1953 年，我国开始有计划地大规模进行经济建设，采用高度集中统一的计划经济体制和管理方式。在此背景下，对金融机构体系也实行高度集中的"大一统"模式，即中国人民银行成为全国唯一办理各项银行业务的金融机构，集中央银行和普通银行于一身，内部实行高度集中管理，利润统一收支。

（三）1979—1983 年 8 月：初步改革和突破"大一统"金融机构体系

1979 年，中国银行从中国人民银行分设出来，成为一家专门管理外汇资金和经营对外金融业务的银行。同年，中国农业银行恢复，负责管理和经营农业资金。从 1979 年到 1984 年，中国建设银行逐步从财政部门的附属地位中分设出来，其国家专业银行的地位得以确立，开始运用银行的办法办银行。这些银行的成立和分设是为了更好地管理和经营不同类型的资金和业务。

（四）1983 年 9 月—1993 年：多样化的金融机构体系初具规模

1983 年 9 月，国务院决定将中央银行职能交给中国人民银行。随后，1984 年 1 月，中国工商银行正式成立，接管了中国人民银行原本负责的工商信贷和储蓄业务。从 1985 年到 1993 年，中国建设银行的信贷收支全额纳入了国家信贷计划体系，金融业务开始全面开拓，银行功能日臻完善，实现了由事业单位管理向企业化经营的转变。此后，为了进一步完善金融机构体系，增设了全国性综合银行（如交通银行、中信银行等）和区域性银行（如广东发展银行），同时批准成立一些非银行金融机构（如中国人民保险公司、中国国际信托投资公司、中国投资银行、光大金融公司、各类财务公司、城乡信用合作社及金融租赁公司等）。在金融机构体系改革的同时，金融业也进一步实行对外开放，允许部分合格的营业性外资金融机构在我国开业，使我国金融机构体系从封闭走向开放。

（五）1994 年至今：建设和完善社会主义市场金融机构体系阶段

1993 年底，《国务院关于金融体制改革的决定》吹响了金融体制改革的号角，明确金融体制改革的目标之一是建立政策性金融与商业性金融分离，以国有商业银行为主体、多种金融机构并存的金融组织体系。1994 年以来，我国采取了多项措施：成立三大政策性银行、国有商业银行向国家四大专业银行转化、建立以国有商业银行为主体的多层次商业银行体系等。另外,积极发展非银行金融机构,如证券投资基金等,并不断深化金融业的对外开放程度。为了加强对金融机构的监管,1992年成立了中国证券监督管理委员会,1998年成立了中国保险监督管理委员会,2003年成立了中国银行业监督管理委员会,形成了"分业经营、分业监管"的基本框架。改革开放以来,我国金融业获得了巨大发展,金融机构体系结构日臻完善。

四、金融机构

金融机构是指国务院金融管理部门监督管理的从事金融业务的机构。金融机构总体可分为银行业金融机构、非银行业金融机构和在中国境内开办的外资、侨资、中外合资金融机构,其中银行业金融机构主要包括政策性银行、商业银行、银行业专营机构;非银行业金融机构主要包括国有及股份制的保险公司、证券公司、财务公司、第三方理财公司。

各种金融机构都受到监管,为了推动金融市场健康发展,金融监管机构对金融机构设有一套金融机构信用评级,即专业评级机构对金融机构整体资产质量以及所承担各种债务如约还本付息的能力和意愿进行评估,是对债务偿还风险的综合评价,由此来对金融机构的信用等级进行划分。信用等级设置采用三等十级制,即AAA、AA、A、BBB为一等的四个级别,BB、B、CCC、CC为二等的四个级别,C与D为三等的两个级别,对每一个信用级别分别规定具体的标准。

五、家庭金融风险防范

金融改革的不断深化使居民的生活与金融产品密不可分。然而,在金融服务给居民带来便利的同时,金融诈骗等违法活动也时有发生。根据2020年360安全大脑发出的《新冠疫情期间网络诈骗趋势研究报告》,用户在猎网平台的有效举报总计达3243例,该数量与2019年相比增加了47%。学会如何防范金融诈骗,避免金融风险是家庭金融的首要目标,需要所有家庭成员高度重视,切实做好防范。常见的金融诈骗类型包括非法集资诈骗、假冒公检法机关工作人员诈骗、冒充银行诈骗、金融交易诈骗等。

【开胃阅读】

冒充银行员工诈骗公司财务人员

2021 年 4 月 19 日,陈女士(某公司财务人员)称其在 4 月 15 日 16:00 左右,接到自称某某银行工作人员的电话,称凡是某某银行的客户都需提供年检资料,要求陈女士发送相关信息,并添加 QQ。陈女士查询此 QQ,显示头像为一名身着银行工装的女性,备注名称为"某某银行",陈女士当日添加此 QQ。"某某银行工作人员"称周一将向其发送相关资料。2021 年 4 月 19 日上午,"某某银行工作人员"向陈女士发送了年检所需相关资料。陈女士与"某某银行工作人员"进一步交流后,该"银行员工"称需要将陈女士拖入 QQ 群内,陈女士入群后,发现群内另有两人。将陈女士拖入群内后,该"银行员工"称"已联系好客户"就退出了群聊。随后陈女士在与群内其他二人交流时,对方二人设局要求陈女士向账户转账 10 余万元完成"合同",并提供转入账户信息,陈女士此时才对此过程存疑,拨打该银行的官方客服电话咨询。该行官方工作人员接到陈女士咨询后,向其说明了近期并无工作人员联系客户提交年检资料,且向陈女士说明银行业务不会通过个人 QQ 联系客户,提示谨防诈骗风险。

第二节 利率与通胀率

利率是指一定时期内利息额与借贷资金额的比率。利率会很大程度影响家庭融资资金成本,同时也是家庭筹集资金进行投资活动的决定性因素。关注利率的现状以及未来变动和走势是对金融环境研究的重点之一。

通胀率也称通货膨胀率,通过价格指数的增长和货币购买力的下降来间接地表示,反映物价平均水平的上涨程度。

一、利率对金融环境的影响

在市场经济的运行中,利率是资金的使用成本,发挥着十分重要的作用。利率的变动会在一定程度上影响政府决策,对企业经营的经济效应、居民的投资选择也会产生一定影响,进而对经济运行产生至关重要的影响。

(一)储蓄与消费

储蓄表示为社会资金的供应量,消费可以拉动经济的发展。利率的上升可以使居民的利息收入得到相应增加,因此,居民更愿意提高储蓄,减少消费;若利率下降,居民的利息收入减少,就会刺激消费,减少储蓄。在收入一定的情况下,储蓄和消费成反比。

(二)借贷投资

借贷投资是指借款人将从银行或者金融机构借取的资金作为资本进行投资以赚取收益的一种行为,利率的高低会影响借款的成本以及投资的收益。

(三)投资规模及投资结构

社会总资金在某一时段是一个常量,可以分为社会总投资和社会总储蓄两部分。利率下降会使投资成本减少,从而使投资收益增加,那么资金就会流向社会总投资,使投资规模扩大、社会总储蓄减少;利率上升会使投资收益相对减少,银行储蓄收入增加,那么资金就会流向社会总储蓄,使投资总规模逐步缩小,投资量减少。

(四)社会信贷总规模

利率上升,社会信贷成本就会随之增加,信贷总规模会受到一定的抑制,使社会货币供应量相对减少,物价水平下降;反之,利率下降,社会信贷成本减少,收益增加,信贷规模扩大,社会货币供应量增加,导致物价水平上升。

(五)国际收支

国际收支是指一个国家在一定时期内由对外经济往来、对外债权债务清算而引起的所有货币收支。国际收支严重不平衡包括一国出现持续的大量国际收支顺差或逆差,这会对该国经济造成不利的影响。国际收支出现严重逆差,国家货币大量流出,导致货币贬值,对外国商品等的实际购买力下降,进而影响国内经济的发展。相反,国际收支出现严重的顺差则会使一国货币持续对外升值,结果是本国货币将会迎来巨大的通货膨胀压力,同时也会给本国带来巨大的外交压力。

二、利用利率来制定理财策略

由于我国利率市场化进程的推进,近年来家庭投资的难度增加,使利率随着货币市场上资金的供求状况以及其他不确定的因素上下波动,即更加频繁的不确定性和多变性会表现在利率水平上,利率风险也会变得愈加突出。作为投资者,应该根据利率随经济的波动,选择主动的投资策略,分析市场情况,提前预测利率变动和未来走势,在第一时间选择调整投资方向和投资理财方案,通过利率敏感性缺口分析形成利率正缺口,这将会给投资带来更大的益处。

(一)理论相关概念

利率敏感性资产(负债)是指那些随着市场利率变动而产生相应收入或支出的资产(负债)。相反,利率非敏感性资产(负债)则是指在一定时间内不受市场利率变动影响的资产(负债)。利率敏感性缺口是指银行资金结构中利率敏感性资产(负债)之间的差额,可以用以下公式表示:

利率敏感性缺口=利率敏感性资产－利率敏感性负债

(二)理论思想

利率敏感性缺口可以用来衡量家庭收益对利率变动的敏感性。利率敏感性缺口分析方法就是将资产负债的利率、期限联系起来考虑的一种资产负债管理方式。

利率敏感性缺口为正缺口,此时利率上升,投资收益和预期值相比会增多;利率下降,投资收益和预期值相比会减少。相反,当缺口变为负缺口时,利率上升使获得的收益和预期值相比减少;利率下降使获得的收益和预期值相比增加。缺口值变为零时,代表利率风险缺口是零,在此情况下,预期的净利息收入不受利率变动的影响,所以利率风险为零(见表 2-1)。

表 2-1　利率变动与收益关系

绝对缺口	利率敏感性比率	相对缺口比率	反映的利率敏感性	利率变化	收益变化
正	>1	正	正	上升	增加
正	>1	正	正	下降	减少
负	<1	负	负	上升	减少
负	<1	负	负	下降	增加
零	=1	零	—	上升	—
零	=1	零	—	下降	—

三、通胀率对金融环境的影响

通胀率的提高会引起财富的再分配,使商品相对价格上下波动,降低资源配置效率,引起经济泡沫甚至使一国的经济基础受损。其对居民收入和消费有较大影响,会使居民的实际收入水平下降;其引起的物价水平上涨将会导致居民的福利减少;会引起收入分配效应,使低收入者福利受损,高收入者在通胀率提高的过程中却可以获益,如此的悬殊将导致贫富差距拉大。通胀率的提高会给依靠固定收入维持生活的人带来不利的影响。对于拥有固定收入的阶层来说,其收入是固定的货币数额,由于通胀率的提高,没有随着通胀率的提高而增加的收入将会落后于逐渐上升的物价水平。这个阶层的实际收入会因为通货膨胀而无形贬值,他们的购买力将会随着物价水平的上升而下降。而且,因为他们的货币收入没有变化,所以他们的生活水平必然会因此降低。而那些靠变动收入维持生活的人,则会从通货膨胀中获益,这些人的收入水平会随着通胀率的提高而相应提高。

通货膨胀带给储蓄者的影响是不利的。随着物价水平的上涨,存款的实际购买力就会随之降低。家庭中拥有闲置货币和存款在银行的人由于通胀率的上升,相对应利息的收入也会因为通胀率而贬值;由于利息不变,他们的收入水平将会受到打击。同样的,类似于养老金、保险金以及其他有价值的财产证券等,拥有固定的利率,是用来防患未然和蓄资养老的,在通货膨胀中,其实际价值并没有随着通胀率的提高而增加,因此也会随之发生相对应的贬值。

四、利用通胀率来制定家庭理财策略

通胀率的提高会引起货币贬值、物价上升,因此投资者应该将货币转化为实物,利用投资理财抵御通货膨胀。

(一)实物投资

实物投资是指通过持有房地产、黄金、艺术品等实物资产抵御通胀。实物投资抗击通胀的同时,也存在市场方面的风险。投资者应该以低于其内在价值的价格购买实物并持有,才能更好地规避通胀风险。

(二)基金

购买基金是一种风险较小、省时省力、收益较好的投资方式。目前市场上比较稳健的品种主要包括货币型基金和债券型基金,两种基金都具有良好的流动性,可以随时赎回。货币型基金主要投资央行票据,债券型基金则主要投资债券。

第三节　风险与收益

风险是生产目的与劳动成果之间的不确定性,主要表现为收益的不确定性。收益即财富的增加。风险与收益的关系是既对立又统一的,风险与收益呈正相关,想要取得投资收益,就必须承担投资本金损失的风险。金融上的风险大部分都属于投机风险,投机风险是指既有可能发生损失又有可能获利的风险。投机风险的结果一般有三种:一是"没有损失";二是"有损失";三是"盈利"。例如,在基金市场上购买基金,就存在获利、损失和既没有获利又没有损失三种结果,因而属于投机风险。人们厌恶和避开纯粹风险,为了获利而承担投机风险。

一、家庭金融风险的类型

随着家庭金融资产的增加,其金融投资风险也逐渐变大,因此越来越多的人开始关注和重视家庭金融风险的防范。

（一）政策风险

政策风险指国家经济金融政策的调整或实施给家庭金融投资带来的风险,如恢复征收储蓄存款利息税等。

（二）利率风险

利率风险指国家利率调整给家庭金融投资带来的风险。例如,当存款利率下调时,存款的利息收入就会减少;当贷款利率上调时,贷款的利息又会增加。

（三）机构风险

机构风险指金融机构经营管理不当给家庭金融投资带来的风险。例如,2008年雷曼兄弟因次贷危机而破产,导致投资人遭受损失。为此,投资人需要谨慎选择金融机构进行投资。

（四）诈骗风险

诈骗风险指在金融投资中,家庭面临被人诈骗的风险。例如,有些家庭为了追求高利息高回报,因防范意识不强、识别诈骗能力不足,盲目集资或被骗投保等,最终导致亏损。

（五）法规风险

法规风险指违反国家法律法规而进行金融投资导致的风险。例如,高息存款、高利放款、倒买倒卖外汇等。为避免此类风险,请遵守相关法律法规。

（六）市场风险

市场风险指市场波动带来的风险。例如,股票市场整体下跌、外汇市场的剧烈波动等。

二、防范家庭金融风险

随着金融市场的创新与发展,家庭金融风险的隐患也越来越引起人们重视,了解如何防范家庭金融风险迫在眉睫。

（一）关注时事政治和国内外大事

为了有效地防范家庭金融风险,我们应该密切关注国内外经济金融动态,及时了解国内外利率和股市、汇市的最新变化,以避免逆势投资。同时,我们需要及时了解国家有关经济金融法规的颁布实施和修改废止等情况,熟悉国家有关金融投资的法律法规、条例、办法等,以确保自己的投资合规合法。

（二）了解金融投资工具

金融投资需要了解不同投资产品的投资方式、技术要求、可能出现的风险及风险大小,以及金融机构的运行机制、经营理念、资信状况、管理水平、信用程度、效益高低、服务水平等情况。由于金融机构数量众多,竞争激烈,投资者务必全面了解金融机构的情况后再进行投资。

（三）选择投资工具

投资工具包括银行储蓄、债券、基金、保险、股票和外汇等,它们各有特点,收益和风险也不同,需要掌握不同的投资技术。投资者可以循序渐进地选择某一品种或具体操作,先易后难。股票种类繁多,不同交易所也有不同特色,外汇市场遍布全球,因此选择合适的投资工具尤为重要。

（四）选择好的投资金融机构

金融机构在管理能力、经营理念、机构布局和服务功能等方面表现出各自的特点,同时也推出不同的投资品种并提出具体要求。因此,投资者需要加强对金融机构的认识,保持良好心态并理性对待投资,因为投资的收益和风险是统一对立的。

（五）掌握投资技巧，提高操作水平

家庭金融投资要有一个科学合理、具体细致的投资计划或投资方案，需要家庭成员学习相关基础知识。

（六）组合投资

组合投资既可以分散风险，避免"鸡蛋放在同一个篮子里"，又可以充分提高资金的流动性，使投资更加灵活，这是家庭进行金融投资的基本思想。

（七）掌握动态管理

根据证券市场、外汇市场的变化情况及时做好储蓄、股市、汇市、基金等资金的调剂、转换工作，保持适当的流动性资产，以提高资金的利用率和效率，要善于分析投资信息和捕捉投资机遇。

第四节　投资组合理论

投资组合理论是研究若干种有价证券投资后如何使收益达到最佳状态的理论，它的收益是一篮子证券收益率的加权平均数，但它的风险与收益率大不相同，并非一篮子证券风险的加权平均风险，投资组合能够减小非系统性风险。

一、投资组合理论的提出和发展

美国经济学家马科维茨在 1952 年首次提出投资组合理论（Portfolio Theory），并进行了系统、深入和卓有成效的研究，他也因此获得了诺贝尔经济学奖，从此奠定了"资产配置"在财富管理行业中的核心地位，甚至被誉为"华尔街的第一次革命"。马科维茨的均值方差理论为现代资产配置理论奠定了基础。马科维茨提出的均值方差模型对风险和收益进行了量化，是确定最佳资产组合的基本模型。该方法需计算所有资产的协方差矩阵，这在实践中存在许多不便，从而也一定程度上限制了其在实践中的应用。为此，该模型的实际应用受到了严重的制约。

1964 年，夏普提出了可以对协方差矩阵加以简化估计的单因素模型，极大地推动了投资组合理论的实际应用。

20 世纪 60 年代，夏普、林特尔和莫辛分别于 1964 年、1965 年和 1966 年提出了资本资产定价模型（CAPM 模型）。该模型不仅提供了评价收益与风险相互转换特征的可运作框架,也为投资组合分析、基金绩效评价提供了重要的理论基础。

1976 年,针对 CAPM 模型存在的不可检验性的缺陷,罗斯提出了一种替代性的资本资产定价模型,即套利定价理论模型(Aritrage Pricing Theory,APT 模型),该模型是多指数投资组合分析方法在投资实践上的广泛应用。

二、投资组合理论内容

投资组合理论包含两个重要内容:均值—方差分析方法和投资组合有效边界模型。

(一)均值—方差分析方法

资产配置主要需要解决如何分散投资以做到在风险最小化的同时收益最大化。资产配置的主要目的就是在未来某个时点达成某个预期收益目标,并将资产的波动控制在个人可承受的范围内。均值—方差分析方法是用来求解最优资产配置的比例,这也是首次将数理统计方法引入投资组合理论。

(二)投资组合有效边界模型

有效前沿是一组最优的投资组合,这些投资组合在确定风险水平的前提下提供最高的预期收益,或在给定的预期收益水平下提供最小的风险。低于有效边界的投资组合是次优的,因为它们不能为风险水平提供足够的回报。聚集在有效边界右侧的投资组合是次优的,因为它们在确定的回报率下具有更高的风险水平。

投资组合理论是一种定量分析方法,且被定义为最佳风险管理理论。无论是家庭、公司还是其他经济组织,为了找到最优行动方案以最大限度减小风险,都需要在成本和收益之间进行权衡。投资组合理论的应用就涉及对这些内容的阐述和估计。

对于家庭来说,他们已经了解到了消费和风险偏好。尽管偏好会随着时间而变化,但是这些变化的原因和机制并不是投资组合理论所涉及的。投资组合理论的重点在于如何在金融工具中进行选择。一般来说,最佳选择需要在获取高预期回报和承担高风险之间进行权衡评估。

三、投资组合理论在家庭投资上的应用

"一百减去目前年龄"是建立投资组合时可运用的公式。简单地说,在你现年30 岁的时候,可以将 70% 的资金投入金融市场;在你现年 60 岁的时候,可以将40% 的资金投入金融市场。

20—30岁是距离退休日子较远的年龄段,此时的风险承受能力较强,可以采取积极成长型的投资模式。虽然这个时期因为买房、买车、结婚、置办耐用生活用品等需要大量资金,剩余闲置资金投资非常不易,但仍然需要尽可能投资。可以按照"一百减去目前年龄"这个公式,将自身70%—80%的剩余资金通过组合的方式投入金融市场。例如,20%存放定期存款或购买债券,20%投资基金,剩余部分投资普通股票。

30—50岁这个年龄段,家庭成员逐渐增多,此时的承担风险能力与之前相比略有下降,但让本金迅速成长仍然是主要目标。在证券方面,可以投入资金的50%—60%,将这部分资金的40%拿来购买股票,10%购买基金,10%购买国债。余下的40%可以投资在固定收益的投资标的上,这一部分的资金也应该分散投资。利用这种投资组合方式的目的就是在保住本金的基础上可以盈利,并且可以留有部分现金作为家庭日常生活的需要。

50—60岁负担逐步减轻,剩余资金较多,但仍然需要控制风险,应该集中精力大力储蓄。可以将40%的资金投在证券方面,60%的资金则投资有固定收益的投资标的。这种投资组合的目标是保护本金,用来抵抗通货膨胀,并留存一些现金收益供退休前的不时之需。

65岁及以上时,将大部分资金存在较为安全的稳定收益投资标的上成为大多数投资者的第一选择。在证券方面,只投入少量资金用以抵抗通货膨胀,从而保持资金购买力。所以,投资债券或固定收益型基金的资金占比可以达到60%,购买股票的资金占比可以达到30%,投资银行储蓄或其他标的的资金占比可以达到10%。

第五节　投资心理学

投资心理学是研究与投资行为有关的心理现象的一门科学。它是运用经济学、心理学、生理学、文化学等学科原理,研究投资过程中有关心理现象的一门综合性的学科,属于应用心理学的范畴。

一、投资心理学的研究内容

投资心理学的研究内容包括微观层面的投资者共同心理和行为,以及宏观层面不同投资群体的心理和行为差异。无论是普通中小投资者还是中大型投资机构的决策者,在进行买卖操作时都会有类似的心理活动规律,因为他们都是投资者,都会有成功和失败的投资经历,都会发生同样的心理状态。当他们推荐的股票上涨时,他们的自信心和自豪感会随之增加;而当他们的判断发生失误时,也都会感到受挫和沮丧。

二、行为经济学在投资心理学上的启示

行为经济学作为实用的经济学,它将行为分析理论与经济运行规律、心理学与经济科学有机结合起来,以发现现今经济学模型中的错误或遗漏,进而修正主流经济学关于人的理性、自利、效用最大化及偏好一致基本假设的不足。

(一)确定效应

确定效应就是在确定的收益和投机之间做一个抉择,多数人会选择确定的收益。

例如,你有两个选择:第一个选择保证能赚到 30000 元;第二个选择有 80% 的可能性赚到 40000 元,但也有 20% 的可能性一无所获。实验结果表明,大多数人会选择第一个选项。然而,从传统经济学的角度来看,"理性人"应该会选择第二个选项,因为 40000 元的期望值为 32000 元,比 30000 元更高。

这个实验结果印证了确定效应:当大多数人处于收益状态时,他们往往会表现出小心谨慎、厌恶风险、喜欢及时止盈,同时也害怕失去已经获得的利润。因此,可以得出结论,大部分人在收益状态下都是风险厌恶者。

(二)反射效应

当一个人在面对两种都损失的抉择时,会激起他的好胜心。在确定的损失和"赌一把"之间做一个抉择,多数人会选择"赌一把",这叫"反射效应"。

例如,第一个选项你一定会赔 30000 元。第二个选项你有 80% 可能赔 40000 元,20% 可能不赔钱。实验结果是大部分人都选择了第二个选项,只有少数人愿意选择第一个选项。在传统经济学中,"理性人"会两害相权取其轻,因为 $(-40000) \times 80\% = -32000$ 元,风险要大于 -30000 元,因此避开第二个选项。

(三)损失规避

损失规避即人们更加厌恶失去而非得到,对于损失和获得的敏感程度不对称,损失带来的痛苦远大于获得的快乐。行为经济学家通过一项赌局实验证实了这一

观点。

例如，有一个游戏，需要投一枚均匀的硬币，正面为赢，反面为输。如果赢了，可以获得 50000 元；但如果输了，就会失去 50000 元。总体来看，这个赌局的输赢概率相等，因此期望值为零，是一个公平的赌局。然而，大量类似实验表明，大多数人不愿意参加这个游戏。尽管正反面出现的概率相同，但人们对"失去"比对"获得"更加敏感。因为想到可能会失去 50000 元，这种不适感超过了同样可能赢得50000 元的快乐。

三、投资心理学的现实意义与启示

在实际投资操作过程中，每位投资者都会犯这样或那样的错误。有些错误是由于投资者在进入市场前没有做好充足的知识储备；有些错误是由于投资者对市场缺乏足够的了解和经验；有些错误是由于信息不对称性；有些错误是由于投资者缺乏基本的分析手段和方法；有些错误是由于投资者缺乏正确的投资理念和技巧。但更多的时候，投资者是输在自己的投资心态上，或者说是因为自己在投资心态上出现了问题，才形成了失败的投资。

投资心理学是对投资者在投资过程中表现出的各种心理弱点和误区进行全面深入的分析，使投资者可以了解大众投资的心理误区，意识到自己在投资操作中的特点，克服自己的心理弱点和情绪困扰，成为一个成功的投资人。

（一）过度自信

投资人在自己比其他投资者更具有眼光上有着莫名的自信，他们会高估自己的能力和知识。典型的表现是，他们认为是正确的信息，会过分信赖，同时忽略他们认为不正确的信息。此外，他们信任那些他们容易得到、容易理解的信息，而不去追求那些他们感到陌生的东西。

（二）过度反应偏差

人们对偶然事件的高度关注，会使他们认为自己捕捉到了一个新趋势。尤其是投资者，他们往往会过分关注最新的信息，并从中进行推断，以为自己抓住了一个不可多得的机遇。过分的敏感导致一份新出炉的盈利报告被视为他们可以获利的信号。他们自信地认为别人不知道这些信息的价值，于是基于这些肤浅的推理而迅速做出错误的决策。

（三）损失厌恶

价值是分配给个人的获利或损失。根据效用理论,人们并不重视最终资本的数量,更重视财富增加部分是盈利还是损失。相同数量的损失和盈利对于人们来说是不同的,由损失所带来的痛苦是盈利带来的喜悦的两倍至两倍半。损失厌恶对于投资者的影响很明显。投资者都想做出正确的决策,而他们所持有错误决定的时间较长,只是为了含糊地希望有朝一日能等到这个结果改变。通过继续持有不得脱身的股票,投资者善于逃避面对已经被现实确定的失败。这样做实际上造成了另外的潜在损失,如果你继续持有被套牢的股票,你将会失去这段时期的盈利,甚至承受额外的资金损失。

（四）心理账户

如何看待本金与如何决定投资、如何选择管理这些投资有很大关系。心理账户的概念是指在投资者看来,只要股票没有卖出,那么账面损失就仅仅是账面上的,并不是实际损失。

（五）短视损失厌恶

如果每天不看净值,就不必遭受每日价格起落的焦虑之苦。持有的时间越长,面对的波动就越小,也不会受到短期波动的影响,所持的投资选择就越具有价值。影响投资者情绪风暴的因素有两个:损失厌恶和估值频率。

（六）情绪陷阱管理

1989—1998 年,可口可乐股票表现优异,超越了大盘。实际上,在每年的年度表现中,可口可乐股票超越大盘的次数仅有六次。根据损失厌恶的数学分析,投资可口可乐的情绪效应为负数,即在表现低于大盘时,大多数人会因情绪而非理性卖出可口可乐的股票。巴菲特并未从众,他从可口可乐公司的基本面是否依然优秀入手进行了理性分析,最后选择继续持有。股票市场通常会呈现出非理性波动,究其原因是不少人具有投机或赌博的心理,这些心理一定程度上会造成股票在短期内波动不断。因此,人们一定要做好心理准备,以防在股市下跌时因情绪影响而采取错误的行动。

情绪比理性更具有影响力,对股价波动恐惧和贪婪会推动股价或高于或低于其内在价值。就短期而言,人们的情绪对于股价来说会更有影响力,而非公司的基本面。要知道人们的情绪也具备价值,因此我们应该学会避开从众心理,不随大流的波动而波动,要具备理性的投资思维;学会识别他人的错误,并从中捕捉到获利的机会。每个人对于信息都会做出不同的反应,也都会有判断失误,这些都会对投资造成影响。从众心理越强,积累的错误就越多。在非理性的怒海狂涛之中,只有少数理性者才能生存。

复习题

一、单选题

1. 以下哪种投资方式安全性最高　　　　　　　　　　　　　　　　　（　　）

　　A. 国债　　　　　　B. 股票　　　　　　C. 基金　　　　　　D. 期货

2. 利率升高,居民将会　　　　　　　　　　　　　　　　　　　　　（　　）

　　A. 提高储蓄,减少消费　　　　　　　B. 提高储蓄,提高消费

　　C. 减少储蓄,减少消费　　　　　　　D. 减少储蓄,增加消费

3. 通胀率提高时最有利的家庭投资方式是　　　　　　　　　　　　　（　　）

　　A. 实物投资　　　　B. 基金　　　　　　C. 股票　　　　　　D. 期货

4. 当利率上升时,欲使家庭收益上升,应　　　　　　　　　　　　　（　　）

　　A. 增加利率敏感性资产　　　　　　　B. 减少利率敏感性资产

　　C. 增加利率敏感性负债　　　　　　　D. 不变动资产比例

5. 以下哪个不是影响债券价格的因素　　　　　　　　　　　　　　　（　　）

　　A. 债券的期限　　　B. 票息　　　　　　C. 企业的信用等级　　D. 债券的币种

6. 股票上市后,以下哪个不是影响股票价格的因素　　　　　　　　　（　　）

　　A. 经营业绩　　　　B. 平均利润率　　　C. 心理因素　　　　　D. 股票上市时间

7. 以下哪个不是影响基金价格的因素　　　　　　　　　　　　　　　（　　）

　　A. 基金单位资产净值　　　　　　　　B. 基金市场的活跃程度

　　C. 基金的发行公司　　　　　　　　　D. 银行存款利率

8. 国内金融机构信用等级设置采用　　　　　　　　　　　　　　　　（　　）

　　A. 三等十级制　　　B. 三等九级制　　　C. 四等十级制　　　　D. 四等九级制

9. 以下不属于有效防范家庭金融风险的选项是　　　　　　　　　　　（　　）

　　A. 关注时事政治和国内外大事　　　　B. 了解金融投资品种

　　C. 选择好的投资金融机构　　　　　　D. 听信网络散播的虚假股市信息

二、判断题

1. 一定会亏损 30000 元和 80％概率赔 40000 元、20％概率不赔,应选择后者。
（　　）

2. 实物投资如房地产投资、黄金投资等不可以作为有效抵抗通货膨胀的投资手段。
（　　）

3. 发债者的信用等级较高,其债券的风险较小,因此其价格相对较低。（　　）

4. 利率敏感性缺口为正缺口,此时利率上升,投资收益和预期值相比会减少。
（　　）

5. 关注时事政治和了解金融投资产品可以有效减小家庭金融风险。（　　）

三、简答题

1. 债券的价格受哪些因素影响?

2. 股票价格受哪些因素影响?

3. 在投资时,我们应该保持什么样的心态?

第三章

家庭财务分析与资产配置

学习目标

● 理解理财规划与家庭财务报表的关系
● 编制家庭资产负债表
● 编制家庭现金流量表
● 掌握主要的财务指标,并尝试运用财务指标进行合理的家庭财务管理
● 学会运用风险属性法进行家庭资产配置

【导入案例】

某明星缘何破产

2002年,某明星向法院申请破产保护。法院接受其申请并裁定4年的破产期。在破产期内,其不仅无房无车,就连进入高档酒店进餐都受到限制,生活极其困顿,而且还要拼命打工还债。直到2006年10月破产期结束,他才完全摆脱债务重新开始正常的生活。

他破产的直接原因是高额负债炒楼失败。其借款高价买入大量房产后,适逢1997年亚洲金融危机导致楼市下滑,其所购各项目大幅贬值。债权人虽没有没收这些房产,但其无法清偿债务。由于部分借款利息高达24%,所余本息到2003年已滚至2.5亿元,完全超出了其还款的能力,遂申请破产保护。

破产的一个间接原因是其家庭消费奢侈无度。其妻追求顶级时尚,每年仅服装费就高达500万元之巨,自身又没有稳定的经济来源。出事前,家庭全无积蓄,也就没有了风险屏障。出事后,其妻离他而去,家庭债务全由他担负。

思考:分析该明星的破产原因,讨论如何全面掌握家庭收支状况,合理配置家庭资产。

随着中国经济的发展,家庭收入增长幅度明显大于家庭支出增长幅度,大量家庭财富的积累刺激了家庭的理财需求。中国金融市场规模逐渐扩大,中国股票市场、房地产市场等资本市场的波动反映了家庭的金融行为。要了解家庭金融行为背后的规律,我们有必要动态监测家庭财务状况,并在此基础上进行合理的资产配置。

第一节　家庭资产负债表

家庭资产负债表(family balance sheet)是综合反映家庭在一定时点上资产、负债和净资产等财务状况的报表。编制家庭资产负债表,从而为家庭的财富管理提供抓手。我们可以把资产负债表看作一年中某一天家庭财务状况的快照。

家庭资产负债表分为三部分,合在一起能够简要描绘出家庭的财务状况。资产,是家庭拥有的;负债,是家庭欠别人的;净资产,是家庭资产和家庭负债之间的差额。

这三者之间的会计关系被称作资产负债表等式,可以采用两种方式表示:

资产＝负债＋净资产

净资产＝资产－负债

一、家庭资产

家庭资产(family assets)是指家庭拥有的,能以货币计量[①]的财产、债权和其他权利。其中,财产主要是指各种实物和金融产品;债权是家庭出借的金钱和财物;其他权利主要包括知识产权、股份等无形资产。一件物品或一项权利,无论是通过现金购买还是通过负债取得,都归为资产。家庭资产应通过合法渠道获得,并拥有完全的所有权。家庭资产分类如下。

(一)按照资产的流动性分类

按照资产的流动性[②],可分为流动资产和非流动资产。流动资产是以现金或金融工具形式存在,能够随时并快速地转换为现金且不会带来价值损失的低风险金融资产,如现金、现金支票、储蓄存款、货币市场存款以及一年内到期的定期存款等。非流动资产包括固定资产及其他非流动资产。固定资产是指住房、汽车、物品等实物资产。固定资产可以分为投资类固定资产和消费类固定资产。投资类固定资产指可以产生收益的实物资产,比如投资性房地产、黄金珠宝等。消费类固定资产是指家庭生活所必需的生活用品,它们的主要目的是供家庭成员使用,通常不会产生收益(而且只能折旧贬值),如自住房屋、家用电器、家用汽车、服装、电脑等。

---

①　货币计量:各种资产都是有价的,可以估算出它们的价值和价格,不能估值的东西一般不算资产,如名誉、知识等无形的东西。

②　流动性:可以适时应付紧急支付或投资机会的能力,简单来说就是变现的能力。

其他非流动资产包括一年以上的定期存款、债券、股票以及其他类型的证券等投资资产、退休基金、个人退休账户等。

（二）按照资产的属性分类

按照资产的属性，可分为金融资产（财务资产）、实物资产、无形资产等。金融资产包括流动性资产和投资性资产；实物资产就是具有实物形态的家庭资产，如住房、汽车、家具、电脑、收藏品等；无形资产则是指著作权、商标权、专利权等知识产权。

（三）按照资产的产品类型分类

按照资产的产品类型，可分为现金及活期存款（活期存折、信用卡、个人支票等）、定期存款（本外币存单）、投资资产（股票、基金、外汇、债券、房地产、其他投资）、实物资产（家居物品、住房、汽车）、债权投资（债权、信托、委托贷款等）、保险资产（社保中各基本保险、其他商业保险）等。

二、家庭负债

家庭负债是指家庭未来需要偿还的欠款，包括所有家庭成员对外的债务、银行贷款、应付账单等。家庭负债的分类如下。

（一）按照到期时间的长度

按照到期时间的长度，可分为流动负债（短期负债）和长期负债。流动负债是所有当前拥有的，并预计在一年内支付的负债，包括消费品应付款、应付公用事业费、应付保险费、应交税费、应付医疗费、应付修理费和信用卡应还额度（信用卡授信额度减去剩余额度，一般因信用卡消费产生）。长期负债是指期限为一年或一年以上的债务，这些债务通常包含房屋按揭贷款、大多数的分期付款、教育贷款以及证券保证金贷款。大多数贷款都归类为长期负债，但是预期在一年之内到期的贷款应该列示为流动负债，如6个月内到期的一次性偿还给银行的贷款，以及由于购买电脑而产生9个月内的分期付款，都属于流动负债。不管哪种类型的贷款，只有未偿还的贷款余额才会在资产负债表中列示为负债，因为在任何给定时点，重要的是贷款未偿还余额，而不是最初贷款的金额。尚未偿还的贷款或按揭的本金部分应列示在资产负债表的负债中。

（二）按照负债类型分类

按照负债类型，可以分为贷款（住房贷款、汽车贷款、教育贷款、消费贷款等各种银行贷款）、债务（债务、应付账款）、税务（个人所得税、遗产税、增值税等所有应纳税额)、应付款(短期应付账单,如应付房租、水电费、应付利息等)。

三、家庭净资产

家庭净资产,即家庭实际拥有的财富和权益数额。它表示在按照预期的公允价值出售家庭所有资产,并且付清所有债务之后剩余的货币数额。从会计等式的变形,我们可以看到:

净资产＝总资产－总负债

如果净资产小于零,这个家庭从技术上说已经资不抵债。当然并不意味着这个家庭最后就要进行破产清算。这在一定程度上反映出这个家庭缺乏理财规划。

【开胃阅读】

《中国家庭财富调查报告 2019》发布,城乡家庭财产差距较大[①]

《中国家庭财富调查报告 2019》显示,2018 年我国家庭人均财产为 208883 元,比 2017 年的 194332 元增长了 7.49%,增长速度高于人均国内生产总值增速(6.1%)。城乡家庭财产差距较大,2018 年城镇和农村家庭人均财产分别为 292920 元和 87744 元,城镇家庭人均财产是农村的 3.34 倍,且城镇家庭人均财产增长速度快于农村。

城乡居民在财产构成方面存在一定差异。从我国居民家庭财产结构来看,房产占七成,城镇居民家庭房产净值占家庭人均财富的 71.35%,农村居民家庭房产净值占比为 52.28%。人均财富增长的来源表明,房产净值增长是全国家庭人均财富增长的重要因素,房产净值增长额占家庭人均财富增长额的 91%。

城乡居民住房构成也具有明显差异。农村居民家庭以自建住房为主,自建住房占比达 53.18%,购买新建商品房仅占 21.81%,购买二手房占比为 6.73%。城镇居民家庭以购买新建商品房为主,占比达 36.26%,自建住房仅占 24.43%,自建住房占比是农村居民家庭的一半,购买二手房比例为 10.97%。

---

① 经济日报社中国经济趋势研究院家庭财富调研组.房产占比居高不下 投资预期有待转变[N].经济日报,2019-10-30(15).

四、家庭资产负债的评估

在整理资产负债的过程中,需要记录每项资产负债的价值,也就是必须评估它们的价值。通常资产评估方法包括收益现值法、重置成本法、现行市价法、清算价格法等。作为家庭来说,可以采用相对简单的方法,如现行市价法[①],通常不会采用重置成本法[②]、收益现值法[③]、清算价格法[④]等,因为大部分资产是不会出售的,我们只需要确信资产的价值即可。

价值评估必须依据两个原则:一是参考市场价值,所谓市场价值就是在公平交易条件下,别人愿意为该项资产支付的价格;二是评估价值必须是确定某个时点,因为资产价值是会随时间发生变化的,如 2021 年 12 月 31 日或者任何一天都可以。

按照上面介绍的资产负债分类,其中现金的价值最容易评估,我们只需要直接统计家庭共用的以及所有家庭成员手上的现金即可。定期存款的价值一般是账户余额或存款额(通常不计算利息),股票的价值评估是家庭的股票数量乘以当日收盘价。其他如基金、外汇也采用类似的方法。债券的价值一般就是票面值或成本额,暂时不计算其利息。

实物资产中物品、汽车等的价值评估通常可以参考其转让价值,或者是折旧后的价值。房屋作为家庭中可能最大的资产,其价值相对来说比较难评估,通常可以采用市场法,即参考当时同地段同品质的房屋转让价格,以此为基础进行评估。如果得不到类似的转让价格,可以用成本法,即暂时以购进价格为其价值,到时候再调整。家庭资产中最难评估的是其他投资中的部分投资项目,如珠宝、古玩、字画等收藏品,这些资产的评估需要由专业人士进行。保险价值的评估需分两种情况进行分别处理:一种是将保费作为支出,是消费性的,到期时没有任何收益,这种保险的价值可视作零;另一种是所缴保费到期可以返还的,相当于储蓄的功能,针对此种保险则将已缴保费额评估为此保险的价值。

---

① 现行价格法:指以被评估资产的现行市价作为估算该项资产现值标准的评估方法。

② 重置成本法:指以重新购置被评估资产可能花费的成本作为估算该项资产现值标准的评估方法。

③ 收益现值法:指将被评估的长期资产未来预期收益按一个合理的折算率计算出的现值作为估算该项资产现值标准的评估方法。

④ 清算价格法:指以家庭清算时其资产可变现的价值为标准,对被评估资产的价值进行评估的方法。

负债中贷款的价值是到截止时间为止的剩余欠款额。如果是按揭贷款分期还贷,且时间比较长,比如 10 年以上,可能贷款利息所占比例相当之高。负债利息是以后发生的,因此,不需要把这部分利息计入负债。

五、家庭资产负债表的格式与编制

编制家庭资产负债表,可以在一边(资产)展示家庭所拥有的,在另一边(负债)展示家庭所支付的。从表 3-1 小明家的资产负债表可以看到,小明家资产比负债多。

我们从一张资产负债表中能了解到哪些信息呢?我们假设一份由小明家庭(小明爸爸 32 岁、小明妈妈 30 岁、小明 4 岁)编制的 2021 年 12 月 31 日的资产负债表(见表 3-1)。表 3-1 告诉我们关于小明家庭的财务状况信息。

表 3-1　小明家的资产负债表

家庭:小明家　　　　　　　　　2021 年 12 月 31 日　　　　　　　　　单位:元

资产	金额	负债和所有者权益	金额
流动资产:		流动负债:	
现金及现金支票	1000	应付水电燃气费	300
货币市场存款	28000	应付保险费	13000
一年内到期的定期存款	50000	信用卡欠款	14000
其他流动资产		应付修理费	3000
流动资产合计	79000	其他流动负债	500
非流动资产:		流动负债合计	30800
一年以上的定期存款	10000	长期负债:	
股票及其他类型证券	50000	个人住房按揭	150000
退休基金及个人退休账户	8000	投资性不动产按揭	200000
投资性房地产	500000	汽车贷款	80000
黄金珠宝	10000	装修贷款	50000
自用住房	2500000	其他长期贷款(欠父母的)	80000
汽车	200000	长期负债合计	560000
其他非流动资产		负债合计	590800
非流动资产合计	3278000	净资产	2766200
资产合计	3357000	负债与净资产合计	3357000

资产：以小明父母的年龄来说，他们的资产状况看起来非常不错。他们主要的资产就是房屋，还有投资性房地产。他们有流动资产 79000 元，流动负债 30800 元，看起来他们有足够的流动资产支付负债以及一些小额的意外花费。

负债：小明家庭的负债主要是个人住房按揭贷款、投资性不动产按揭贷款。自住用房的净值为 2350000 元（2500000 元市场价值减去 150000 元的按揭贷款）；投资性房地产净值为 300000 元（500000 元市场价值减去 200000 元的按揭贷款）；汽车的净值是 120000 元（200000 元市场价值减去 80000 元的按揭贷款）。其他负债包括装修贷款、教育贷款以及欠父母的长期贷款。

净资产：小明家的净资产是 2766200 元（总资产 3357000 元减去总负债 590800 元）。考虑到小明父母的年龄，这个数字已经赶上了城镇居民家庭净资产的平均数。

比较小明家庭总资产与总负债的状况，我们会对他们当前的财务状况有更切合实际的看法，这比单独看资产和负债要好得多。

第二节　家庭现金流量表

缺资金的时候，人们问自己的第一个问题就是钱到哪里去了？编制一张家庭收支储蓄表就能回答这个问题，可以把这张家庭收支储蓄表看成一个动画，它不仅能够显示出这段时间以来的实际结果，还能将其与预算进行比较。

正规的财务报表体系中并没有收支储蓄表，家庭收支储蓄一般通过现金流量表来详细记录家庭的现金收入与支出状况。与资产负债表的编制依据权责发生制原理不同，现金流量表的编制依据是收付实现制[①]原则，即该报表提供家庭实际已经发生的现金收入和现金支出的数据，而对应该在本期发生的收入或支出，但实际并未发生的，不在现金流量表中反映。例如，小明家预付未来三年的网络宽带费用 3000 元（2021 年度网络宽带费用 1000 元），小明爸爸工资收入 45 万元，因种种原因实际到账工资收入 35 万元，在现金流量表中，则登记工资收入 35 万元，网络宽带费用 3000 元。这里的现金，不仅包括现钞，还包括支票以及借记卡储蓄，以及其

---

① 从性质上来说，家庭的收支储蓄表和企业的利润表可以类比。但是家庭收支储蓄表以现金的实际收支节点作为记录依据（收付实现制），而企业的利润表以现金的收付归属期为编制基础（权责发生制）。

他一些类型的存款。

家庭现金流量表有三个主要部分，即收入、费用以及现金盈余（赤字）。现金盈余（赤字）是收入与费用之差。

一、家庭收入

家庭收入是家庭实现其人生不同阶段理财目标的最重要的财务资源。家庭收入一般包括工作收入、投资收入和其他收入三类。

（一）工作收入

工作收入是家庭成员通过工作、提供劳务等获得的可支配收入，通常指税后收入，包括家庭成员的工资收入、劳务收入、年终奖、稿酬、个人经营所得等。工资收入按照银行卡的实际到账金额记录税后实际收入。个人经营所得包括家庭成员个体工商户的生产经营所得、家庭承包经营所得、承租经营所得等。其他特殊情况如个人所得税作为减项，不计入家庭现金流量表；个人和单位缴纳的公积金，计入工作收入；医疗保险个人和单位缴纳的进入个人账户部分计入工作收入；个人缴纳的失业保险计入工作收入；社会养老保险、个人和单位缴纳的进入个人账户部分计入工作收入。

（二）投资收入

投资收入通常是家庭的财产性收入，指家庭拥有的动产、不动产等获得的收入，其中包括特许权使用费所得、利息、股利，红利所得、专利收入、资产增值，财产租赁和财产转让所得。在一些情况下，家庭经营所得也可以列入投资收入。个人经营所得和家庭经营所得的区别在于，个人经营所得会因为该家庭成员因故无法继续经营而灭失，而家庭经营所得则可以由其他家庭成员继续经营以获得。

（三）其他收入

其他收入是指工作收入和投资收入以外的其他收入类别，如彩票和中奖所得及其他偶然性质所得，如来自他人的财务支持（父母或者离异配偶的抚养费等）、财产继承、赠与等。

不同的家庭，其收入项目各异。厘清家庭收入的所有项目，编制适合自己家庭的收入条目，是家庭财富管理的基础。

二、家庭支出

所谓"开源节流"对于我国家庭而言并不陌生，但具体如何"节流"，则首先要了解钱到底用在了哪里。因此,了解家庭支出结构,是家庭财务状况分析的重要内容。家庭支出主要分为三大类,包括家庭生活支出、投资支出和其他支出。

（一）家庭生活支出

家庭生活支出包括家庭日常生活支出和专项支出。家庭日常生活支出,即日常生活中重复的必要开支,通常包括衣、食、住、行、休闲娱乐、医疗等方面的支出等。专项支出包括子女教育和住房按揭还款、信用卡还款、赡养老人支出等。

（二）投资支出

投资支出指投资或理财活动的相关支出,如贷款投资资产和项目的利息支出、保险保费支出、投资理财、咨询支出等。

（三）其他支出

其他支出是指除家庭生活支出、投资支出之外的家庭支出,如罚款、礼金支出,以及其他偶然事件发生的支出,比如捐款等。

家庭支出相对家庭收入而言要复杂得多。因为家庭通常没有详细的记账记录,大部分家庭没有完全了解过支出状况。其实,每个家庭都有自己不同的支出分类,原则上只要把支出分类梳理清楚,就能够清晰掌握资金流出动向。

三、现金盈余（赤字）

现金盈余（赤字）是家庭收入扣除家庭支出后的净结余（亏损）。这个数据是衡量家庭一定时间内（周、月、季度、年）的净资产增加的重要指标。从会计等式,我们可以看到:

$$现金盈余（赤字）＝家庭收入－家庭支出$$

将家庭收入减去家庭支出,就会得到这段时间的现金流。根据这个数据,可以判断家庭在这段时间内的财务状况。正数表示支出比收入低,也就是现金盈余;如果差额为零,就表示这段时间支出和收入正好相等;负数则表示支出超过收入,产生现金赤字说明家庭这段时期入不敷出。现金赤字并不意味着这个家庭面临财务危机,但从一定程度上反映这个家庭缺乏理财规划。

四、家庭现金流量表的格式与编制

编制家庭现金流量表,可以用来了解一定时期的家庭财务状况,展示家庭挣了多少钱,钱是怎么花的,剩下多少（或者家庭挣得没有花得多,家庭的"窟窿"有多大）。编制家庭现金流量表需要遵循以下几个步骤。

第一步,记录一定时间内的所有收入。

第二步,确定合适的费用类别。

第三步,用家庭总收入减去家庭总支出,得到现金盈余或现金赤字。这个数据总结了这段时间家庭理财活动的净现金流。

表 3-2 是小明家 2021 年的财务成果。这张表告诉我们现金是怎样在这个家庭中流入流出的。

表 3-2　小明家的家庭现金流量表

家庭:小明家	2021 年　　　　　　　单位:元
工作收入:	
小明爸爸工资薪金收入	350000
小明妈妈私房蛋糕店收入	200000
工作收入合计	550000
投资收入:	
小明爸爸股票投资所得	5000
公寓出租租金收入	10500
存款利息	2000
投资收入合计:	17500
其他收入:	
小明的压岁钱	20000
其他收入合计:	20000
家庭收入合计	587500
家庭生活支出:	
水电燃气费	4200
食品	58000
交通	30000
医疗	5000
服装	20000
保险	15000
娱乐休闲	20000
住房按揭	20000

续表

教育培训	50000
其他家庭生活支出	6000
家庭生活支出合计	228200
投资支出：	
利息支出	3000
投资支出合计	3000
其他支出合计	5000
家庭支出合计	236200
现金盈余（赤字）	351300

第四步，确定家庭收入。截至 2021 年 12 月 31 日，小明家的总收入是 587500 元。其中小明的爸爸有固定工作，他的年收入是 350000 元；小明妈妈经营一家私房蛋糕店，年收入 200000 元；这两项收入是家庭收入的主要来源。2021 年，小明爸爸股票投资收益 5000 元，小明家一套公寓出租租金收入 10500 元，存款利息收入 2000 元。此外，小明的压岁钱收入 20000 元。

第五步，确定家庭支出。截至 2021 年 12 月 31 日，小明家总支出是 236200 元。其中家庭生活支出 228200 元，投资支出 3000 元，其他支出 5000 元。除食品外，本年度较大的支出项目是教育培训、交通、服装、娱乐休闲和住房按揭还款。

第六步，确定现金盈余。小明家在 2021 年末有现金盈余 351300 元。他们可以用这些现金盈余增加储蓄、投资股票、债券或者其他金融工具，或者偿还一些债务，可以为增加他们的净资产做出积极的贡献。

第三节　家庭财务比率分析

家庭资产负债表和家庭现金流量表中的数字，有助于了解家庭的财务状况，但它们并不直观，需要一个工具来理解这些数字的含义，这个工具就是财务比率分析。财务比率分析能分析资产负债表和现金流量表中的数据，并将它们与预先设定的目标以及以前的执行情况做比较。通常使用财务比率分析的目的是更好地理解和管理财务来源。

一、家庭应急能力指标

常用的家庭应急能力指标包括流动比率和月生活支出偿还比例。

(一)流动比率

家庭有一定的流动性资产是为了应对失业或紧急事故的出现。为了判断家庭的应急能力,需要将家庭的现金和其他流动资产的数额,与当前要到期的债务相比较,得出的结果就是流动比率。

$$流动比率＝流动资产÷流动负债$$

对于流动比率到底应该多大没有固定的规定,但建议要大于1.0,大多数理财规划师都建议保证不低于2.0的流动比率,他们尤其关心的是流动比率的走向是上升还是下降。如果流动比率下降,需要找出下降的原因。

(二)月生活支出偿还比例

关于流动比率的另一个问题是:常常有一定数量的月支出是不作为流动负债的,如属于支付长期债务的住房按揭贷款,它不属于流动负债,但仍然是按月支付的。因此,将流动比率按月生活支出计算是大有帮助的,也就是所谓的月生活支出偿还比例。

$$月生活支出偿还比例＝\frac{流动资产}{年生活支出÷12}$$

这个比例告诉我们,当前的流动资产能够支付多少个月的生活支出。月生活支出偿还比例的分子代表流动资产,分母是月生活支出,建议常规家庭有足够的流动资产来支付3—6个月的支出。

二、家庭偿债能力指标

常用的家庭偿债能力指标包括家庭净资产偿付比例和资产负债率。

(一)家庭净资产偿付比例

家庭净资产偿付比例是指家庭的净资产与总资产的比值,该指标常用于分析家庭的综合偿债能力,计算公式为:

$$净资产偿付比例＝净资产÷总资产$$

通常来说,净资产偿付比例的变化范围在0—1之间,一般家庭的数值应该高于0.5较为合适,如果比例太低就意味着现在的生活主要是靠借债来维持,一旦债务到期或经济不景气时,资产出现问题则可能资不抵债。当然,如果接近1,也就意味着可能没有充分利用自己的信用额度,可以通过合理负债来进一步优化财务结构。

(二)资产负债率

资产负债率是指负债与总资产的比值,主要用于衡量家庭长期的综合偿债能力,计算公式为:

$$资产负债率 = \frac{负债}{总资产} \times 100\%$$

通常来说,资产负债率的数值在 0—100% 之间,一般建议可以将该数值控制在 50% 以下,以减少由于资产流动性不足而出现财务危机的可能性。如果某个家庭该项比例大于 100%,则意味着该家庭已经资不抵债,在理论上已经破产了。一般而言,对于一个盈利企业来说,往往追求比较高的财务杠杆比率。但是家庭主要是一个消费个体,因此应该追求尽可能低的资产负债率,以减轻财务负担。当然,这不能一概而论,如果在利率低,即借贷的成本低,同时又有较好的投资渠道时,较高的资产负债率也是可行的。

三、家庭保障能力指标

保费负担率是用于衡量家庭保障能力的主要指标。

$$保费负担率 = 保费 \div 税后工资收入 \times 100\%$$

只有当社保不足以满足寿险与产险需求时,才应该根据家庭需要购买相应保险。保费的绝对值大小与工作收入的绝对值大小有很大的关系,一般以工作收入的 10% 为合理商业保险保费预算的标准。当保额达到收入 10 倍以上,在风险发生时,保险可给家庭带来很好的保障,但具体数值与满足家庭和个人的安全感需求有关。

四、家庭储蓄能力指标

储蓄率是衡量家庭储蓄能力的主要指标。

$$储蓄率 = \frac{税后总收入 - 总支出}{税后总收入} \times 100\%$$

其中,税后总收入包括工作收入及各类投资收入。家庭储蓄率一般应保持在 25% 以上,开源节流会提高该指标。

五、家庭宽裕度指标

常用的家庭宽裕度指标包括两种:收支平衡点收入和安全边际率。

(一)收支平衡点收入

$$工作收入净结余＝工作收入－所得税扣缴项－三险一金缴纳额$$
$$－为了工作必须支付的费用[①]$$

$$工作收入净结余比例＝工作收入净结余÷工作收入$$

$$收支平衡点收入＝\frac{固定负担}{工作收入净结余比例}＝\frac{生活支出＋投资支出}{工作收入净结余比例}$$

其中,固定负担包括每月固定生活费用支出、房贷本息支出等近期内每月要固定流出的支出。

(二)安全边际率

$$安全边际率＝\frac{当前收入－收支平衡点收入}{当前收入[②]}×100\%$$

安全边际率用来衡量收入减少或固定费用增加时有多少缓冲空间。人不一定一生都有工作收入,应除去一部分收入为未来退休生活做准备。以一生的收支平衡来计算,每月固定开销中应包含储蓄的部分,如果以其他长期目标(基金投资)的方式来强迫储蓄,即每月扣款日一到就要缴款,实际上也是固定支出的一部分。

六、家庭财富增值能力指标

生息资产比率与平均投资收益率是反映家庭财富增值能力最常用的指标。

(一)生息资产比率

$$生息资产比率＝\frac{生息资产}{总资产}×100\%$$

生息资产包括流动性资产及投资性资产,该指标主要用于衡量家庭资产中有多少可以满足流动性、成长性和保值性需求。年轻人应尽早利用生息资产来积累第一桶金,通常该指标应保持在50%以上。

---

① 为了工作必须支付的费用包括通勤费、停车费、网络费、电话费等。

② 当前收入等于工作收入加上投资收入。

（二）平均投资收益率

$$平均投资收益率 = \frac{投资收入}{生息资产} \times 100\%$$

该指标主要用于衡量家庭投资绩效,通常来说,只有比通货膨胀率高两个百分点以上,才能保证家庭财富的保值增值。因资产配置比例与市场表现的差异,每年的投资收益率会有较大的波动,可选择合适的指标来比较当年度的投资绩效。

七、家庭成长性指标

资产增长率和净值增长率是反映家庭成长性的常用指标。

（一）资产增长率

$$资产增长率 = \frac{资产增加额}{期初总资产} \times 100\%$$

在没有负债的情况下,资产全部来源于储蓄,所以资产的变动额等于当期储蓄[①]。资产增长率表示家庭财富增长的速度,快速致富的财务解释就是不断提高资产增长率。

（二）净值增长率

$$净值增长率 = \frac{净值增加额}{期初净值} \times 100\%$$

通常我们所说的致富,就是让净值增加的过程,净值增长率代表了家庭积累净值的速度。增长率越高,净值积累越快。

八、财务自由度指标

$$财务自由度 = \frac{年投资收入}{年总支出} \times 100\%$$

理想的目标值是在我们退休之际,财务自由度等于1,即包括退休金在内的资产,把其放在银行生息,光靠利息就可以维持生活。但当存款利率降到较低水平时,如果仍以存款利率衡量,则多数人的财务自由度会偏低。如果每个人估计不同投资收益率的财务自由度,就无从相互比较,因此可制定一个较客观的标准,即每个家庭都可以用同一合理的投资收益率,根据各自的净值和年度支出状况计算财务自由度。

---

① 当期储蓄是工作储蓄加上理财储蓄。

九、小明家庭财务分析

下面,我们根据表 3-1 和表 3-2 及以下相关数据,来分析小明家庭的财务状况。

2021 年初,小明家庭总资产为 291.12 万元,家庭净资产为 253.12 万元。

小明爸爸是小企业财务经理,小明妈妈为个体户,经营一家私房蛋糕店,两人的社保缴费额较低(本案例中按 900 元计)。小明爸爸购买了华夏常青树保额 30 万元的重大疾病保险(保费支出 7344 元,新增保单现金价值为 4596 元)。小明妈妈也购买了同款保险(保费支出 6756 元,新增保单现金价值为 3945 元)。

根据上述资料,我们通过表 3-3 对小明家的财务情况进行计算分析。

表 3-3 小明家庭财务比率 单位:元

类 别	案例计算过程	计算结果	合理范围	数据分析
家庭应急能力指标	流动比率 $=\dfrac{流动资产}{流动负债}=\dfrac{79000}{30800}$	2.56	>2	合理范围内
	月生活支出偿还比例 $=\dfrac{流动资产}{年生活支出\div 12}=\dfrac{79000}{228200\div 12}$	4.15	$3-6$	合理范围内
家庭偿债能力指标	净资产偿付比例 $=\dfrac{净资产}{总资产}=\dfrac{2766200}{3357000}$	0.82	$\geqslant 0.5$	合理范围内
	资产负债率 $=\dfrac{负债}{总资产}\times 100\%=\dfrac{590800}{3357000}\times 100\%$	17.60%	$<50\%$	合理范围内
家庭保障能力指标	保费负担率 $=\dfrac{保费}{税后工资收入}\times 100\%$ $=\dfrac{7344+6756+900}{550000}\times 100\%$	2.73%	$5\%-15\%$	偏低,应提高
家庭储蓄能力指标	储蓄率 $=$(税后总收入$-$总支出)/税后总收入$\times 100\%$ $=\dfrac{587500-236200}{587500}\times 100\%$	59.80%	$\geqslant 25\%$	合理范围内
家庭宽裕度指标	工作收入净结余比例 $=$ 工作收入净结余/工作收入 $=\dfrac{550000-228200}{550000}=58.51\%$ 收支平衡点收入 $=$ 固定负担/工作收入净结余比例 $=\dfrac{生活支出+投资支出}{工作收入净结余比例}$ $=\dfrac{228200+3000}{58.51\%}$	395146	$\leqslant$收入的80%	合理范围内
	安全边际率 $=$(当前收入$-$收支平衡点收入)/当前收入 $\times 100\%$ $=\dfrac{587500-390531}{587500}\times 100\%$	33.52%	$\geqslant 20\%$	合理范围内

续表

类 别	案例计算过程	计算结果	合理范围	数据分析
家庭财富增值能力指标	生息资产比率＝生息资产①/总资产×100％ $$=\frac{79000+578000}{3357000}\times100\%$$	19.57％	≥50％	偏低，应提高
	平均投资收益率＝投资收入/生息资产×100％ $$=\frac{17500}{79000+578000}\times100\%$$	2.66％	≥5％	偏低，应提高
家庭成长性指标	资产增长率＝资产增加额/期初总资产×100％ $$=\frac{3357000-2911200}{2911200}\times100\%$$	15.31％	≥10％	合理范围内
	净值增长率＝净值增加额/期初净值×100％ $$=\frac{2766200-2531200}{2531200}\times100\%$$	9.28％	≥10％	偏低，应提高
财务自由度指标	财务自由度指标＝年投资收入/年总支出×100％ $$=\frac{17500}{236200}\times100\%$$	7.41％	≥30％	偏低，应提高

根据表 3-3 的计算结果，我们对小明家的财务状况评价如下。

(一)家庭应急能力

小明家的流动比率为 2.56，也就是小明家的流动资产可以用来支付 2.56 个月的流动负债；月生活支出偿还比例为 4.15，表明小明家有足够的流动资产来应对 4.15 个月的家庭支出。虽然以上两个指标都在合理范围之内，但是小明爸爸妈妈的职业和收入，稳定性一般，可以考虑适当提高应急能力，这样才能更好地应对未来不确定性事件导致的大额支出。

(二)家庭偿债能力

小明家净资产偿付比例为 0.82。这意味着在破产之前他们可以承受 82％ 的资产市场价值下跌。如若借鉴股票市场，以标准普尔 500 指数作为衡量指标，在 2008 年金融危机时下滑了 37％，可见，从小明家净资产偿付比例看，他们目前的财务比较稳健。小明家的资产负债率为 17.60％，家庭负债资产负债率适度，财务负担不重。

(三)家庭保障能力

小明家的保费负担率为 2.73％。家庭的保费负担率偏低，而且在保险品种配置上存在问题，仅投保了基础养老保险及重大疾病险，建议增加医疗险和意外险，

---

① 生息资产＝流动资产＋一年以上的定期＋股票及其他类型证券＋退休基金及个人退休账户＋投资性房地产＋黄金珠宝

以提高保障水平。

（四）家庭储蓄能力

经计算,小明家储蓄率高达 59.80％,比较理想。考虑到小明的未来教育支出会进一步增加,未来的财务负担会加重,储蓄率可能会降低。

（五）家庭宽裕度

小明家的收支平衡点收入为 390531 元,小于家庭总收入的 80％,说明小明家在经济上有一定的弹性,即使收入略微减少或支出略有增加也能保持财务稳定。小明家的安全边际率为 33.52％,说明小明家具有相当大的财务安全垫,这提供了额外的缓冲,能够应对可能的财务冲击或未来的不确定性。

（六）家庭财富增值能力

小明家的生息资产比率为 19.57％,低于 50％;平均投资收益率为 2.66％,低于 5％。这两个数据均未在合理范围内,限制了小明家的财富增值能力。

（七）家庭成长性

小明家的资产增长率为 15.31％,比较理想,表明小明家的总资产在过去的一段时间内以较快的速度增长。这是一个积极的信号,表明家庭的财务状况正在改善。但是小明家的净值增长率为 9.28％,这可能意味着虽然资产总额在增长,但增长的速度没有负债增长速度快,或者资产的增长并没有完全转化为净资产的增长,这就限制了小明家的财务成长。

（八）财务自由度

小明家的财务自由度为 7.41％,这意味着小明家拥有的可投资资产占总资产的比例较小。财务自由度低于 30％意味着小明家在紧急情况下或在退休后可能面临财务压力。

第四节　投资人特征分析及资产配置评估

资产配置是根据投资者投资需要,将投资资金在不同类型的投资资产类别之间进行分配,通常是将资产在不同风险和收益的证券之间进行分配,如将资产在低风险、低收益证券与高风险、高收益证券之间进行分配。资产配置是构建投资组合最重要的一步,实质是一种风险管理策略,即以系统化分散投资的方式来降低风险,进而在可承受的风险范围内追求利益最大回报。

资产配置主要受三大因素影响:首先是投资者的财务状况、理财目标、投资期限、风险属性;其次是可投资工具及相关性;最后是对市场景气的判断。资产配置主要有三种方法:简易量化分析、风险属性法(也称风险矩阵量化分析)、依据分离定理做资产配置。第一种方法的原理较简单,因为年龄与风险承受能力之间有关系,风险承受能力又与股票投资比例有关,从而建立起年龄与股票投资比例的关系。第三种方法比较复杂,采用较少。第二种方法最常用。因此,本书重点介绍第二种方法——风险属性法。

一、风险矩阵

风险矩阵表示具有不同风险承受能力和风险承受态度的家庭,对应不同的资产配置比例。在表 3-4 中,第一列和第一行分别为风险承受态度和风险承受能力,依据分数从低到高分为五档,包括低、中低、中、中高、高。

表 3-4 不同风险属性的资产配置比率

风险承受态度(分数)	工具	风险承受能力(分数)				
		低	中低	中	中高	高
		0—19	20—39	40—59	60—79	80—100
低(0—19)	货币	70%	50%	40%	20%	0%
	债券	20%	40%	40%	50%	50%
	股票	10%	10%	20%	30%	50%
中低(20—39)	货币	50%	40%	20%	0%	0%
	债券	40%	40%	50%	50%	40%
	股票	10%	20%	30%	50%	60%
中(40—59)	货币	40%	20%	0%	0%	0%
	债券	40%	50%	50%	40%	30%
	股票	20%	30%	50%	60%	70%
中高(60—79)	货币	20%	0%	0%	0%	0%
	债券	50%	50%	40%	30%	20%
	股票	30%	50%	60%	70%	80%
高(80—100)	货币	0%	0%	0%	0%	0%
	债券	50%	40%	30%	20%	10%
	股票	50%	60%	70%	80%	90%

要注意的是,风险承受态度和风险承受能力常被混淆,实际上风险承受能力较为客观,风险承受态度较为主观,两者的具体影响因素见表3-5和表3-6。

表3-5　风险承受能力评分

项目	分值					客户家庭得分
	10分	8分	6分	4分	2分	
年龄	总分50分,25岁及以下者50分,每长1岁少1分,75岁以上者0分					
就业状况	公教人员	上班族	佣金收入者	自营事业者	失业人员	
家庭负担	未婚	双薪无子女	双薪有子女	单薪有子女	单薪养三代	
资产状况	投资不动产	自宅无房贷	房贷≤50%	房贷>50%	无自宅	
投资经验	10年以上	6—10年	2—5年	2年以内	无	
投资知识	有专业证书	财经专业毕业	自修有心得	懂一些	一片空白	
总分						

表3-5显示,风险承受能力受年龄、就业状况、家庭负担、资产状况、投资经验、投资知识等因素影响。这些因素都是比较客观的,比如年龄越轻,风险承受能力得分越高,表明风险承受能力越强。

表3-6　风险承受态度评分

项目	分值					客户家庭得分
	10分	8分	6分	4分	2分	
忍受亏损(%)	不能容忍任何损失0分,每增加1%加2分,可容忍≥25%得50分					
投资目标	赚短期差价	长期利得	每年现金收益	抗通胀保值	保本保息	
获利情况	25%以上	21%—25%	16%—20%	10%—15%	10%以下	
认赔行为	默认停损点	事后停损	部分认赔	持有待回升	加码摊平	
赔钱心理	学习经验	照常过日子	影响情绪小	影响情绪大	难以入眠	
最重要特性	获利性	收益性兼成长性	收益性	流动性	安全性	
总分						

表3-6显示,风险承受态度受忍受亏损、投资目标、获利情况、认赔行为、赔钱心理、最重要特性等因素影响,这些因素都是比较主观的。例如,忍受亏损的程度越大,风险承受态度的得分越高,表明风险承受意愿越强。

风险矩阵中,首先要测算出货币、债券、股票的预期报酬率和标准差。货币包括现金、活期存款、定期存款、货币市场基金;债券包括债券基金、混合基金投资组合中的债券部分;股票包括股票基金、混合基金投资组合中的股票部分。这些数据需要基于市场实际数据进行测算(采用长期或短期数据会有不同的结果)。货币的预期报酬率可以用一年期的定期存款利率(1%—2%)或者货币市场基金1年期的年化收益率(2.5%—3%)代表。预期报酬率可以用债券指数的长期年化平均收益率代表,如中证综合债券指数、中证全债指数等。股票预期报酬率可以用股票指数的长期年化平均收益率来代表,如上证综指、深证成指、沪深300指数、中证500指数。

不同投资工具的预期报酬率和标准差是随市场和用来测算的数据变化而变动的,对资产配置会产生影响,有了不同投资工具的预期报酬率和标准差数据,就可以计算投资组合的预期报酬率和标准差。计算公式分别为:

$$\bar{r} = \sum_{i=1}^{n} p_i r_i$$

$$\sigma = \sqrt{\sum_{i=1}^{n} p_i (r_i - \bar{r})^2}$$

其中,$\bar{r}$ 表示投资组合预期报酬率;p_i 表示各种资产在投资组合中的比重;r_i 表示各种资产预期报酬率;σ 表示投资组合标准差。

二、根据风险矩阵进行资产配置

风险矩阵一旦建立,就可以依据风险矩阵进行资产配置,在表3-7中,风险承受能力和风险承受态度得分依据表3-5和表3-6评估得出,一旦风险属性确定,就可以依据风险矩阵选择相应的投资组合。比如,某家庭的风险承受能力和风险承受态度经评估均为低,则货币、债券、股票的相应比例应该分别为70%、20%、10%。依据前面介绍,如果货币、债券、股票的预期报酬率和标准差可以测算,则投资组合的预期报酬率和标准差就可以测算出来。最后表3-7中的最高(最低)报酬率可以采用以下公式计算:

预期最高(最低)报酬率=预期报酬率±n×标准差

假设报酬率分布符合正态分布,n可取1、2、3。1倍标准差的概率为68.3%,2倍标准差的概率为95.5%,3倍标准差的概率为99.7%,取2或3倍标准差,即可大概率保证预期报酬率落在上述区间。

表 3-7　依据风险属性进行资产配置

项目	分数	投资工具	资产配置	预期报酬率	标准差
风险承受能力		货币			
风险承受态度		债券			
最高报酬率		股票			
最低报酬率		投资组合			

三、小明家资产配置分析

（一）小明家基本情况

小明家现有 60 万元资金可用于投资。小明爸爸是财经专业毕业，家庭的投资决策主要取决于小明爸爸。前几年，因为家里积蓄不多，家庭以银行理财、货币基金为主，股票及其他投资较少，因此需要进行合理的资产配置投资。

（二）理财目标

对可投资的 60 万元资金进行投资规划，获得 10％—15％ 的年收益。

（三）小明家庭投资规划假设条件

1. 经济稳定、资本市场没有重大系统风险。

2. 货币的预期报酬率为 3％（货币市场基金一年期的年化收益率）。

3. 债券预期报酬率为 4.99％（中证综合指数五年内年化收益率）。

4. 股票预期报酬率 10％（沪深 300 指数的长期年化收益率）。

（四）案例分析

1. 风险承受能力分析

表 3-8 是对小明家庭风险承受能力的评分。

表 3-8　小明家庭风险承受能力评分

项目	分值					小明家得分
	10 分	8 分	6 分	4 分	2 分	
年龄	总分 50 分，25 岁及以下者 50 分，每长 1 岁少 1 分，75 岁以上者 0 分					44
就业状况	公教人员	上班族	佣金收入者	自营事业者	失业人员	6
家庭负担	未婚	双薪无子女	双薪有子女	单薪有子女	单薪养三代	6
资产状况	投资不动产	自宅无房贷	房贷≤50％	房贷＞50％	无自宅	6

续表

项目	分值					小明家 得分
	10 分	8 分	6 分	4 分	2 分	
投资经验	10 年以上	6—10 年	2—5 年	2 年以内	无	6
投资知识	有专业证书	财经专业毕业	自修有心得	懂一些	一片空白	8
总分						76

注:小明家的年龄、就业状况得分取小明父母得分的平均数。

根据表 3-8 的家庭风险承受能力评分,小明家年龄得分为 44(小明爸爸妈妈的平均年龄为 31 岁),就业状况得分为 6(小明爸爸是上班族,小明妈妈是自营事业者),家庭负担得分为 6(双薪有子女),资产状况得分为 6(房贷≤50%),投资经验得分为 6(2—5 年),投资知识得分为 8(小明爸爸财经专业毕业,是家庭投资主要决策者)。

2.风险承受态度分析

根据对风险承受态度的影响因素分析发现,小明家忍受亏损的比例在 8%,得分为 16;投资目标为每年现金收益,得分为 6;获利情况希望是 10%—15%,得分为 4;认赔行为中会在投资亏损后持有待回升,得分为 4;赔钱心理影响情绪大,得分为 4;最重要特性中看重流动性,得分为 4。综上所述,小明家投资规划的风险承受态度得分为 38 分,属于中低水平的风险承受态度,表明风险承受意愿中低(见表 3-9)。

表 3-9　小明家庭风险承受态度评分

项目	分值					小明家 庭得分
	10 分	8 分	6 分	4 分	2 分	
忍受亏损 (%)	不能容忍任何损失 0 分,每增加 1% 加 2 分,可容忍≥25% 得 50 分					16
投资目标	赚短期差价	长期利得	每年现金收益	抗通胀保值	保本保息	6
获利情况	25% 以上	21%—25%	16%—20%	10%—15%	10% 以下	4
认赔行为	默认停损点	事后停损	部分认赔	持有待回升	加码摊平	4
赔钱心理	学习经验	照常过日子	影响情绪小	影响情绪大	难以入眠	4
最重要特性	获利性	收益性兼 成长性	收益性	流动性	安全性	4
总分						38

3.风险属性与资产配置

据评测结果,小明家具有76分中高风险承受能力和38分中低水平风险承受态度,由此确定该家庭投资规划的风险矩阵(中低 20—39 分,中高 60—79 分)。

我们首先计算股票和债券长期的预期报酬率和标准差,然后根据前文所列公式,计算投资组合的预期报酬率和标准差分别为 7.50％ 和 2.51％,再由最高(最低)报酬率的公式,取 $n=3$ 可得,该投资组合最高报酬率为 15.03％,最低报酬率为 −0.03％,最终资产配置和收益表如表 3-10 所示。

表 3-10　小明家依据风险属性的资产配置

项目	分数	投资工具	资产配置	预期报酬率	标准差
风险承受能力	76	货币	0％	3％	0
风险承受态度	38	债券	50％	4.99％	3.55％
最高报酬率	15.03％	股票	50％	10％	30％
最低报酬率	−0.03％	投资组合	100％	7.50％	2.51％

复习题

一、选择题

1. 以下哪项不属于家庭资产负债表的要素 （　　）

　　A. 资产　　　　　　B. 负债　　　　　　C. 所有者权益(净资产)　　D. 收入

2. 家庭资产按照资产的属性可分为 （　　）

　　A. 金融资产、实物资产、无形资产　　　　B. 流动资产、非流动资产

　　C. 固定资产、无形资产　　　　　　　　　D. 投资资产、消费资产

3. 家庭中的汽车不属于 （　　）

　　A. 金融资产　　B. 消费类固定资产　　C. 固定资产　　　　D. 实物资产

4. 以下哪项不属于家庭收入 （　　）

　　A. 工作收入　　　　B. 投资收入　　　　C. 个人所得税　　D. 其他收入

5. 以下哪项不属于家庭支出 （　　）

　　A. 家庭生活支出　　B. 投资支出　　　　C. 其他支出　　　　D. 个人所得税

6. 以下哪项家庭财务分析指标是错误的 （　　）

　　A. 流动比率＝流动资产/流动负债

　　B. 月生活支出偿还比例＝流动资产/（年生活支出÷12）

　　C. 净资产偿付比例＝净资产/总资产

　　D. 储蓄率＝（税前总收入—总支出）/税前总收入×100％

7. 以下关于家庭资产负债率的表述中,错误的是 （　　）

　　A. 资产负债率＝负债/总资产×100％

　　B. 一般而言,资产负债率的数值在0—100％之间,一般建议可以将该数值控制在50％以下,以减少由于资产流动性不足而出现财务危机的可能性

　　C. 一般而言,对于一个盈利企业来说,往往追求比较高的财务杠杆比率,因此,家庭也应该追求较高的资产负债率

　　D. 如果某个家庭该项比例大于100％,则意味着该家庭已经资不抵债,在理论上已经破产了

8. 反映家庭财富增值能力最常用的指标 （　　）

　　A. 生息资产比率　　B. 资产增长率　　　C. 净值增长率　　　D. 安全边际率

9. 小明家庭的年投资收入10万元,年总支出20万元,则家庭财务自由度是 （　　）

　　A. 50％ 　　　　　　B. 1 　　　　　　C. 2 　　　　　　D. 以上都不正确

10. 以下不属于资产配置主要方法的是 （　　）

　　A. 简易量化分析 　　　　　　　　B. 现行市价法

　　C. 风险属性法 　　　　　　　　　D. 依据分离定理做资产配置

二、判断题

1. 家庭资产负债表各要素之间的内在勾稽关系是:总资产＝负债＋净资产。 （　　）

2. 小明通过花呗购买一部手机4000元,由于这部手机是借款购买,因此,这部手机不属于家庭资产。 （　　）

3. 家庭资产按照资产的流动性,可分为流动资产和非流动资产。 （　　）

4. 2018年1月1日,小明向银行贷款100万元,期限5年,截至2022年6月30日,该笔贷款应作为长期负债列示。 （　　）

5. 家庭资产负债的评估通常采用现行市价法。 （　　）

6. 家庭资产负债的评估必须依据两个原则:一是参考市场价值;二是评估价值必须是在确定某个时点上。（　　）

7. 家庭现金流量表中,现金盈余(赤字)＝家庭收入－家庭支出。（　　）

8. 工作收入,是家庭成员通过工作、劳务等获得的可支配收入,即税前的收入。（　　）

9. 工作收入净结余＝工作收入－所得税扣缴项－五险一金的缴纳额－为了工作所必须支付的费用(如通勤费、停车费、电话费等)。（　　）

10. 安全边际率用来衡量收入减少或固定费用增加时,有多少缓冲空间,安全边际率＝(当前收入－收支平衡点收入)/当前收入×100%。（　　）

三、分析题

1. 张先生正在编制 2021 年 12 月 31 日的资产负债表和 2021 年度的现金流量表。他在对以下六个项目进行分类时,遇到困难向你求助,下面这些交易分别属于资产、负债、收入或支出的哪个项目?

(1)张先生以每月 8000 元租了一套房子。

(2)2021 年 9 月 21 日,张先生为妻子买了一对钻石耳环,使用信用卡付款,耳环价值 10000 元,但他还没有收到账单。

(3)张先生今年秋天向父母借了 20000 元,预计两年后偿还。

(4)张先生去年购买一台笔记本电脑,每月分期付款 300 元,还有 12 个月需要偿还。

(5)张先生花了 5000 元买了某上市公司的股票。

2. 请认真填写你的资产负债表,并分析自己(家庭)的财务状况。

个人(家庭)资产负债表

姓名(家庭)：　　　　　　　年　　月　　日　　　　　　单位:元

资产	金额	负债和所有者权益	金额
流动资产:		流动负债:	
现金及现金支票		应付水电燃气费	
货币市场存款		应付保险费	
一年内到期的定期存款		信用卡欠款	
其他流动资产		应付修理费	
流动资产合计		其他流动负债	
非流动资产:		流动负债合计	

续表

资产	金额	负债和所有者权益	金额
一年以上的定期存款		长期负债:	
股票及其他类型证券		个人住房按揭	
退休基金及个人退休账户		投资性不动产按揭	
投资性房地产		汽车贷款	
黄金珠宝		装修贷款	
自用住房		其他长期贷款(欠父母的)	
汽车		长期负债合计	
其他非流动资产		负债合计	
非流动资产合计		净资产	
资产合计		负债与净资产合计	

3.认真分析自己(家庭)的现金流量表,如果你打算在五年后为自己(家庭)购置一辆价值20万元的私家车,你会如何对你的收支余额进行投资规划?

个人(家庭)现金流量表

姓名(家庭):　　　　　　　　　2021年　　　　　　　　　单位:元

工作收入:	
工作收入合计	
投资收入:	
投资收入合计:	
其他收入:	
其他收入合计:	
家庭收入合计	
家庭生活支出:	

其他家庭生活支出：	
家庭生活支出合计	
投资支出：	
投资支出合计	
其他支出合计	
家庭支出合计	
现金盈余（赤字）	

四、思考题

1.家庭资产负债表和现金流量表的制作中通常应包含哪些要素？

第四章

家庭融资工具

学习目标

- 了解信用卡的种类及优缺点,学会合理使用信用卡融资
- 掌握消费贷款主要类型,学会比较和选择不同类型的消费贷款
- 理解民间借贷及其特点
- 了解其他短期小额融资工具

【导入案例】

爆亏 150 万元,借钱融资炒股差点让我家庭破碎

对于股市,散户看到的都是一个个赚钱的例子,却很少看到失败者黯然离开,因为被收割的人通常不会说,很少有人写,但他们的经历是真实的。

张先生大学时自己创业做新媒体营销挣下了人生的第一桶金——50 万元。但因为种种原因,最后大学毕业进了银行系统工作,因此接触到了股票。2015 年 4 月,牛市正在步入最疯狂的阶段,张先生就拿了 5 万元炒股,剩下的 45 万元全部买了 3 个月期的银行理财。但 6 月份股灾开始后,张先生的股票账户市值只剩下三分之一。到 2015 年 8 月,张先生的理财产品到期赎回。张先生想着亏的这几万也不多,拿钱补仓一定可以回本。所以当时张先生选了一只跌到底部的股票,没想到这只股票让张先生大赚一笔。

2015 年 12 月,张先生决定加大仓位进入股市,想通过股市致富。但没想到 2016 年初,熔断机制来了,股市连续大跌。张先生重仓的股票暴跌,赔了 15 万元。自此,张先生的炒股心态已经失衡了,总想着翻本,所以张先生接下来的每次操作买的股票金额都比较大。但 2016 年的股市行情特别差,张先生不仅没赚,反而亏得更多。

2016 年 7 月,张先生以 80 万元重仓买入一只锂电股,可没想到这只股票从 25 元/股一直跌到 15 元/股。2017 年 4 月底,张先生买的这只股票因为董事长涉嫌诈骗被抓,股票直接被"ST"①,接着直接停牌重组。停牌大半年,重

---

① 在金融领域,"ST"是"特殊处理"(Special Treatment)的缩写。这个术语主要在股市中用于对那些连续两年亏损的上市公司进行一种风险警示。

组失败被强制开盘，连续跌了 18 个跌停板，也就是从 25 元/股跌到 4 元/股。张先生看着账户里就剩下不到 10 万元，内心非常懊悔。那段时间，张先生心情特别糟糕，和老婆的感情也不和，差点离婚。

然而，张先生仍不死心，通过信用卡套现在各种银行办理消费贷，还在各种大型网贷平台申请额度，在 2018 年初套现了将近 60 万元，准备杀回股市。结果，依然爆仓。

思考：根据张先生的炒股经历，探讨家庭如何合理融资并控制融资风险？

家庭理财目标通常涉及较大的金额，可能包括教育、房产、汽车等大额支出。达成目标的方式之一是定期存钱，另一种就是使用贷款，即为交易的部分款项进行融资。人们常用的融资工具有信用卡、消费信贷、民间借贷以及诸如保单质押、不动产抵押等其他小额借贷工具。

第一节　信用卡

信用卡是指记录持卡人账户相关信息，具备银行授信额度和透支功能，并为持卡人提供相关银行服务的各类介质。[①] 信用卡作为一种现代化的金融工具，是国际流行的结算手段、支付工具和消费信贷方式，近年来，随着银行体系的逐步完善以及人们消费观念的不断成熟，信用卡给人们的生活和出行带来诸多便捷。

一、借记卡和信用卡

在我国，商业银行发行的银行卡按其性质主要可分为借记卡和贷记卡两类。借记卡是指没有透支消费功能，主要用于储蓄或转账结算的支付工具，可用于在 ATM 机上存取现金或利用 POS 机转账消费等。

除借记卡以外，商业银行发行的具有透支功能的银行卡，即贷记卡，又称信用卡，是由商业银行或信用卡公司对信用合格的消费者发行的信用证明。持有信用卡的消费者可以到特约商业服务部门购物或消费，再由银行与商户和持卡人进行

---

① 《商业银行信用卡业务监督管理办法》第七条。

结算,持卡人可以在规定额度内透支。[①]

根据中国人民银行的规定:贷记卡是指发卡银行给予持卡人一定的信用额度,持卡人可在信用额度内先消费、后还款的信用卡。准贷记卡是指持卡人须先按发卡银行要求交存一定金额的备用金,当备用金账户余额不足支付时,可在发卡银行规定的信用额度内透支的信用卡。[②] 透支的部分自透支当天起计收利息,不享受免息期(现在的准贷记卡不需要交备用金),准贷记卡有借记卡的部分功能,其基本功能是转账结算和购物消费。

二、信用卡的主要特点和功能

(一)延期付款

延期付款是信用卡对持卡人最有诱惑力的功能,这意味着持卡人可以"先消费、后付款",并且在一定时间内延期付款还可能免息。当持卡人资金周转不灵时,信用卡便能发挥其功能。

(二)分期付款

分期付款是当账单金额较大,或者持卡人不想一次性付清账单时,持卡人只要每月缴纳最低还款额便可享受分期付款的消费模式。分期付款需要支付一定的利息,信用卡分期付款实质上是一种循环信用模式。

(三)临时应急

持卡人急需现金,部分信用卡还具有"预借现金"救急功能。持卡人可以在指定的自动取款机或银行柜台提取规定额度内的现金,以解燃眉之急。需要注意的是,预借现金通常需要支付较高的手续费。

(四)理财功能

信用卡持卡人每月都会收到银行寄发的对账单,这让持卡人可以清晰地梳理自己上个月的消费状况,从而建立良好的消费习惯。持卡人可以利用信用卡免去银行贷款的麻烦,利用免息功能还能节省一笔利息费用。部分精明的持卡人虽然资金富裕,但仍充分使用信用卡以延期付款,而把自有资金用于理财,还能额外获得一份理财收益。

---

① 盛婵蓉. 互联网金融时代银行信用卡发展策略与风险控制探讨[J]. 现代商业,2019(1):111-112.

② 《银行卡业务管理办法》第六条。

三、信用卡透支消费管理

信用卡透支消费管理在于以最小的投资成本满足最大的消费支出需求,需要管理的主要环节包括以下方面。

(一)选择适当的信用卡

选择适当的信用卡可以有效降低用卡成本。准贷记卡与贷记卡虽然具有相同的透支功能,但在使用成本上区别是很大的。准贷记卡不仅可用于透支,还可全面办理现金存取及支付结算,持卡人存入准贷记卡的备用金,银行按照存款利息计付利息,持卡人凭卡支取现金不需要缴纳取现手续费,再加上使用年费较低,所以准贷记卡使用成本相对较低。持卡人如果透支消费,虽然没有免息期,但一般只是短期临时性透支,因为期限较短,又只是单利计息,利息支出成本也相对较低。贷记卡最大的优势在于其有免息期,贷记卡持卡人可以管理好资金借用,利用不同银行卡的免息期,循环透支还款,可无偿占用大量银行资金。

不同类型的信用卡使用成本不同,不同银行的信用卡透支消费的成本也各有差异。准贷记卡和贷记卡的使用也各有优缺点,理性经济人应根据自身日常实际支付活动的需要选择最合适自己的信用卡,以保证信用卡透支管理的低成本和高效率。

(二)准确计算还款期

为有效利用免息期,我们有必要准确计算还款期。在透支消费前,我们有必要了解清楚银行规定免息期(50 天或 56 天)。目前,各银行对免息期的计算各不相同,我们需要计算好还款时间,以防恶意透支。免息期是贷款日(账单日)至到期还款日之间的时间。因为持卡人刷卡消费的时间在贷款日前后不同,所享有的免息期长短不同。

要享有最长免息期,必须关注信用卡的账单日和还款日两个关键日期。账单日是统计上个还款日到本次账单日之间的消费并出账单的日期;还款日是还款的最后一天(通常银行会宽限三天时间,即最后还款日往后三天内还清不算违约,但部分银行部分卡没有宽限期)。

一般最后还款日是账单日往后数 20 天或 25 天,一个月的账单期限加上 20—25 天的免息期,就是所用信用卡的最大免息期了,那么怎样才能获得最大免息期呢?

我们以建设银行信用卡为例:假设账单日是每月的 25 日,那么最后还款日就再加 20 天;为了获得最大免息期,选择在账单日后一天刷卡,这样出本期账单的时候,这笔消费不计入本期账单,计入下期账单,因此免息期是:刷卡日到下个最后还款日,50 天或者 49 天。

(三)最低还款不免息

并非所有的贷记卡透支消费都可以享受免息优惠。银行在为客户办理贷记卡时,有两种还款方式可以选择。

1. 最低还款额还款方式

最低还款额指发卡银行规定持卡人应该偿还的最低金额,包括累计未还消费交易本金、取现交易本金的一定比例,所有费用、利息、超过信用额度的欠款金额,以及以前月份最低还款额未还部分的总和。持卡人在到期还款日(含)前无法或不能偿还全部应还款额的,可按不低于最低还款额的任意金额还款,但未偿还部分款项不再享受免息待遇,不符合免息还款条件的交易款项从银行记账日开始计算利息。大部分银行规定日利率为万分之五,按月计收复利。

2. 全额还款方式

全部应还款额指截至当前账单日持卡人累计未还的费用、交易本金以及利息等的总和。持卡人在到期还款日(含)前偿还全部应还款额的,享受自银行记账日至还款日的免息待遇。

如果持卡人选择最低还款额方式还款,则在每笔透支消费中都无法享受免息优惠,并且选择最低还款额方式还款意味着持卡人必须在到期日归还银行设定的最低还款额(银行一般按消费额的 10% 设定最低还款额)。如果连最低还款额也没有在还款期内归还,那么银行除了向持卡人收取正常的透支利息,一般还会按未归还最低还款额的 5% 收取滞纳金。选择全额还款方式的持卡人,只要按时全额还款就能享受免息待遇。所以持卡人在满足用卡效应的前提下,尽量降低用卡成本,不仅需要选择适合自己特点的银行卡,还需要在使用前选择适当的还款方式。

(四)透支消费应尽量刷卡

贷记卡的主要功能是方便持卡人透支消费,所以目前各家银行贷记卡一般不接受备用金,即使客户存入资金,银行也不计付利息。持卡人持贷记卡支取现金一般需支付手续费,如果是透支取现,该透支金额不享受免息期优惠。因此,为避免透支取现时的相关费用开支,持卡人如果使用贷记卡透支消费,应尽量选择刷卡方式。

四、个人信用管理

个人信用在理财中发挥着重要的作用。熟悉一些个人信用管理方面的知识，并且尽可能地形成一些积极的信用习惯是非常重要的。下面是成功管理债务和信用所必须了解的知识。

（一）获得信用

个人可以从商业银行、信托公司、证券公司、百货商城等机构获得信用。通常情况下，贷款人只将自己的贷款投向具有较低风险等级的借款人。作为一个借款人，一定希望尽可能地得到低利率的贷款，能否成功得到最优惠贷款，取决于如何向贷款人展示自己的信用。贷款人会要求所有借款人填写一份信用贷款申请表，以了解借款人的信用历史，并根据借款人所填信息，对借款人的信用给予评价。

（二）信用评分

贷款人根据一套预先确定的评分系统做出是否给予贷款的决定，分数根据表格中所给出的各种信息进行加减。借款人被询问的信息主要包括：年龄、婚姻状况、年收入、银行账户、现债务数量、拥有的投资形态和数量，是否有过违约记录等，每一项都将根据信用标准给出一定的评分。如果借款人有足够的评分，那么就可以得到信用贷款。对借款人来说，将自己的真实情况告诉贷款人是非常重要的，欺骗不仅要付出得不到信用的短期代价，而且有可能会付出长期代价（得到信用的未来机会也有可能丧失）。一般情况下，欺骗行为将会被记录在借款人的信用文件中，并成为借款人较长一段时间的信用历史。

（三）信用文件

不管个人是否知道，多数消费者在征信机构都保存有信用文件。信用文件是由银行或其他机构出具的足以证明企业或个人的资产、信用状况的各种文件、凭证等，如个人征信报告，它是个人的"经济身份证"。

如果有一个因素会影响你以后借款，那就是你的信用报告出了问题。一个不利的信用报告将会影响你的未来信用和贷款申请。因此，每个人都应该尽可能地维护好自己的信用。

第二节　住房消费信贷

消费信贷是商业企业、银行或其他金融机构对消费者个人提供的信用贷款,主要用于消费者购买耐用消费品(如家具、家电、汽车等)、房屋和各类服务。

从单笔消费信贷金额来看,有大额和小额之分,对金额较小、相对期限较短的消费信贷业务已在上节中介绍,本节主要介绍个人消费信贷中大额信贷业务的管理。

与其他形式的贷款相比,个人消费信贷有两个显著的特点:一是消费信贷的贷款对象是个人或家庭,即"自然人",而不是各类企业、机构等"法人"。二是从贷款用途来看,消费信贷是用于购买供个人或家庭使用的各类消费品,与向企业发放用于生产和销售的信用贷款不同,两者间有本质区别。

按贷款用途,我国商业银行的消费信贷分为个人住房贷款、汽车消费贷款、大额耐用品消费贷款、个人助学贷款、个人旅游消费贷款、装修贷款等。

按照信用工具和信用方式,消费信贷可分为分期付款、按揭贷款、信用卡贷款、支票信贷等。

按照提供贷款期限的长短,消费信贷可分为短期消费信贷、中期消费信贷和长期消费信贷。

根据第七次人口普查年鉴相关数据,截至 2020 年,全国家庭中自有住房的比例已超七成,住房在中国家庭资产中占比较高,个人住房贷款在家庭金融中具有重要地位。因此,本节主要介绍个人住房贷款。

一、个人住房贷款的主流形式

根据中国人民银行 1998 年公布的《个人住房贷款管理办法》第二条,所谓个人住房贷款是指"贷款人向借款人发放的用于购买自用普通住房的贷款"。

个人住房贷款是针对自然人发放的贷款,而单位和集体贷款不管其是否用于购买住房,都不属于个人住房贷款。该贷款的使用方向是购买住房,也就是购买、建造和大修各类住房,否则不属于个人住房贷款范围,如有些为抵押获取的贷款或其他与住房有关的贷款要纳入个人住房贷款范畴,必须考虑其使用方向是否为购买住房。此外,使用贷款所购买、建造、大修的住房必须在中国境内,原则上不向购买国外住房人发放个人住房贷款;同时要求所购住房必须是普通住房,而购买、建造、大修豪华住房不属于此类。个人住房贷款根据资金来源和性质不同,主要有以下几种具体形式。

(一)个人住房公积金贷款

住房公积金制度是为解决职工家庭住房问题的一种政策性融资渠道,住房公积金由企事业单位及其在职职工,按职工工资的一定比例逐月缴存,归职工个人所有。

个人住房公积金①贷款,是指由各地住房公积金管理中心运用职工及其所在单位缴纳的住房公积金,委托商业银行向缴存住房公积金的在职职工和离退休职工发放的房屋抵押贷款。

与商业性个人住房贷款相比,住房公积金贷款有如下几个显著特征:

第一,住房公积金贷款利率比商业性个人住房贷款利率低,在利息负担上具有绝对优势。

第二,贷款对象有特殊要求,即要求贷款人是当地公积金系统中的公积金缴存人。

第三,对贷款人年龄的限制不如商业性个人住房贷款那么严格,一般没有年龄的上限。

第四,对单笔贷款最高额度规定有所不同。一般来说,商业性个人住房贷款对单笔贷款最高额度没有规定,而公积金贷款额度有严格的规定。例如,截至2022年5月31日,杭州市职工个人公积金最高贷款额度为50万元,职工及其配偶最高贷款限额为100万元。

(二)商业性个人住房贷款

商业性个人住房贷款是商业银行利用信贷资金,向具有完全民事行为能力的自然人发放用于购买自住商品房的贷款。

商业银行个人住房贷款的最长贷款期限为30年。贷款年限由商业银行依据借款个人的年龄、工作年限、还款能力等因素与借款人协商确定。

---

① 住房公积金是指国家机关、国有企业、城镇集体企业、外商投资企业、城镇私营企业及其他城镇企业、事业单位及其在职职工缴存的长期住房储金。职工缴存的住房公积金和职工所在单位为职工缴存的住房公积金,是职工按照规定储存起来的专项用于住房消费支出的个人储金,属于职工个人所有。职工离退休时本息余额一次付偿,退还给职工本人。

（三）个人住房组合贷款

个人住房组合贷款由个人住房公积金贷款和商业性个人住房贷款两部分组成，是指向缴存公积金的借款人同时发放个人住房公积金贷款和商业性个人住房贷款的一种贷款方式。购房人向银行申请个人住房公积金贷款后，因贷款额度限制，同时还需要申请个人住房商业性贷款。

以浙江省杭州市 2023 年政策为例，个人住房组合贷款的额度最高不超过所购住房房价的 70％，其中住房公积金贷款额度不得超过杭州市公积金中心规定的单笔贷款最高限额（职工个人可贷额度 ＝ 职工住房公积金账户月均余额×倍数，杭州市主城区、萧山区、余杭区、临平区、富阳区、临安区的倍数目前按 15 倍确定），按照先公积金贷款后商业贷款的原则进行，公积金贷款额度算足后，不足部分用商业贷款补足。个人住房组合贷款期限最长不超过 30 年，且两类贷款的期限相同。

二、个人住房贷款的还款方式

根据中国人民银行（货币政策司）2010 年《关于统一个人住房贷款分期还款额计算公式的通知》，个人住房贷款本金和利息的归还主要有以下两种方式。

（一）等额本息还款法

等额本息还款法，即住房借款人每月以相等的金额偿还贷款本息，又称等额法。其特点是每月还款的本息一样，容易做出预算，初期还款压力较小，但还款初期利息占比大，还款中本金占比逐步增加，利息占比逐步减少，从而达到相对的平衡。此种还款方式因占用银行资金多，所以所还的利息高，但前期还款压力不大。

计算公式为：

$$每期还款额 = \frac{贷款本金 \times 月利率 \times (1＋月利率)^{还款月数}}{(1＋月利率)^{还款月数} － 1}$$

（二）等额本金还款法

等额本金还款法，即借款人每月等额偿还本金，贷款利息随本金逐月递减，还款额也逐月递减，因此又称递减法。其特点是每月归还本金一样，利息则按贷款本金金额逐日计算，前期偿还款项较大，每月还款额逐渐减少。此种还款方式所还的利息低，但前期还款压力大。

计算公式为：

$$每期还款额 = \frac{贷款本金}{贷款期月数} ＋ (贷款本金 － 累计已还本金) \times 月利率$$

【案例】

小明家于 2022 年初购买了一套 138m² 住房,单价 48500 元/m²,首付三成,商业贷款按揭 30 年,年利率 4.9%,请采用等额本息还款法计算每月还款额,采用等额本金还款法计算前三个月每月还款额。

解析:1.等额本息还款法

$$每期还款额 = \frac{贷款本金 \times 月利率 \times (1 + 月利率)^{还款月数}}{(1 + 月利率)^{还款月数} - 1}$$

$$= \frac{138 \times 48500 \times 0.7 \times 4.9\% \div 12 \times (1 + 4.9\% \div 12)^{360}}{(1 + 4.9\% \div 12)^{360} - 1}$$

$$= 24865(元)$$

2.等额本金还款法

$$第 1 期还款额 = \frac{贷款本金}{贷款期月数} + (贷款本金 - 累计已还本金) \times 月利率$$

$$= \frac{138 \times 48500 \times 0.7}{360} + (138 \times 48500 \times 0.7 - 0) \times 4.9\% \div 12$$

$$= 32144(元)$$

$$第 2 期还款额 = \frac{贷款本金}{贷款期月数} + (贷款本金 - 累计已还本金) \times 月利率$$

$$= \frac{138 \times 48500 \times 0.7}{359} + (138 \times 48500 \times 0.7 - 32144) \times 4.9\% \div 12$$

$$= 32050(元)$$

$$第 3 期还款额 = \frac{贷款本金}{贷款期月数} + (贷款本金 - 累计已还本金) \times 月利率$$

$$= \frac{138 \times 48500 \times 0.7}{358} + (138 \times 48500 \times 0.7 - 32144 -$$

$$32050) \times 4.9\% \div 12$$

$$= 31956(元)$$

从上例可见,等额本息还款法每月还款额相等,等额本金还款法还款额逐月减少。当然,除按上述计算公式核算外,也可以用还贷计算器等小工具快速获得每月还贷金额。

第三节　其他消费贷款

一、汽车消费贷款

随着人民生活水平的提高,不少家庭对汽车的需求也在增加。购买汽车需要不小的一笔资金,不少家庭无法一次性承担买车的款项,个人汽车消费贷款是个不错的选择。

汽车消费贷款,是指银行对在其特约经销商处购买汽车的购车者发放人民币担保贷款的一种新的贷款方式。它是银行为解决购车者一次性支付车款困难而推出的一项业务,适合有当地户口、能提供足够担保、收入较为稳定、对贷款时间要求不高的贷款者。

(一)汽车消费贷款模式

银行汽车贷款大多分为直客式车贷和间客式车贷,其贷款期限一般为1—3年,最长不超过5年,最高不超过80%(不同银行对于贷款期限及成数有不同的规定)。

直客式车贷是指借款人先去银行申请贷款,银行同意后再去特约经销商处购车。该类贷款年限一般为3年,最长不超过5年(含)。贷款利率按照中国人民银行规定的同期贷款利率计算。

间客式车贷是指借款人在银行特约汽车经销商处选购汽车,由汽车经销商代办贷款手续。银行审查同意后,签订借款合同、担保合同,并办理公证、保险手续。

(二)汽车消费贷款的优缺点

汽车消费贷款可以囊括所有在售车型,涵盖范围很广。银行车贷利率通常依照银行利率确定,有些银行会根据客户的实际情况将贷款利率下浮一定比例。

汽车消费贷款也存在不少缺点:一是申请手续繁杂。需要购车者提供一系列证明资料,以及能够得到银行认可的有效抵押、质押物或具备代偿能力的第三方保证。如间客式贷款需要有与特约经销商签订的购车合同;如果不是本地户籍还需要担保人,程序相当烦琐,获贷率不高,银行需要担保公司提供担保,审批较慢。二是各种杂费较多,汽车消费贷款需支付其他多种费用,如担保费、验资费、律师费、抵押费等。三是审批时间较长,由于汽车贷款的高风险,银行审批很严格,审批持续时间约一个月。

二、个人耐用品消费贷款

个人耐用品消费贷款是银行向个人发放的用于购买大额耐用消费品的人民币担保贷款。耐用消费品一般为除汽车、房屋以外价值较大、使用寿命相对较长的家用商品，如冰箱、彩电、空调、电脑、健身器材、摩托车、家具、乐器、通信器材等消费品。借款人需在银行指定的特约商户处购买特定商品。

（一）个人耐用品消费贷款的申请对象及贷款条件

通常，个人耐用品消费贷款的对象为18—60周岁，具有完全民事行为能力，有本地常住户口或有效居住身份证件，有固定住所，有稳定、合法的收入来源，能按期偿还贷款本息的中国公民。

（二）个人耐用品消费贷款的贷款额度及期限

个人耐用消费品贷款一般为人民币2000元起，最高额不超过10万元。借款人用于购买耐用消费品的首付款不得少于耐用消费品价款的20％—30％，不同银行的规定会有所不同。

个人耐用消费品贷款的贷款期限为6个月至2年，最长不超过3年；同时需提供贷款银行认可的贷款担保条件，如财产抵押、质押或第三方保证方式。贷款利率参照中国人民银行规定的同期同档次贷款利率执行，通常没有利率优惠。

三、个人助学贷款

个人助学贷款是指银行向借款人发放的用于本人或家庭成员支付特约教育单位除义务教育外所有学历入学、本科及以上非学历入学所需教育费用（学杂费和生活费）的人民币贷款。

个人助学贷款按贷款方式可分为国家助学贷款（信用贷款）和商业助学贷款（担保贷款）。国家助学贷款属于无担保信用贷款，学生在校期间的贷款利息由国家或地方财政补贴。商业性助学贷款需提供贷款银行认可的财产抵押、质押或第三人保证等作为贷款担保条件。

（一）个人助学贷款的申请对象及贷款条件

全日制普通高等学校中经济困难的专科生（含高职生）、本科生、研究生以及第二学士学位学生；具有完全民事行为能力的中国公民，有永久居留身份证、家庭地址、户口所在地地址、所在院校院系的详细地址；就读学校的《录取通知书》或《接收函》,有就读学校开出的学年所需学杂费证明材料;有良好的信用,能按期偿还贷款本息(国家助学贷款不需要);提供银行认可的资产抵押、质押或具有代偿能力并承担连带责任的第三方保证人(国家助学贷款不需要)。

(二)个人助学贷款的贷款额度

自 2021 年秋季学期起,全日制普通本专科学生每人每年申请贷款额度由不超过 8000 元提高至不超过 1.2 万元;全日制研究生则由不超过 1.2 万元提高至不超过 1.6 万元。

商业性助学贷款的贷款额度分以下情况:

第一,以银行认可的质押方式申请贷款的,贷款最高额不得超过质物价值的 90%。

第二,以可设定抵押权的房产作为抵押物的,贷款最高额不得超过经银行认可的抵押物价值的 70%。

第三,以第三方保证方式申请贷款的(银行、保险公司除外),贷款最高额不得超过教育费用总额的 60%。

第四,由保险公司提供履约保证保险的,贷款最高额不得超过教育费用总额的 80%。

上述比例,不同银行根据实际情况会有所不同。

(三)个人助学贷款的贷款期限及利率

个人助学贷款最长期限为 20 年。助学贷款利率按照人民银行规定的同期贷款利率执行。在校学习期间,贷款学生的国家助学贷款利息由财政补贴,毕业后的利息由贷款学生本人支付。

(四)个人助学贷款的还款方式

个人助学贷款还本宽限期五年,宽限期内只需还利息,不需还本金。还款方式有以下四种:

第一,学生毕业前,一次或分次还清。

第二,学生毕业后,以自身可活动资金归还贷款。

第三,毕业生见习期满后,在二到五年内由所在单位从其工资中逐月扣还。

第四,毕业生工作的所在单位,可视其工作表现,决定是否减免垫还的贷款。

第五,对于贷款的学生,因其触犯国家法律、校纪,而被学校开除学籍、勒令退学或学生自动退学的,应由学生家长负责归还全部贷款。

【开胃阅读】

2023年国家助学贷款政策[①]

为进一步健全学生资助政策体系，更好满足学生贷款需求，减轻学生经济负担，经国务院同意，决定调整完善助学贷款有关政策。现将有关事项通知如下。

一、提高国家助学贷款额度

自2023年秋季学期起，全日制普通本专科学生（含第二学士学位、高职学生、预科生，下同）每人每年申请贷款额度由不超过12000元提高至不超过16000元；全日制研究生每人每年申请贷款额度由不超过16000元提高至不超过20000元。学生申请的国家助学贷款优先用于支付在校期间学费和住宿费，超出部分用于弥补日常生活费。

国家助学贷款额度调整后，服兵役高等学校学生学费补偿、用于学费的国家助学贷款代偿和学费减免标准以及基层就业学费补偿、用于学费的国家助学贷款代偿标准，相应调整为本专科学生每人每年最高不超过16000元、研究生每人每年最高不超过20000元。

二、调整国家助学贷款利率

国家助学贷款利率由同期同档次贷款市场报价利率（LPR）减30个基点，调整为同期同档次LPR减60个基点。对此前已签订的参考LPR的浮动利率国家助学贷款合同，承办银行可与贷款学生协商，将原合同利率调整为同期同档次LPR减60个基点。

三、开展研究生商业性助学贷款工作

为更好满足研究生在校期间合理的学习生活需求，切实减轻研究生家庭经济负担，银行业金融机构可向在校研究生发放商业性助学贷款。鼓励银行业金融机构有针对性地开发完善手续便捷、风险可控的研究生信用助学贷款产品，并在贷款额度、利率、期限、还款方式等方面给予一定优惠。

[①] 教育部等四部门关于调整完善助学贷款有关政策的通知（教财〔2023〕4号）[EB/OL].（2023-09-11）[2024-06-11]. https://www.gov.cn/zhengce/zhengceku/202309/content_6904362.htm.

四、个人旅游消费贷款

个人旅游消费贷款是贷款人向借款人发放的用于本人或家庭共有成员支付特约旅游单位旅游费用的人民币贷款。旅游费用指特约旅游单位经办且由贷款人指定的旅游项目所涉及的交通费、食宿费、门票、服务及其相关费用组成的旅游费用总额。

（一）个人旅游消费贷款的贷款对象

个人旅游贷款的申请对象需要具备以下条件：具有完全民事行为能力；具有本市常住户口或其他有效居住身份，在本市有固定的住所；收入来源稳定，有能力按期偿还贷款本息；愿意并能够提供符合条件的担保；能支付不低于旅游消费总额20％的款项；按规定参加旅行过程中的人身保险。

（二）个人旅游消费贷款的贷款种类

个人旅游消费贷款分出国旅游保证金贷款和旅游消费贷款两种。出国旅游保证金贷款用于个人因出国旅游而需要向旅行社支付保证金的贷款。旅游消费贷款用于个人支付旅游期间所发生的物质消费和精神消费以及其他相关费用。

（三）个人旅游消费贷款的贷款方式、期限及利率

出国旅游保证金贷款金额为旅行社规定的出国旅游保证金缴付额，最高不得超过20万元。

旅游消费贷款的起点金额为2000元，最高额度为指定旅游项目旅游消费总额的80％，最高不得超过5万元。

贷款期限通常有六个月和一年期两种，一般最长不超过一年。

个人旅游贷款利率参照中国人民银行规定的同期贷款利率执行。在贷款期内，如遇法定利率调整，则按合同利率计息，个人旅游贷款不再调整利率。

（四）个人旅游消费贷款的还款方式

个人旅游消费贷款的还款方式可以选择到期一次性还本付息或按月等额还本付息。

借款人选择到期一次性还本付息还款方式的，应当在贷款合同到期日一次性归还贷款本息，利随本清。

借款人选择按月等额还本付息还款方式的，应当按月等额偿还贷款本息。

五、装修贷款

装修贷款是一种无抵押信用贷款,由银行或者消费金融公司推出,以家庭住房装修为目的。

银行发放的个人住房装修贷款,通常单笔不超过装修工程总费用的 50%,贷款额度原则上不超过 15 万元。

装修贷款有如下几种具体形式。

（一）申请个人信用贷款装修

信用贷款虽然无抵押无担保,但很多信用贷款产品对消费者要求较高,或者资产证明门槛高,或是特定行业的人士、VIP 客户、公司高管才能申请,银行对申请者的工作性质、所处行业、收入状况等细节都要进行严格考察。例如,宁波银行的个人信用贷款产品,信用贷款额度一般是月收入的 5—8 倍,利率也会比较高。

（二）申请个人消费贷款装修

用于装修的个人消费贷款是持证抵押贷款,也就是以房产抵押申请消费贷款。开展此项业务的银行较多,所以消费者的选择面相对较大。不同银行对抵押房产在房价、房龄、房产面积方面的要求各不相同,消费者在申请之前一定要深入了解银行相关政策和规定。如果个人有房产的,可尝试申请,通常获得的贷款额度较大,期限也较长。具体贷款额度视消费者个人资质和房产的地理位置、房价、房产面积、房龄等状况而定。

（三）信用卡家装分期

部分银行为了更好地满足消费者家装分期需求,针对居住在大中型城市、刚刚购买新房、无钱装修、信用记录良好的人士,推出了信用卡家装分期的业务。额度上限为 10 万—20 万元,个别产品最高分期额度为 50 万元。银行对申请人有特殊要求,需要申请人是公务员、老师、银行的正式员工或注册资金在 3000 万元以上的公司中层或高层管理人员。信用卡家装分期通常为 12 个月、24 个月,最长为36 个月。

申请信用卡家装分期通常会受到一定的限制,要求消费者所选择的服务和产品必须是该银行的合作商户,否则不能申请分期。

除了银行贷款这条传统途径,随着业务的不断开发,以后类似消费金融公司贷款等形式也会出现。

第四节　民间借贷

　　个人信贷活动中,除消费信贷以外,民间借贷也是一种常用的借贷方式。对于个人而言,一般都缺少足够的抵押物用于向金融机构融资,再加上我国个人征信管理体系还不够健全,银行等金融机构难以判断其诚信状况,所以金融机构很难向个人或家庭直接提供融资,这样民间借贷就有了生存的空间。

一、民间借贷的含义

　　民间借贷是非金融机构的自然人、企业及其他经济主体之间以货币资金为标的的价值转移及本息支付。民间借贷是游离于国家正规金融机构之外,以资金筹措为主的融资活动。随着我国改革开放和经济的发展,尤其是自 2004 年后,我国民间借贷逐步发展起来,许多地方初步形成民间借贷的金融市场。

二、民间借贷的作用

　　民间借贷通常手续简便、期限灵活,在活跃资本市场、解决中小企业及家庭融资难问题、为民间闲散资金找到合适出口、增加市民收入等方面有着不可替代的作用。

　　民间借贷是一种直接的借贷活动,即民间个人之间、个人与组织之间以货币形态接受信用的行为,也是主要的民间融资形式。无论是在发达地区还是经济落后地区,民间借贷都广泛存在,主要用于治病、建房、子女教育、结婚等生活支出。民间借贷属于一种信任型贷款行为,特别是在一些农村地区,邻里街坊、亲朋好友之间的民间借贷行为较为频繁。

【开胃阅读】

典　当

　　典当是一种以实物为抵押,以实物所有权转移的形式取得临时性借款的融资方法,手续简单,十分方便快捷,质押品范围也比较广,可以是金银首饰、有价证券,也可以是家用电器、邮票、古币、汽车等。有本人身份证和合法抵押品便可办理。现在典当行对典当物一般是按照商品价值的 50%—80% 估价。典当费一般每月不超过 5%,包括手续费、保管费、利息等。赎回期一般最长不超过半年。这种用实物典当的融资方式较其他民间融资方式,成本相对较高,但对急需用钱的家庭和个人来说,只要把贵重物品做抵押,便可从典当行取得借款,缓解资金周转问题,可以说是一种非常快捷的方式。值得注意的是,对于通过典当获取资金的家庭和个人来说,如果典当到期,一时还不了当金,必须及时续当,否则在一定天数(各个典当行规定有所不同)后就会变成死当,到时候典当行就有权任意处置典当物。

三、民间借贷的利率

民间借贷通常由借贷双方约定利率,可以是有偿(有息借款)的,也可以是无偿(无息借款)的。2020 年《最高人民法院关于审理民间借贷案件适用法律若干问题的规定》规定,"出借人请求借款人按照合同约定利率支付利息的,人民法院应予支持,但是双方约定的利率超过合同成立时一年期贷款市场报价利率四倍的除外。前款所称'一年期贷款市场报价利率',是指中国人民银行授权全国银行间同业拆借中心自 2019 年 8 月 20 日起每月发布的一年期贷款市场报价利率"。例如,2022 年 1 月 20 日,中国人民银行授权全国银行间同业拆借中心公布的一年期 LPR 为 3.7%。据此计算,民间借贷利率的司法保护上限为 14.8%。目前,民间融资的利率水平普遍高于金融体系的贷款利率,年利率一般处在 7%—15%。

第五节　其他短期小额借贷

实际生活中个人消费信贷的形式还包括保单质押贷款、动产抵押贷款等其他短期小额借贷,下面就简单介绍这两种方式。

一、保单质押贷款

保单质押贷款是指在长期保险业务中,投保人在一定条件下,以具有一定现金价值的保单作为质押物,从保险公司或者其他金融机构按照保单现金价值的一定比例获得短期资金的一种融资方式。

目前我国的保单质押贷款主要有两种模式。一种是投保人把保单抵质给保险公司，从保险公司取得贷款。这种模式，若投保人到期不能履行债务，当贷款本息达到退保金额时，保险公司将终止保险合同效力。另一种是投保人将保单抵押给银行，由银行支付贷款给借款人。这种模式，当投保人到期不能履行债务时，银行可凭保单由保险公司偿还贷款本息。但是同一份保单向保险公司和银行申请保单质押贷款，能够获得的贷款期限、额度及利率有所不同（见表4-1）。

表4-1 保险公司保单质押贷款与银行保单质押贷款的比较

项目	保险公司保单质押贷款	银行保单质押贷款
申请条件	缴纳保费超过1年	缴纳保费超过一年，保单现金价值不得低于1万元，最低贷款金额不得低于5000元
期限	一般为6个月	6个月至5年
金额	保单现金价值的70%—80%	保单现金价值的90%
利率	比银行同期贷款利率相对较高	银行同期贷款利率

在保险公司办理保单质押贷款，保户在贷款到期后可以续贷，但不同保险公司或者同一公司不同产品关于续贷的要求以及对于未到期归还贷款本息的处理方式颇为不同。例如，A产品规定，保户在贷款到期后，只需要先还清利息，便可以续贷。而B产品却要求保户还清利息和本金，才可以续贷。又如，不少保险公司都规定，逾期还款，逾期期间的利率按原贷款利率上浮一个百分点执行。保户在保单质押贷款前，一定要详细了解保险公司对于续借贷的要求、对未偿还本息的处理方式以及逾期还款贷款利率是否增加等。保险公司关于续借贷的规定将直接影响贷款保户的还款压力，保险公司对于到期未还贷款本息的规定关乎保险保障是否继续有效。

值得注意的是，在保单质押贷款期满时一定要及时偿还，或先归还贷款利息，办理续贷手续。一旦借贷款本期超过保单现金价值，保单将永远失效。

在投资保险这种长期、低风险的理财产品后，一旦出现临时、短期的资金需求，投保人通过保单质押，将长期的投资盘活救急，不失为短期融资的有效方式。

二、动产抵押贷款

动产抵押贷款是指借款人以其自有或第三人所有的动产（库存商品、原材料、车辆、机器设备等）向银行抵押或质押，并从银行获得资金的一种融资方式。

　　我国现行有关法律法规规定,能够抵押的动产是动产中具有"设备"性质的生产资料,如机器、交通运输工具和其他财产;能够作为质押的动产则几乎包括所有的动产。动产抵押贷款的抵押、质押物要求满足所有权明确、容易变现、较长一段时间内价格稳定、便于保存四个要求。办理动产抵押贷款的手续通常很简单,只要将自己的车辆、设备等银行认可的物品进行抵押,贷款人就可以获得一定额度的贷款。这种贷款抵押模式类似于典当,但其利率却大大低于典当行的利率。动产抵押贷款系短期借款,期限一般不超过6个月,非常适合需要短期借款的中小企业和个人。

复习题

一、选择题

1. 以下不属于信用卡的主要特点和功能的是 （　　）

　　A. 延期付款　　　　B. 分期付款　　　　C. 理财功能　　　　D. 代发工资

2. 个人住房贷款采用等额本息还款法,每月还款金额 （　　）

　　A. 每月以相等的金额偿还贷款本息　　B. 每月等额偿还本金

　　C. 贷款利息随本金逐月递减　　　　　D. 每月还款压力不变

3. 以下不属于个人住房贷款的主流形式的是 （　　）

　　A. 公积金贷款　　　　　　　　　　B. 商业性个人住房贷款

　　C. 贴息贷款　　　　　　　　　　　D. 组合贷款

4. 以下不属于我国商业银行的消费信贷的是 （　　）

　　A. 个人助学贷款　　　　　　　　　B. 民间借贷

　　C. 汽车消费贷款　　　　　　　　　D. 大额耐用品消费贷款

5. 以下项目不属于个人耐用品消费贷款用途的是 （　　）

　　A. 房产　　　　　　B. 家电　　　　　　C. 摩托车　　　　　D. 乐器

6. 民间借贷参与主体可以是 （　　）

　　A. 自然人　　　　B. 公司制企业　　　　C. 金融机构　　　　D. 合伙企业

7. 我国现行有关法律法规规定,以下能够抵押的动产是 （　　）

　　A. 车床　　　　　B. 保单　　　　　C. 银行大额存单　　D. 应收账款

8. 以下不属于银行要求的动产抵押贷款的抵押、质押物必须具备的基本要素是 （　　）

　　A. 所有权明确　　　　　　　　B. 便于运输

　　C. 容易变现　　　　　　　　　D. 较长一段时间内价格稳定

9. 与银行保单质押贷款相比,以下属于保险公司保单质押贷款的特点是
　　　　　　　　　　　　　　　　　　　　　　　　　　　　　（　　）

　　A. 期限一般为 6 个月

　　B. 贷款金额为保单现金价值的 90%

　　C. 利率为银行同期贷款利率

　　D. 缴纳保费超过一年,保单现金价值不得低于 1 万元,最低贷款金额不得
　　　　低于 5000 元

10. 民间借贷利率的司法保护上限为一年期贷款市场报价利率的　　（　　）

　　A. 一倍　　　　　　B. 两倍　　　　　　C. 三倍　　　　　　D. 四倍

二、判断题

1. 小明本期信用卡还款额 4875 元,由于资金紧张,小明采用了最低还款额还款,该还款方式仍享受免息还款待遇。 （　　）

2. 直客式车贷是指借款人先去银行申请贷款,银行同意后再去特约经销商处购车。 （　　）

3. 个人耐用品消费贷款不需要担保。 （　　）

4. 个人旅游消费贷款有出国旅游保证金贷款和旅游消费贷款两种。 （　　）

5. 旅游消费贷款的最高额度为指定旅游项目的旅游消费总额的 80%,并且不得超过 20 万元。 （　　）

6. 在保单质押贷款期满时一定要及时偿还,或先期归还贷款利息,办理续贷手续。 （　　）

7. 动产抵押贷款多是短期借款,一般不超过 12 个月。 （　　）

8. 目前我国的保单质押贷款主要有保险公司保单质押贷款与银行保单质押贷款两种模式。 （　　）

9. 通常,保险公司保单质押贷款比银行保单质押贷款的利率高。 （　　）

三、分析题

1. 小明家庭于 2022 年初购置了一套房产，总价 500 万元，商业贷款，首付三成，按揭 30 年，年利率 4.9％，请采用等额本息还款法计算每月还款额，采用等额本金还款法计算前三个月每月还款额。

2. 请分析各大行信用卡的优缺点，为自己选择一张合适的信用卡，并说明理由。

3. 假设你大学毕业后创业需要启动资金 100 万，请根据所学知识，解决融资问题。

第五章

家庭保守型投资工具

学习目标

● 了解家庭保守型常用投资工具,明确保守型常用投资工具使用流程和方法

● 掌握储蓄、国债、国债逆回购、货币市场基金等基础投资工具内容和特征

● 理解国债逆回购、货币市场基金等交易知识

● 了解其他常用投资工具

当一个家庭有了富余的资金后,就会自然而然地考虑投资理财的事情。俗话说,"你不理财,财不理你"。合理规划好自己的家庭资产,做好投资理财,不仅可以实现家庭资产的保值增值,还能让你更从容应对家庭意外风险,提高家庭生活质量。那么家庭常用的投资工具有哪些呢?

随着我国金融业的飞速发展,金融工具的范围和数量在不断扩大,再也不是以前"有钱没地方理财"的时代了。家庭的投资工具有很多,分类标准也很多,我们按投资者的风险偏好类型将其分为保守型投资工具、稳健型投资工具和激进型投资工具三个类别。本章先给大家介绍第一类投资工具——保守型投资工具。

保守型投资工具,按照前面讲的分类依据来理解的话,就是保守型投资者或者是谨慎型投资者偏爱的投资工具,同时也是适合这类投资者的投资工具。顾名思义,保守型或者谨慎型投资者相对保守,极其注重投资产品的安全性,对他们来说,本金安全比收益更重要,所以,他们不愿意承受本金和收益的损失风险,可以说是风险极度厌恶者。因而,此类人的投资工具都是低风险收益产品,即在风险可控的情况下获取一定的收益率,如银行储蓄、银行短期理财、短期国债、货币基金、国债逆回购、互联网理财产品等,控制本金亏损始终被放在风险控制的绝对首要位置。低风险收益产品在降低风险、牺牲收益的情况下,还能为家庭资产提供一定的流动性保证,保守型投资工具往往都是流动性投资工具。

流动性投资工具按字面意思的理解就是我们家庭需要日常使用资金时,这些投资是可以随时变现的。因此,流动性投资工具是各种投资工具中能够以最短的时间、最低的资金成本变现的投资工具。在个人与家庭投资理财组合中,流动性投资工具是为了满足个人和家庭的应急资金需求,以应对家人生病等意外紧急开支或者失业等意外风险,可以马上变现获得资金的金融产品。在一定程度上,咱们可以把流动性投资工具等同于现金。为了满足高流动性需求,同时保证资金的安全,

流动性投资工具一般只能获得相对较低的收益,但是具有极高的安全性。

第一节　银行储蓄

银行储蓄是指每个人或家庭,把节约下来的钱存进银行的经济活动。从国家层面来看,是指城乡居民将暂时不用或结余下来的货币收入存进银行或者其他金融机构的一种存款活动,也称储蓄存款。储蓄存款是一个国家信用机构最重要的资金来源。

短期的银行储蓄主要是从时间上来衡量,一年内的银行储蓄都可以看作是短期银行储蓄。短期银行储蓄便于存取,流动性强,是我们日常生活中最常见的流动性投资工具。我们将钱存入银行,不仅保证了现金的安全性,还能获取一定的利息,可以把银行储蓄理解为给钱找一个安全的住所。

从银行业务来看,我们接触最多的是活期、定期储蓄和通知存款等。

一、活期储蓄

活期储蓄,指无固定存期、客户可以随时进行存取、存取金额不限的一种储蓄方式。活期储蓄是银行最基本、最常用的存款方式,客户可以随时存取款,自由、灵活地调动资金,也是客户进行各项理财活动的基础。

活期储蓄一般以 1 元为起存点,如果以外币存储的话,则起存金额不得低于 1 美元的等值外币(各个银行不尽相同),多存不限。开户时一般由银行发给存折或者银行卡,凭存折或者银行卡存取,每年结算一次利息。

活期储蓄适合个人生活中的待用款或闲置现金备用款以及个人商业运营时周转资金的临时存储。最常见的存储方式是通过银行存折或者银行卡在柜台进行存取。随着时代发展,可以通过各种电子自助机器和电子银行进行存取,如 ATM 机、数字钱包等。

现在各个银行都实现了活期储蓄同城和异地的通存通兑,极大地方便了储户在不同地域存取资金。通常来说活期储蓄是所有投资工具中利息偏低的一种,如 2022 年银行的活期基准利率只有 0.3% 左右,各个银行可以根据基准利率适当浮动。这是因为银行为活期储蓄客户提供了方便的存取环境,因此活期储蓄的收益就相对低一些。

二、定期储蓄

定期储蓄，即事先约定存入时间，存入后，期满方可提取本息的一种储蓄。它的积蓄性较高，是一项比较稳定的信贷资金来源。定期储蓄的开户起点、存期长短、存取时间和次数、利率高低等均因储蓄种类不同而有所区别。

短期的定期储蓄我们定义为低于一年的定期储蓄。通常来说，短期的人民币存期分别为 3 个月、6 个月、1 年；外币则为 1 个月、3 个月、6 个月、1 年。到期的时候，储户凭借存单支取本息。储户也可以在办理整存整取定期储蓄的时候约定到期自动转存。如果储户提前支取定期存款，银行则会按照活期存款利率支付利息。期限不同，银行支付的利率也是不同的，2022 年国有银行 3 个月、6 个月、1 年的整存整取定期利率分别为 1.1％、1.3％、1.5％。

中国的定期储蓄有整存整取、零存整取、整存零取、存本取息四种，前两种居多。此外，还有有奖储蓄、定额储蓄（以一定金额的不记名存单作为存款凭证的一种手续简便的储蓄）以及结合消费信贷用于购买耐用商品的储蓄。各家金融机构广泛开展多种形式的储蓄，既方便储户的不同需要，也有利于银行有计划地安排使用资金。

中国各大银行的定期储蓄方式主要包括整存整取定期储蓄存款、零存整取定期储蓄存款、存本取息定期储蓄存款、定活两便储蓄存款、教育储蓄存款、通信存款等。

三、通知存款

通知存款是一种不约定存期、支取时需要提前通知银行并约定支取日期和金额的一种存款方式。国内绝大多数通知存款只有两个期限，1 天通知存款和 7 天通知存款。也就是说，不管你的存款实际存期多长，按照储户提前通知的期限来进行划分，1 天通知存款就是必须提前 1 天通知银行约定支取金额，7 天通知存款则是必须提前 7 天通知银行约定支取金额。

通知存款的起存金额一般为 5 万元，通知存款相比较于活期存款支取方式有一定的时间限制，但是又比定期存款相对灵活，所以通知存款的利率一般要高于活期存款，低于定期存款。跟定期存款一样，不同的通知期限，利率是不同的。2022年 1 天通知存款和 7 天通知存款的利率分别是 0.8％和 1.35％。

四、短期储蓄的技巧

短期储蓄工具虽然不多,但是每个工具的使用方式还是有一定差异的,在使用短期储蓄工具的方法上,我们可以提供一些小技巧。

第一,金字塔储蓄法。就是把一笔钱分成多份不同金额,同时要将这些不同金额的钱存成不同期限的定期存单。在需要用钱的时候,可以根据实际需要的金额支取相应金额的存单,可以避免取小金额而动用大存单的缺点,从而减少不必要的利息损失。

第二,12张存单储蓄法。就是每月存一笔1年期的定期存款,年限相同。这样1年下来就有了12张1年期的定期存款单,到期日期刚好相差一个月。急用的时候就可以支取最近的一张存单,这种方法不仅能够积累资金,还能发挥储蓄的灵活性。

第三,阶梯储蓄法。阶梯储蓄跟金字塔储蓄法有点相似,但是每张存单的金额相等,就是将资金分成若干份相同金额、分别存入不同账户、设定不同存期的,存款期限最好是逐年递增。阶梯储蓄的好处就是可以跟上利率调整,当然这也是中长期储蓄方法。

第四,"利滚利"储蓄法。该方法就是把存本取息的定期存款与零存整取的储蓄结合使用,把每月发放的利息存进零存整取的账户里,产生"利滚利"的效果,这样就能让存款的利益最大化。

第二节　短期国债

国债,又称国家公债,是由财政部代表中央政府发行的一种债券,它代表的是国家信用,是以国家信用为背书的,可以说是市场上信用最强的债券,当然相对应的票面利率是最低的。

跟短期储蓄一样,短期国债是指一年期以内的国债。通常情况下是一国政府为满足先支后收所产生的临时性资金需要而发行的短期债券。短期国债也被称为国库券,英国是最早发行短期国债的国家。19世纪70年代,英国政府兴建各种基建工程,因急需用钱,经常缺乏短期周转资金,于是接受经济学家及财政专家W.拜基赫特的建议,在1887年发行了国库券。短期国债自英国创立以后,很快就风靡了全球,各个国家都将其作为重要的政府融资工具,使其成为最重要的货币市场工具。

一、短期国债的特点

第一,风险低。短期国债是中央政府的直接负债,中央政府在一国有着最高的信用地位,一般不会出现到期无法偿还的风险,绝大多数时候,投资者一般认为投资短期国债基本上等于零风险。

第二,流动性高。正是因为短期国债的信誉高而风险却很低,因此所有的企业、金融机构、个人都非常愿意将短期的资金投资到短期国债上,短期国债作为流动性投资工具也是相对理想的,所以投资者众多,从而也为短期国债创造了十分便利和发达的二级市场,让短期国债成为银行储蓄之外的一个高流动性、低风险的投资工具。

第三,期限非常短。短期国债通常指 1 年期以内的,大多为半年以内的国债。

二、短期国债的种类

短期国债按偿还期限和付息方式两种方式进行分类。

按照偿还期限进行划分,通常是把一个季度作为一个期限,因此分别有 3 个月、6 个月、9 个月和 12 个月等种类。

按照付息方式进行划分,利息的支付方式可以在价格上进行体现,一般分为贴现国债和附息国债,贴现国债为我国主要的短期国债付息方式。

三、短期国债的发行市场

短期国债的发行主体是政府,参与短期国债发行市场业务活动的主体有财政部、中央银行、政府证券的承销商、一些较大的私人金融投资机构。中央银行是一个国家的货币管理机构,因此通常既可以代理短期国债的发行,又可以作为买方为其本身或外国中央银行购买一些短期国债;政府证券的承销商主要负责承销短期国债,然后再卖给市场上的投资者;大型的私人金融投资机构则是直接作为买家,为自己直接投标购买。

四、短期国债的转让市场

短期国债由于不愁没人要,一直以来都是卖方市场,发行一般都是采用拍卖方式,拍卖流程通常是先由短期国债的认购者将所要认购的国债数量、价格等要素提交给中央银行,然后由财政部根据价格优先的原则进行分配。

五、短期国债的发行价格和交易价格

短期国债的价格确定方式主要根据国债的计息方式来确定,我国的短期国债一般都是贴现国债,因此要确定一个贴现率,然后进行计算。

在确定贴现率之后,我国短期国债的发行价格是从票面额中按一定贴现率扣除贴现利息之后得到一个发行价格。具体的计算公式如下:

$$发行价格 = 票面金额 \times \left(1 - \frac{短期国债期限 \times 贴现率}{360}\right)$$

短期国债的交易价格不像二级市场证券一样通过买卖者自由挂价成交出现,现在的短期国债大都不在场内市场进行直接交易,一般在店头市场(即场外交易市场)进行买卖,其买卖价格都是随证券商公布的贴现率的变化而变化,计算公式为:

$$交易价格 = 票面金额 \times \left(1 - r \times \frac{出售日距离到期日天数 \times 贴现率}{360}\right)$$

其中 r 为国债票面利率。

六、短期国债的作用

短期国债的信用高,收益高于银行储蓄,因此投资交易者非常多,它的二级市场也十分发达。政府证券的承销商一方面从财政部直接投标购入,另一方面则与众多的投资客户进行交易买卖,银行和个人都可以很方便地买进其所需要的短期国债,这样既保证了自己的收益又为市场提供了流动性。

短期国债的便利发行与便利转让对政府来说也是一举两得的,一方面解决了政府临时性资金的收支缺口,另一方面也使其成为控制通胀、调控经济的财政货币工具;而对投资者来说,一方面为其短期资金找到了相对理想的投资工具,另一方面也为国家建设贡献了自己的一份力。

七、短期国债的投资技巧

短期国债虽然是一个非常安全的低风险投资工具,但还是有一些需要注意的要点。

第一,要了解所购买的短期国债的规则。虽然大部分短期国债都是贴现国债,但是也不排除出现附息国债,它们的计价是不一样的。另外,投资品的买卖需要了

解规则才能下手,因此要提前了解短期国债的买卖规则。

第二,要学会对比。不同的短期国债可能受各种市场因素的影响,收益率并不相同。国债的信用价值是一样的,所以投资者可以根据自己的投资期限,在自己规划的投资期限里横向比较不同的短期国债品种,选择收益率比较高的品种。

第三,采用三角投资法。利用短期国债不同投资期限所获得的国债本息不同来进行投资。也就是同时投资不同的短期国债,但是连续各期的投资具有相同到期时间,这样能保证投资者在到期的时候能收到预期的本息和,投资者刚好可以为某次特定消费进行规划。

第四,采用阶梯投资法。这个方法与储蓄法中的阶梯投资有点类似,指的是投资者可以每隔一段时间就通过国债发行市场投资一批相同期限的短期国债,依次进行投资后,投资者就可以在未来稳定地获得本息收益了。

短期国债与储蓄相比,更需要具备一定的基础知识储备,可以通过分析政府政策或者利率走势来获得二级市场的价差收益,因此,短期国债的投资者可以多学习一些利率知识,通过预测国债收益率走势来增加自己的投资收益。

第三节　国债逆回购

国债逆回购其实就是一种短期借款方式。借款人通过国债回购市场向他人借款,获取固定利息收益;而投资者则以借款人的国债为抵押,获得还款后的本金和利息。通俗来讲,国债逆回购是指投资者将资金借给其他机构,以国债作为抵押品,到期后还本付息。这种投资方式在风险方面更为安全,因为国债作为抵押品是以政府信用背书的,且回购期限固定,收益率也稳定。与购买国债类似,国债逆回购也是一种较为保守的理财方式。

一、国债逆回购的概念

国债回购交易是一种协议,双方在成交的同时约定未来某一时间以某一价格进行反向交易。在该交易中,债券持有者(借款人)和投资者签订合约,规定借款人卖出该笔债券后,在双方商定的约定时间内以商定价格进行交易(见图 5-1)。

图 5-1 国债回购交易

国债逆回购的优点如下：

第一，短期融资成本低。国债逆回购是低风险的融资方式，通常利率较低，可提供短期资金，优化企业资金结构。

第二，灵活性高。国债逆回购非常灵活，可以根据企业的资金需求和市场情况随时进行交易。

第三，风险低。国债逆回购市场是低风险的金融市场，具有稳定收益、低交易成本和高流动性等特点。

第四，风险可控。国债逆回购交易风险低，参与者可以通过设定交易策略、监控市场风险来控制风险。

第五，可以优化债务资产配置。国债逆回购可帮助企业优化资产配置，提高债务资产的收益率和流动性，同时降低资产配置的风险。

二、国债逆回购的交易特点

在交易上，国债逆回购与其他二级市场买卖的股票或者 ETF（交易型开放式指数基金）相比较还是有一些不同的，有其自身的特点。

国债逆回购的利率可以根据市场需求而变化，通常情况下，其利率要高于同期限的定期存款利率。

逆回购交易的安全性较高，因为它是一种同步交易，即在同一时间内完成买入和卖出操作，能够减小市场风险。此外，逆回购交易双方均需要提供债券、国债等担保物，这可以提高交易的安全性。如果一方违约，另一方可以通过担保物弥补损失。同时，逆回购交易一般由银行机构监管并提供交易服务，可以有效防范潜在的风险和欺诈行为。

国债逆回购作为一种固定收益工具，国债逆回购交易相对于其他投资品种而言，交易风险相对较小。国债逆回购交易的主要回购方通常是具有一定信誉度的金融机构，如大型商业银行、证券公司等。作为投资者完全可以通过合理选择回购方来降低自身的风险。国债逆回购交易的标的资产是政府债券，其本身具有较高的信用等级，具有较好的信用质量和偿债能力，因此投资者的本金安全性相对较高。国债逆回购交易周期相对较短,通常为一周或者更短的时间,因此投资者能够更及时地回收资金,减少各种风险出现的可能性。

三、国债逆回购的交易

国债逆回购的交易与二级市场上的股票交易有所不同的,交易原理和交易规则也有一定的不同。

(一)国债逆回购的后台交易原理

国债逆回购的后台交易原理主要是下面几个过程:首先,投资者持有国债向银行出售,银行支付给投资者现金。其次,银行持有国债,将其用作抵押,向中央银行借入资金。再次,中央银行向银行提供资金并收取利息,保证银行在规定时间内回购国债。最后,回购期满后,银行再次购买国债并支付给投资者,从而完成逆回购交易。

在交易软件上主要有以下几个过程:

第一步,回购委托。这主要是投资者通过柜台、电话自助、网上交易等直接下单,下单过程和股票一样,只是方向不同,逆回购要采用卖出方式下单。投资者下单完成后,证券公司要根据投资者的要求向交易所进行申报。

第二步,交易撮合。证券公司上报投资者要求后,证券交易所的主机会把所有有效的融资交易申报和融券交易申报进行撮合配对。

第三步,成交数据发送。在 T 日闭市后,证券交易所会把撮合成功的所有回购交易成交数据和其他证券交易成交数据一起发送给结算公司。

第四步,结算公司清算交收。证券登记结算公司会以结算备付金账户为单位,将所有收到的回购成交应收应付资金数据与当日其他的证券交易数据一起进行合并清算,然后进行轧差计算,计算出上报的证券公司经纪以及自营结算备付金账户净应收或净应付资金余额,之后会在 T+1 日办理完资金交收。

第五步,资金回款。资金回款是 T+1 日,如投资者做的是 7 天逆回购,那么投资者资金在 T+7 日才可用,T+8 日才能进行银行转账,回款和股票清算一样,不需要投资者再做任何操作,自动到账。

投资者要想在证券市场进行国债逆回购,只需要拥有 A 股证券账户,不需要另行开户。国债逆回购品种在上交所和深交所都有,两者的代码不同,交易品种和性质一样,具体代码和品种见表5-1。

表 5-1 部分国债逆回购品种

上交所回购品种	深交所回购品种
1 天国债回购（GC001，代码 204001）	1 天国债回购（R-001 代码 131810）
2 天国债回购（GC002，代码 204002）	2 天国债回购（R-002 代码 131811）
3 天国债回购（GC003，代码 204003）	3 天国债回购（R-003 代码 131800）
4 天国债回购（GC004，代码 204004）	4 天国债回购（R-004 代码 131809）
7 天国债回购（GC007，代码 204007）	7 天国债回购（R-007 代码 131801）
14 天国债回购（GC0014，代码 204014）	14 天国债回购（R-014 代码 131802）
28 天国债回购（GC028，代码 204028）	28 天国债回购（R-028 代码 131803）
91 天国债回购（GC091，代码 204091）	91 天国债回购（R-091 代码 131805）
182 天国债回购（GC182，代码 204182）	182 天国债回购（R-182 代码 131806）

（二）国债逆回购的交易规则

国债逆回购的投资，以前沪深两个市场的品种交易起点是不一样的，沪市的起点是 10 万元，深市的是 1000 元，因此相对来说沪市收益价格高，起投金额低，资金利用率高。根据 2022 年 5 月 16 日起施行的《上海证券交易所债券交易规则》，债券质押式回购统一调整为债券通用质押式回购，上交所国债逆回购的交易门槛由 10 万元降为 1000 元。调整后，沪深交易所的国债逆回购在申报门槛、价格最小变动单位等方面保持了统一。

国债逆回购的交易操作是比较简单的，交易者在 T 日通过交易平台进行卖出交易，资金到期后会自动到账，到期日可用，次日可取。到期资金和利息将会自动返还到投资者的证券账户，无需进行其他操作。在进行国债逆回购的投资过程中，要注意资金有两个时间要素，下面以 1 天产品为例，做一个简要的解说：可用时间是指投资交易后的下一个交易日，账户内的资金才可用来再次投资逆回购或者购买股票；可取时间是指可用时间后的下一个交易日，账户内的资金才可通过银证转账提到银行账户。相对应的其他期限的产品，以此类推。

国债逆回购的利率通常在月末、季末和年末出现高峰，而年底的高峰最为明显，通常能达到 20% 至 30% 的水平，有时还会超过 50%。具体利率取决于市场上金融机构的资金紧缩程度。

行情显示的交易价格是投资产品的年化收益率。债券逆回购交易同样用年化收益率来报价，投资者可以直接输入资金的年化收益率报价。因此，高年化收益率代表着更高的投资收益。大部分人在回购交易时,选择 1 到 7 天的品种为主。

每天的交易时间比股票收盘后延半小时,即 9:30—11:30,13:00—15:30。

国债逆回购规则的计息天数为资金实际占款天数,而不是显示的回购天数。简单来说,就是从某次交易的日期开始,到期日的前一天为止,实际的自然日数。从交易次日开始计算利息,经过回购天数后,第一个交易日为可用日,再过一天后,就是可取款日。

（三）具体交易方法

首先,在证券账户中选择国债逆回购进行交易;其次,从深市或沪市中选择感兴趣的投资品种,起投金额为 1 千元;最后,选择要借出的金额和年化利率。在交易页面中选择卖出选项。手续费 4 天期以内的是 10 万分之一每天,长期的会更优惠一些,但是与之对应的锁定时间较长。

通常人们都会选择占用资金较短的品种,在选择的时候,可以深沪都看一下,对比一下,选择收益率高的品种,也可以观望一天的行情后决定。因为收益率是实时波动的,一天中收益是不同的,尽量选择高收益即高报价下单。

第四节　货币市场基金

基金是指通过公开发行基金单位,集中投资者的资金,由基金托管人进行保管,由专业的基金管理人管理和运用资金,从事股票、债券等金融工具的投资,并最终将投资收益按照基金投资者的投资比例进行分配。

一、货币市场基金的概念

货币市场基金是基金中的一个分类,基金管理人将资金主要投向短期货币市场投资工具,如短期国债、短期金融债券、央行票据、国债逆回购等。与前面谈到的流动性投资工具一样,货币市场基金只是由专业的投资机构代为进行短期流动性工具投资,因此,它具有与其他流动性投资工具一样的特征,总体本金安全性高,流动性好,是一种低风险投资工具。货币市场基金也通常被视为现金管理工具。

货币市场基金是一种开放式基金,投资方向为货币市场,以投资债券、央行票据、回购等安全性极高的短期金融产品为主,期限最长不能超过 397 天。货币基金的收益一般高于银行的定期存款利率,随时都可以赎回,大部分为 T+2 确认到账。

所以货币基金非常适合追求低风险、高流动性、稳定收益的单位和个人,也是我们家庭常用的保守型理财工具之一。

二、货币市场基金的特征

货币市场基金作为比较常用的现金管理工具,通常具备与现金一样的本金安全和强流动性,同时它的收益又要优于现金和储蓄。

第一,本金安全。货币市场基金主要投资短期的货币交易品种,短期货币交易品种价格变化小,因此风险相对也较低,货币基金合约通常不会保证本金的安全,但自中华人民共和国成立以来,货币市场基金尚未发生过本金亏损的情况。通常货币基金也被看作现金等价物。

第二,资金流动强。货币市场基金的流动性可与活期存款媲美。货币基金买卖很方便,资金到账时间短,流动性非常强,一般货币基金赎回后一两天资金就可以到账。目前甚至有的货币市场基金公司开通了货币基金即时赎回业务,当日即可到账。

第三,收益率较高。部分货币市场基金具有国债投资的收益水平。货币市场基金除了可以投资交易所回购等投资工具,还可以进入银行间债券及回购市场、中央银行票据市场进行投资,所以收益一般是这些工具的综合平均值,其年净收益率与一年定存利率相比,明显高于同期银行储蓄收益水平。货币市场基金作为现金管理工具,可以避免隐性损失。当出现通货膨胀时,实际利率可能很低甚至为负值,货币市场基金可以及时把握利率变化及通胀趋势,收益浮动可达到获取稳定较高收益的目的。

第四,投资成本低。货币市场基金的买卖一般都免收手续费、认购费、申购费、赎回费,资金进出方便、投资成本低、流动性有保障。货币市场基金的首次认购/申购一般 1000 元起,再次购买以百元为单位递增。

第五,分红免税。货币市场基金的计价方式有多种,有天天分红的,也有计价的,但不管是天天分红还是计价,分红都是免收所得税的。

另外,一般货币市场基金还可以与该基金管理公司旗下的其他开放式基金进行转换,高效灵活、成本低。股市好的时候可以转成股票型基金,债市好的时候可以转成债券型基金,当股市、债市都没有很好机会的时候,货币市场基金则是资金良好的避风港,投资者可以灵活把握股市、债市和货币市场的各种机会。

三、货币市场基金的投资技巧

购买货币基金时应坚持"买旧不买新、买高不买低、就短不就长"的原则。

（一）看规模

不同规模的基金优劣势不同，如果规模较小，在货币市场利率下降的环境下，增量资金的持续进入将迅速摊薄货币基金的投资收益，而规模大的基金无此担忧。在货币市场利率上升的环境中，规模较小的基金则"船小好转向"，基金收益率会迅速上涨。综合各种因素，投资者应该选择规模适中、操作能力强的货币基金。

投资者应尽量选择年收益率一直名列前茅的高收益货币基金。值得注意的是，货币基金比较适合打理活期资金、短期资金或一时难以确定用途的临时资金，对于一年以上的中长期不动资金，则应选择国债、人民币理财、债券型基金等收益较高的理财产品。

货币市场基金的收益分配公布方式有"每万份收益"和"七日年化收益率"两种。"每万份收益 1.07302"的意思就是每一万份货币基金份额当天可以获得的收益是 1.07302 元；"七日年化收益率"是将平均收益折算成一年的收益率，它是考察一个货币基金长期收益能力的参数，"七日年化收益率"较高的货币基金，获利能力也相对较强。但是要注意的是，这个指标具有一定的局限性：当某一天的收益特别高的时候，那么含有这一天的七日年化收益都会被拉抬上去，所以这个指标只能作为选择产品的参考指标之一，重点还要参考历史业绩和评价。

（二）看新旧

货币市场基金越老越吃香，老基金一般运作较为成熟，具有一定的投资经验，持有的高收益率品种较多。选择一只成立时间长、业绩相对稳定的货币基金是较为明智的选择。

购买货币基金时应优先考虑老基金，因为经过一段时间的运作，老基金的业绩已经明朗化了，而新发行的货币基金能否取得良好的业绩需要时间来验证。

（三）看 A、B 级

2021 年底交易的 306 只货币基金中，178 只基金为 A 级基金，128 只基金为 B 级基金，两者的主要区别在于投资门槛，一般 A 级基金的起投金额为 1000 元，B 级的起投金额在百万元以上。从收益上看，B 级收益要高于 A 级，不过门槛太高，普通投资者还是适合选择 A 级基金。

（四）看产品线

在股市行情不好时，投资者可利用货币基金安全地规避投资风险，待股市投资机会来临，可以利用基金转换功能，提高投资收益。因此，建议选择产品线完善的基金公司产品。

投资者应尽量选择规模相对较大，业绩长期优异的货币基金进行投资，因为规模越大，基金操作腾挪的空间越大，更有利于投资运作，也能更好地控制流动性风险。例如，截至 2021 年第一季度末，某四届金牛货币基金，规模超过 100 亿元，是货币基金单只平均规模的 5.7 倍，占货币基金总规模的 7.6%，不易受大额申赎影响，是较为适合购买的货币基金。

第五节　移动互联网新型理财产品

随着移动互联网的发展，互联网理财产品也成为现代家庭理财的一个重要选项。互联网理财产品准确地说并不算一个产品，而是我们前面提到的一些理财工具通过互联网渠道发行，互联网是一个销售平台。因为将理财工具和互联网平台特性相结合后进行了一定的创新，所以我们将一些具有互联网特性，在互联网平台发售的理财产品统称为互联网理财产品，如我们常见的支付宝、余额宝、腾讯零钱宝、P2P 理财、陆金所产品等。

P2P"爆雷"事件让原先很多热衷互联网理财的投资者血本无归，影响巨大，所以家庭理财时对于互联网理财产品还是需要甄别的。互联网理财产品根据投资标的不同，一般有以下几个分类：第一类是集支付与货币基金于一体深度创新的现金理财工具，如余额宝、零钱宝等。这就是支付宝首创的"余额宝模式"，之后被众多大型互联网公司争相模仿。第二类是银行、基金公司与互联网公司合作改名，发行创新的货币基金产品，如腾讯的理财通。第三类是 P2P 平台的理财产品，主要是一些互联网平台直接进行理财的产品，资金出借方和资金需求方直接通过互联网平台撮合投资者和融资者形成的理财产品。第四类就是银行证券等传统金融机构通过自己的移动 App 或者互联网平台发售的理财产品。

我们知道家庭保守型理财工具首先要保证本金的安全，上述第三类产品，即P2P 产品，资信、运营管理、风险控制都存在巨大的安全隐患。虽然此类产品收益最高，但是风险却巨大，会面临本金损失的可能，所以并不是我们所倡导的家庭理财工具。我们主要介绍其中几类比较安全的互联网现金类理财产品。

一、余额宝类理财

余额宝是蚂蚁金服旗下的余额增值服务和活期资金管理服务产品,最早由支付宝在 2013 年 6 月推出,天弘基金是余额宝的基金管理人。从本质上看,余额宝就是前面提到的货币基金。余额宝出现之后,各大互联网公司争相效仿,推出了一系列同类产品,如腾讯的零钱宝,我们将此类产品统称为余额宝类理财。

余额宝类理财产品最大的特点是集支付、预期年化收益的货基、资金周转于一体。该类产品的投资者一般都是互联网平台的用户,投资人在所投资的互联网平台进行消费、支付、转账的时候无需任何手续费,存取、转账、消费都实时到账,更重要的是其还能获得跟货币基金一样的年化收益。所以,此类产品深受年轻人的欢迎,既满足了投资者对产品高流动性的需求,又能使其获取一定的收益。

余额宝类理财产品之所以安全性高,成为家庭保守理财工具,是因为它本质上是货币基金,由专业的基金公司管理,由大型的知名互联网公司做了一定的信用背书,因此安全性有一定的保证。同时,与互联网平台合作程度深,契合度高,使用更方便,直接体现各个互联网平台的特点,可以看作是双信用加持的互联网平台支付币。

从家庭理财来看,特别是年轻人,热衷于互联网消费的群体,配置一部分资产投资各个平台的"余额宝类"产品的理财也是不错的,一方面支付转账方便,在现金管理上有一定的便利性;另一方面又有不低于货币基金的收益率让闲钱产生更多的利息收入。

【开胃阅读】

余额宝的诞生

天弘基金成立于 2004 年,虽然成立时间较早,但是多年运作业绩不佳,2010 年以后更是年年亏损上千万元,基金管理规模一直处于中下游位置,在 85 家公募基金管理公司中只排名 50 左右,而且这家基金公司几乎没什么名气,大部分人都没怎么听说过。

"穷则思变"，时任天弘基金副总经理周晓明通过细致的观察，发现当时社会消费方式发生了巨大的转变，自己公司的基金业务也必须进行演化，要顺应技术的发展，并落实为业务发展模式的转变，否则就无法在众多同质的公募基金中胜出。

想到就要去做，这才是实干家的精神。2011年9月22日，周晓明第一次来到杭州淘宝总部，见到了淘宝网总裁姜鹏，双方愉快地谈了1个多小时。

淘宝的现金流是众多同行基金公司都看上的，天弘基金对与淘宝店的合作开始也抱有很大希望，然而因为种种原因，淘宝的基金业务一直没有推出，同时期，其他互联网平台卖基金的效果表现也不是很好，接触的其他基金公司已经基本放弃。

2012年12月22日这一天，周晓明又一次见到了阿里小微金融服务集团国内事业群总裁樊治铭，尽管之前双方已经数次接触，但这次不一样，周晓明最终说服了樊治铭一起推出新的支付宝合作模式产品，两人只交谈了1分钟，樊治铭就挥手打断了他："我明白了，这个事可以做。"这个结果大大出乎周晓明的意料："这就像是你非常想去一个地方，在没有路的时候，突然发现路其实就在脚下。"

天弘基金针对支付宝的痛点一击即中。当时移动互联网竞争激烈，腾讯凭借微信不断蚕食支付宝的市场空间。整个2012年下半年，支付宝的高管们都很焦虑，他们始终思考两个问题：如何打造移动互联网的入口，如何增加支付宝的客户黏性。这个时候，大多数公募基金公司则以自己的产品为中心，跟支付宝合作时强调的都是自己的投资管理能力，只是把支付宝当作一个销售自家产品的渠道，只有天弘基金第一次认真地站在支付宝的角度考虑，主要聚焦自己能为支付宝的用户提供什么样的价值。

2013年6月，天弘基金与阿里集团旗下支付宝官方宣布合作，明确将天弘增利宝货币基金与支付宝平台紧密对接，余额宝横空出世。短短一个月的时间，余额宝的用户就达到251.56万人次，累计转入资金规模达66.01亿元，使天弘基金的规模一下子超过公募基金大佬华夏基金，成为基金行业的羡慕对象。

二、互联网公司系货币基金

互联网公司系货币基金就是一些货币基金公司直接与知名的互联网公司合作，在互联网平台发行货币基金，同时也会根据互联网公司的特性，比单纯的货币基金在申购、赎回、支付等方面更便利，有些货币基金会跟随互联网平台进行更名，有些会以互联网平台的名义提供一些加息券。

此类货币基金与余额宝类产品一样，本质上依然还是货币基金，由专业的货币基金公司进行投资管理，但是此类基金更倾向于将互联网平台当作销售渠道，与余额宝类产品相比，它们品种相对较多，与互联网平台融合度要松一些，互联网平台的信用背书也会差一点，主要还是看货币基金管理公司的管理能力。

典型的产品如余利宝和理财通。它们根据互联网平台的特性做了名字变更，但是主要还是互联网金融的销售平台，当然更倾向于一些货币基金等稳健产品的销售，互联网平台为申购和赎回提供了便利性，也提供一定的加息优惠等，只要是货币基金类产品，依然是本金相对安全的，加上平台补贴优惠，也是不错的家庭保守理财工具。

三、传统金融机构互联网化的货币基金

互联网理财产品的发行和创新，给传统金融机构的理财产品销售带来了一定的挑战，同时也带来了一定的创新机遇。传统金融机构也不再简单依靠柜台等线下销售，而是大力发展了互联网和移动互联网平台，移动支付也不断创新，以应对互联网新型理财的冲击。

银行金融机构主要依靠手机银行 App 进行创新，将一些货币基金类产品上线手机银行 App 发行渠道，通过对货币基金产品进行进一步优化，如改名、优化购买方式、收益显示等。如余额基金、宝宝存钱罐等，让投资者更能读懂理财产品的内容，产品信息披露也更贴近年轻用户的审美，投资者针对性也更强。

证券机构则主要根据证券投资交易者的特性，对证券账户的闲余资金进行现金管理。以前证券交易者在收盘后留在账户的资金通常只有活期储蓄的利息，甚至有的连活期利息都无法享受。证券公司利用货币基金的优势，将货币基金融入证券账户，只要投资者签署同意协议，收盘后的闲余资金就自动转成货币基金享受货币基金收益，第二日开盘后可以直接交易使用，取出金额则需要提前一天解除协议占用，第二日就不再转成货币基金，如国金证券的金腾通就是类似这样的产品。

虽然目前市场上品种繁多,但是此类产品的本质依然是货币基金,只是货币基金的融合体是传统金融机构。深度融合的产品也得到了金融机构的背书,一定程度上提升了产品的安全性,也是非常安全的家庭保守理财工具。

四、移动互联网新型理财产品的投资技巧

货币基金本身的安全性,使货币基金可以与各种拥有大量闲钱用户的新兴市场进行融合,产生新的理财工具。对于保守的家庭理财者而言,需要掌握一定的辨别知识才能参与此类理财,否则很容易被伪理财产品欺骗,产生本金损失。

关于互联网理财产品,本书只介绍现金管理类的一部分典型产品,还可能存在很多新形式的理财产品。在进行互联网理财投资时需格外谨慎。目前国内互联网平台很多,互联网公司信誉度良莠不齐,一个保守型家庭理财者需根据各方面因素选择一家信誉良好的平台进行理财交易。

第一,看互联网公司平台名气和资质。目前各种互联网公司众多,家庭理财者未必能对每一个互联网公司进行深度了解,更难预测互联网公司的未来发展状况。因此,保守的家庭理财者只能选择大型的、知名的互联网公司进行理财,如阿里、腾讯、京东等。

第二,看产品的投资方向。随着市场上互联网理财产品规模的不断扩大,产品种类也不断增加。保守的家庭理财投资只适合投资现金管理类产品,也就是货币基金类产品。因此必须搞清楚所要投资产品的投向,必须是与货币市场基金类似的投向,即具有与货币市场基金一样安全的投资方向的产品才能购买。

第三,看产品的说明书。一个理财产品的条款有很多,必须仔细看完产品的所有条款,搞清楚核心的条款,如风险控制条款、申购和赎回、资金托管、收益分成等一系列条款。必须优先选择方便申赎、流动性强的产品,当然,也可以参照货币基金的具体条款。

第四,看管理团队。理财产品的投资管理人至关重要,一般建议选择国内知名的大型公募基金管理的货币基金类产品,他们的管理相对规范,历史业绩有据可查,产品的安全性更有保障。

第五,控制投资额度。互联网类的现金管理产品可以适度投入,投资此类产品主要还是看重产品与互联网平台的联动性和便利性。在互联网平台消费额度的基础上适量投资此类现金管理产品,既满足消费现金需求,也不让资金过度闲置,浪费利息收入。

第六，注重个人信息安全。现在互联网和金融机构平台数量众多，个人拥有的账号也比较多。当社交与金融相结合的时候，要尤其注意账号密码、家庭住址等个人隐私信息保密。经常清除关于金融方面的聊天记录，不要随意泄露个人信息，以防财产被盗。此外，还有一些机构平台提供了财产盗取保险，价格低廉，甚至是免费赠送，投资者可以择机参与，进一步增加财产安全保障。

第六节　中长期银行储蓄

一、中长期储蓄的概要

（一）中长期储蓄的种类

中长期储蓄主要是指两年以上的储蓄，这种储蓄一般都是定期储蓄。中长期定期储蓄与短期储蓄一样也有不同的分类，如整存整取、零存整取、整存零取、存本取息等。由于时间较长，储户损失了一定的流动性，银行会给予储户更高的利息收益。

通知存款依然适用于中长期储蓄，最低起存金额5万元，外币等值5000美元，通知存款的存款时限并没有强制要求，只是对于支取和转存需要提前通知，通知期限主要为1天和7天。当然，也可以在存入款项开户的时候就提前约定取款日期或约定转存存款日期和金额。个人通知存款需一次性存入，可以一次或者分次支取，但分次支取后账户余额不能低于最低的起存金额，当账户存款低于最低起存金额时，银行将清户并转成活期存款。

中长期储蓄时间周期比较长，因此也派生出一些功能性的储蓄，主要是为了未来生活支出进行提前规划的储蓄产品，常见的有教育储蓄。教育储蓄是为鼓励城乡居民以储蓄的方式，为其子女接受非义务教育时积蓄资金，以促进教育事业发展而开办的功能性储蓄。教育储蓄的对象一般为在校学生，具体年龄每家银行规定有所不同。教育储蓄存款的存期一般分为1年、3年和6年等几种类型。起存金额为50元，本金合计一般会设置一个限额为2万元。储户可以凭学校提供的正在接受非义务教育的学生身份证明一次支取本金和利息，享受一定的利率优惠，并免征储蓄存款利息所得税。

（二）中长期储蓄的收益

2022年中长期定期储蓄的利率根据不同的年限划分主要有2年期、3年期、5年期，他们的利率分别为2.1%、2.75%、3%。一般情况下，年限越长，利率越高。但是有时也会出现倒挂现象，比如3年期的利率会高于5年期，这种情况一般发生在资金面相对宽松的状态下，银行认为未来资金面将持续宽松，通过滚动融资方式筹集资金的成本要明显低于锁定利率的长期定期存款。除了货币政策宽松、短期流动性充足等因素，银行层面更多还是基于资产负债和净息差考虑，以期"降本"。

长期储蓄资金是银行信贷资金的稳定来源，因此银行会不断吸引储户进行长期储蓄。不同的银行利率也会有不同，储户在选择中长期储蓄时，一定做好银行间分析比较，选择利率相对较高的金融机构。

二、中长期储蓄的特性

中长期储蓄是银行信贷资金的重要来源，同时也是国民积蓄的重要来源，是一个国家财富积累的象征，从长远来看，储蓄是一件利国利民的事。储蓄的理解虽然简单，但是也有其自身的一些特性。

（一）储蓄行为的自主性

储蓄行为的自主性主要体现在两个方面：一是储蓄对象是私有的，即储户的货币资金所有权归储户所有，储户自己是有权支配的，这也是储蓄具有自主性的根本保证和必要前提。二是储户进行储蓄都是自我需要的结果。储蓄的根本目的是满足自己将来在某个时刻的某种需要，这种储蓄的自主性反映了自我服务和计划的需求，不论是保值或增值的储蓄都是对储户自身有利的，因而货币所有者也愿意从事储蓄活动。

（二）储蓄对象的暂时闲置性和积累性

储蓄的动机一般源于个人取得收入扣除消费部分后的结余，这部分结余也构成了个人能进行储蓄的物质前提。同时，储蓄也是为了未来的消费，这说明了储蓄对象的闲置具有一定的暂时性。储蓄的积累性是指储户自身在货币资金上量的积累，它的含义可以从两个方面进行理解：一方面，储蓄行为对储户的个人具有一定积累财富的作用；另一方面，从货币资金代表社会财富的角度来考察，货币储蓄的过程也是社会财富不断积累的过程。

（三）储蓄价值的保值性和收益性

储蓄还是一种信用行为，信用的特征就是还本付息。储蓄的还本付息特征使它具有很明显的保值性和收益性。首先,储户愿意将货币资金存入银行等储蓄机构,要考虑是不是能保得住本金、有没有起到积累财富的作用。如果连本金都保不住,储户肯定就不会参加储蓄。因此,储蓄的保值性是储户进行储蓄的最低要求,也是储蓄的最基本特征。其次,储户虽然将货币资金存入银行等储蓄机构,但是经过一段时间,不但要取回本金,可能还要取回利息,这就是信用行为的基本要求。储蓄利率的高低,直接影响储蓄的收益水平。

三、中长期储蓄的技巧

前面我们讲短期储蓄的时候,介绍过一些储蓄的技巧。从储蓄的技巧来看,两者是通用的,也就是说短期和中长期储蓄技巧是通用的,即金字塔储蓄法、12张存单储蓄法、阶梯储蓄法、利滚利储蓄法等。另外中长期储蓄须充分认识到时间的长期性以及流动性引起的损失性,所以要对储蓄周期有一个更合理的规划,下文补充一些储蓄规划的技巧。

（一）计划储蓄法

家庭成员每个月发工资之后,除了留出当月必需的生活费用和开支,可以将多余的钱按用途选择适当的储蓄品种及时存入银行,这样可以减少许多随意性支出,使日常经济支出按计划运转。

（二）增收储蓄法

在日常生活中,如果家里人遇上获奖、亲友馈赠或取得稿酬和其他临时性收入时,可以将这些增收的钱及时存到银行,权当没有增加收入,长期以来可以增加储蓄。

（三）节约储蓄法

减少浪费的同时也是增加收入。切实注意生活节约,减少不必要的一些开支,如戒烟戒酒、不进高档消费场所、不买奢侈品和及时处理闲置不用的商品,杜绝一切随意性消费和有害消费,把节约下来的钱存进银行。

（四）缓买储蓄法

如果家里需要添置一件高档耐用消费品或其他珍贵物品,而这件物品并非急需,或者说实用价值不高,那么可以延缓一段时间后再买,在这之前可以把这笔钱暂时存入银行。

（五）降档储蓄法

当家里准备购买一件非常贵重的物品时，也可以通过购买同类中档次商品进行替换，那么就能把省下来的钱存入银行。

这些补充的中长期储蓄技巧，其实就是一种生活习惯，从生活理念上把储蓄的意识慢慢融入日常生活，并且成为一种习惯，这才是长期储蓄的核心精神，长期储蓄不仅是理财，也是对未来生活的一种规划，可以让生活变得更从容、更幸福。

复习题

一、选择题

1. 短期储蓄一般是指（　　　）以内的银行储蓄。

　　A. 2 年　　　　　　　B. 3 个月　　　　　　C. 6 个月　　　　　　D. 1 年

2. 下列不属于中国银行定期储蓄种类的是　　　　　　　　　　　　　　（　　　）

　　A. 整存整取　　　　B. 定活两便　　　　C. 整存零取　　　　D. 存本取息

3. 关于通知储蓄存款，下列说法正确的是　　　　　　　　　　　　　　（　　　）

　　A. 可以随时支取，利息高于活期储蓄

　　B. 分为一天通知存款和五天通知存款两个品种

　　C. 客户需一次存入，起存金额为 5 万元

　　D. 通知存款一般 1 万元起存

4. 下列属于储蓄中"阶梯储蓄法"的选项是　　　　　　　　　　　　　（　　　）

　　A. 把一笔钱分成多份不同金额的份数，同时要将这些不同金额的钱存成不同期限的定期存单。

　　B. 每月存一笔 1 年期的定期存款，年限相同。

　　C. 将资金分成若干份，分别存在不同账户里，设定不同存期的方法，存款期限最好是逐年递增。

　　D. 把存本取息的定期存款与零存整取的储蓄结合使用，把每月发放的利息存进零存整取的账户里。

5. 下列不属于短期国债特点的是　　　　　　　　　　　　　　　　　（　　　）

　　A. 风险低　　　　　B. 收益性高　　　　C. 流动性高　　　　D. 期限非常短

6. 关于国债逆回购说法正确的是 （ ）

    A.国债逆回购的计息天数为回购天数

    B.国债逆回购成交后价格会随着利息波动

    C.国债逆回购本质就是一种特别的短期贷款

    D.行情揭示中的交易价格代表的是回购期间收益率

7. 不属于货币基金投向的是 （ ）

    A.股票   B.债券   C.央行票据   D.国债逆回购

8. 货币市场的主要特征不包括 （ ）

    A.本金安全   B.资金流动强   C.投资成本高   D.分红免税

9. 余额宝的投资管理人是 （ ）

    A.支付宝   B.阿里巴巴   C.天弘基金   D.蚂蚁金服

10.保守型投资者常用的互联网投资工具不包括 （ ）

    A.P2P产品   B.余额宝   C.腾讯零钱宝   D.余额基金

二、判断题

1.金字塔储蓄法的每份储蓄单的金额是相等的。 （ ）

2.短期国债是指2年以内的国债。 （ ）

3.国债逆回购受利率波动影响,成交之后收益随市场浮动。 （ ）

4.货币基金的本金是安全的,一般不用担心亏本。 （ ）

5.通知存款是约定存期,到期支取的一种存款方式。 （ ）

6.国债逆回购的可用时间和可取时间是一致的。 （ ）

7.在货币市场利率上升的环境中,规模较小的基金则船小好转向,基金收益率会迅速上涨。货币基金投资时候选规模小的基金,收益和安全更有保障。 （ ）

8.国债逆回购在交易的时候是选择卖出交易选项。 （ ）

9.货币基金购买时候,可以遵循"买旧不买新"的原则。 （ ）

10.互联网公司往往是互联网理财产品基金的销售者,并不是真正的投资管理人。 （ ）

11.一般把3年以上的银行储蓄称为中长期银行储蓄。 （ ）

三、问答题

1.家庭常用的保守型投资工具有哪几种?

2.如何合理地使用家庭储蓄的方法和技巧?

3.货币市场基金有哪些特点?

4.国债逆回购的概念是什么?

第六章
家庭稳健型投资工具

学习目标

● 了解常用的家庭稳健型投资工具分类及风险,知道常用家庭稳健型投资工具的使用流程和方式

● 掌握中期储蓄、债券、长期国债、中长期低风险理财产品、储蓄型年金等基础投资工具的内容和特征

● 理解债券、国债等交易知识

● 了解其他稳健型常用投资工具

【导入案例】

"327 国债"事件

"327"是一个国债的产品,兑付办法是票面利率 9.5％加上保值贴息。但是财政部的保值贴息具有不确定性,使该产品在期货市场上波动变大,有了一定的投机价值,并成为当年最为热门的炒作题材。

当时以万国证券公司为主要代表的空方主力认为,1995 年 1 月起通货膨胀已经见顶回落,并不会贴息,坚决进行做空,但是方中经开根据物价翘尾、周边市场的"327"品种价格大部分高于上海等线索坚决做多,不断地推升价位。

1995 年 2 月 23 日,辽宁国发(集团)有限公司一直在"327"品种上联合做空,抢先得知"327"要贴息的消息后,立即转做空改为做多,使"327"品种在一分钟内就上涨 2 元,十分钟内上涨 3.77 元。之前的做空主力万国证券公司很快陷入困境,按照其当时的持仓量和价位来算,一旦期货合约到期,就要履行交割义务,其亏损高达 60 多亿元。为了维护自己的利益,"327"合约空方主力在 148.50 价位封盘失败后,在交易结束前的最后 8 分钟,空方主力大幅进行透支交易,开了 700 万手、价值 1400 亿元的巨量空单,从而将价格打压至147.50 元收盘,使"327"价格暴跌 3.8 元,并使当日开仓的多头全部爆仓。

"327"国债交易中发生的异常情况,震惊了整个证券市场。事发的当天晚上,上交所召集了有关各方进行紧急磋商,最终权衡相互利弊,确认空方主力是恶意违规,宣布最后 8 分钟"327"品种期货的交易全部无效,各会员之间进行协议平仓。

> 思考：国债投资有什么风险，国债和国债期货有什么区别？

稳健型投资者对于风险是厌恶的，会尽量投资风险规避的产品，对于收益只需要保值增值就行。相较于前面所讲的保守型投资者，稳健型投资者可以承受较小的风险，主要是时间风险和流动性风险，而不是本金损失的风险。稳健型投资者是稳中求进，依然把风险放在首位，注重资产的稳健增值，而不是快速增值。

稳健型投资者风险偏好低，在选择产品的时候往往对风险进行严格甄别，避免投资会导致本金损失的产品。稳健型投资者偏好的投资工具我们将之称为稳健型投资工具。

稳健型投资工具的特点是不会亏本，投资收益适中、有保障，但流动性稍差。因此，稳健型投资工具可以理解为延长期限的保守型投资工具，日常使用的稳健型投资工具主要包括中期储蓄（1年以上）、中长期国债、固定收益类基金、储蓄型的商业养老保险（年金保险、分红保险和万能保险）、中期保本型的银行理财产品、中期保本型的券商理财产品、中期保本型的信托产品、社会养老保险等。

第一节　中长期债券

债券是固定收益类投资最重要的投资工具，也是家庭理财中稳健型投资的重要基础工具。前面我们简单地介绍了短期国债，短期国债只是债券的一种，大部分债券都是中长期的。债券的债务特性使其具有到期偿还的特征，因此债券是稳健型投资者青睐的保本型理财中最基础的投资工具。很多固收类投资都是衍生于债券。

一、债券的概念

债券是发行人按照法定程序发行，并约定在一定时期内还本付息的有价证券。债券反映的是债权和债务的关系。债券的利息支付通常是发行前就确定的，因此债券通常被称为固定收益证券。

债券有四个基本要素：票面价值、债券价格、偿还期限、票面利率。

（一）票面价值

债券的票面价值一般简称为面值，指的是债券发行时的票面金额。我国发行的债券一般情况下每张面值为100元。

（二）债券价格

债券价格包括发行价格和买卖价格。

债券的发行价格可能不等于债券的票面金额。当债券的发行价格高于票面金额时，称为溢价发行；当债券的发行价格低于票面金额时，称为折价发行；当债券的发行价格和票面金额相等时，称为平价发行。

（三）偿还期限

债券的偿还期限是一个时间段，起点是债券的发行日期，终点是债券上标明的偿还日期。偿还日期也称到期日，在到期日，债券的发行人偿还所有本息，债券的债权债务关系终止。有些债券，如可赎回债券或可返售债券，其发行者或持有者在债券发行后可以改变债券的偿还期限。对于债券投资者来说，最重要的是从债券购买日起至债券到期日止的期限长度，即债券的剩余期限。

（四）票面利率

债券的票面利率是指债券每年支付的利息与债券面值的比例。投资人获得的利息等于债券面值乘以票面利率。

二、债券的分类

通常可以从不同的角度对债券进行分类，目前主要有以下几种。

（一）按照发行主体分类

1.政府债券

政府债券是国家为筹措资金，按照信用原则，向投资者出具的，承诺在一定时期支付利息和到期还本的债务凭证。依据政府债券的发行主体不同，政府债券又分为中央政府债券和地方政府债券。

中央政府债券也称公债券或国库券，简称国债，中央政府债券是由中央政府发行的一种债券，也是各国债券市场中的重要品种之一，其主要发行对象为各类金融机构、企事业单位及个人投资者。中央政府债券通常分为短期（1 年以内）、中期（1—5 年）、长期（5 年以上）三种类型，也可根据不同的发行对象进行区分。其中，短期中央政府债券主要用于调节货币市场流动性，中长期中央政府债券则主要用于国家基础设施建设、国债的发行和债务管理等方面。中央政府债券的发行量、借款期限和利率等都需要经过国家政府的决策和批准。中央政府债券的投资风险相对较低，适合希望稳健投资的人。同时，投资者持有政府债券也可以享受国家的优惠政策,如免纳个人所得税等。

地方政府债券简称地方债券,区别于中央政府债券,又叫市政债券,是指地方政府为筹集资金而发行的固定收益债券。这些债券通常由省、市、县和区政府发行,用于支持基础设施建设、公共服务等公共事业项目的建设和运营。通过发行地方政府债券,政府可以为重大公共事业项目筹集所需资金,并且可以为投资者提供一个相对稳定、安全、透明的投资选项,促进地方经济、社会发展。

地方政府债券按照发行主体的不同,可以分为以下几类:①市政债券,由市级政府发行,用于城市基础设施建设等方面;②县政债券,由县级政府发行,用于县域经济发展、公共设施建设等方面;③地方政府债券(省级),由省级政府发行,用于全省性的基础设施建设等方面;④政府性融资平台债券,由企事业单位或政府授权的融资平台发行,用于公共设施建设、社会事业等方面;⑤特殊债券,如疫情防控债、国家贫困县专项债等,按照政策导向和用途的不同分类。

2.金融债券

金融债券是银行和非银行金融机构发行的债券。金融债券票面利率通常高于国债,但低于公司债券。金融债券面向机构投资者发行,在银行间债券市场交易,个人投资者目前无法购买。金融债券的利息收入免税。金融债券一般具有安全性好、期限较长、利率水平较高、流动性强等特点。

3.公司债券

公司债券是非金融公司发行的债券。由于公司债券存在较大债务风险,其票面利率通常高于国债和金融债券。部分公司债券面向社会公开发行,在证券交易所上市,个人投资者可以购买和交易。投资公司债券最大的风险是发行公司的违约风险,一旦发行公司经营不善,不能按照当初的承诺兑付本息,就会导致债券价格大幅下跌,使投资人遭受重大损失。可转换公司债券是公司债券的一种,后文会进行介绍。

(二)按偿还期限分类

按偿还期限,债券可分为短期债券、中期债券和长期债券。各个国家关于不同期限的债券定义会有所不同,通常划分如下。

短期债券是指期限在 1 年及 1 年以下的债券;中期债券是指期限在 1 年以上、10 年以下的债券;长期债券是指期限在 10 年及以上的债券。

(三)按照利息的支付方式分类

一是附息债券。附息债券是在债券的券面上附有息票的债券。附息债券利息的支付有按年支付、半年支付、季度支付等多种形式。我国目前大多数附息债券都是按年支付利息。

二是零息债券。零息债券是在持有期间不支付利息,既可以贴现发行也可以按照面值平价发行。贴现发行的零息债券也被称为贴现债券,发行时按照一定的折扣率,以低于面值的价格发行,到期发行者按照面值偿还。实际上,贴现债券的利息是在到期时一次性支付的,其数额正好等于面值和购买价格的差额。

（四）按照债券利率浮动与否分类

一是固定利率债券。固定利率债券是指债券的票面利率在偿还期限内不发生变化。在该偿还期内,不论市场利率如何波动,债券持有人都能以债券票面上标明的利率获取债息。这种债券对债券持有人来说可能存在风险。如果偿还期内的市场利率上升并且超过债券票面利率,债券持有人将面临相对较高的利率风险。

二是浮动利率债券。浮动利率债券是指票面利率会在某种预先规定的基准上定期调整的债券。浮动利率债券的票面利率通常按照基准利率加利差的方式定期调整。基准利率通常包括银行间同业拆借利率、特定期限的回购利率和定期存款利率等。浮动利率债券的利息支付也可以与某一价格指数挂钩,通过计息日指数和基准日指数的比较来计算应付利息。

（五）按照有无抵押担保分类

一是信用债券。信用债券又称无担保债券,是指仅凭债务人信用发行的、没有抵押品作担保的债券。

二是担保债券。担保债券是以抵押财产为担保或以第三方担保的方式发行的债券。

三、债券市场

债券市场是债券发行和交易的场所,是金融市场的重要组成部分。我国的债券市场主要包括柜台交易市场、沪深证券交易所债券市场和银行间债券市场。

（一）柜台交易市场

商业银行与债券发行人签订承销协议后,通过银行柜台向投资人发售债券。债券发行结束后,为满足投资人买卖债券的需求,商业银行对债券公开挂牌报价,同投资人进行债券交易。

柜台交易市场是债券的零售市场,是以个人和企事业单位为主要投资者的市场。除金融机构外,凡是持有有效身份证件的个人、企事业单位和社团组织的法人,均可以在商业银行开设国债托管账户进行国债买卖。

银行柜台交易成本为买卖差价,银行国债买卖差价大约在1%以内。

(二)沪深证券交易所债券市场

除银行以外的投资人可以通过沪深证券交易所买卖记账式国债、上市企业债券和可转换公司债券。投资人须在证券公司开设交易账户,如果投资人已经因为投资股票开设了账户,则无须重新开户。

证券交易所的交易价格按照竞价方式进行。通过竞价交易买入债券以10张或其整数倍进行申报。卖出债券时,余额不足10张的部分,应当一次性申报卖出。债券的面值为100元。债券交易的佣金费用是成交金额的0.1%。

(三)银行间债券市场

银行间债券市场是债券的批发市场,主要交易的债券是记账式国债、金融债券、央行票据和其他经批准上市的债券。参与交易的成员为商业银行、信用社、证券公司、保险公司、财务公司、信托公司、基金公司等金融机构,个人一般不能进入交易。

四、全价交易和净价交易

全价交易是指应计利息包含在债券报价中的债券交易,其中应计利息是指从上次付息日到购买日债券产生的利息。

净价交易是以不含利息价格进行的交易,价格只反映本金市值的变化,利息按票面利率以天计算,债券持有人享有持有期的利息收入。交易成功进行清算时,以债券交易价格加上应计利息(即按全价)进行结算。

$$全价=净价+应计利息$$

目前,我国的债券交易基本采取净价交易。

五、债券的风险

(一)利率风险

利率的变化可能使债券投资人面临两种风险:价格风险和再投资风险。

1.价格风险

债券价格与利率变化呈反向变动,当利率上升时,债券价格会下跌;当利率下降时,债券价格会上涨。利率变化导致的价格风险是投资人面临的最主要风险。

2.再投资风险

利息再投资收益的多少主要取决于再投资发生时的市场利率水平。如果利率水平下降,投资人获得的利息只能按照更低的收益水平进行再投资,这种风险就是再投资风险。

（二）信用风险

信用风险是有关债券发行人信用的风险,主要有违约风险和评级风险。

违约风险是债券的发行人不能按照契约如期如额地偿还本金和支付利息的风险。

评级风险是指在债券市场上,可以根据评级机构所评定的债券信用等级来估计债券发行人的违约风险。当评级机构调低债券的信用等级时,就会影响投资人对该债券的信用风险评估,进而会反映到债券的价格。这种由于信用等级下降带来的风险被称为评级风险。

（三）提前偿还风险

某些债券赋予发行人提前偿还的选择权。可赎回债券的发行人有权在债券到期前提前偿还全部或部分债券。从投资人的角度讲,提前偿还有不利之处:第一,提前偿还会导致未来现金流不确定。第二,当利率下降时,发行人要提前赎回债券,投资人面临再投资的风险。第三,当利率下降时,债券价格上升,而提前偿还就会减少债券本利的潜力。

（四）通货膨胀风险

通货膨胀风险是指由于通货膨胀的存在,对债券名义收益的实际购买力造成的损失。

（五）流动性风险

流动性风险是指投资人不能将金融资产迅速地、不受损失地转换成现金资产时所面临的风险,通常也被称为变现风险。

（六）汇率风险

如果债券是以外国货币计价的,则债券支付的利息和偿还的本金能换算成多少本国货币取决于当时的汇率。如果未来本国货币升值,则按照本国货币计算,投资收益将会降低,这就是债券的汇率风险。

（七）事件风险

事件风险是指某些突发事件对债券价格产生影响，如公司重组、政策变动等。

六、债券评级

债券评级最主要是为了方便投资人进行投资决策。投资人投资债券是要承担一定风险的，其中最大的风险是信用风险，也就是发行人不能如期偿还本息。因此，对于广大中小投资人来说，事先了解债券的信用等级是非常重要的。国债不存在违约风险，金融债券安全性也很高，而公司债券则有一定的违约风险。

债券评级的另一个重要缘由，是降低信誉高的发行人的筹资成本。一般来说，信用等级高的债券，能够以较低的利率出售；而信用等级低的债券，风险较大，只能以较高的利率发行。专门的信用评级机构，如美国主要有晨星公司、标准普尔公司等，它们主要用字母等级表示发行人所发行债券的安全性，其评级的方法如下：信誉极高的评级为 AAA、AA；高信誉的评级为 A、BBB；投机性的评级为 BB、B；信誉极低的评级为 CCC、CC、C。建议广大中小投资者选择高等级债券进行投资。

七、可转换公司债券

可转换公司债券是公司债券的一种，是发行时标明价格、利率、面值、偿还或转换期限，持有人有权到期赎回或按照规定期限和价格将其转换为普通股票的债务性证券。可转换公司债券具有债券和期权的双重属性，持有人可以选择持有债券到期，获得发行公司的还本付息，也可以选择在转股期内换成股票，享受股息分配或资本增值。可转换公司债券对于投资人来说是可以保证本金的股票。

可转换公司债券的固定利息比普通公司债券要低，其差额反映换股的价值。当可转换公司债券失去转换意义时，它依然有固定的利息，如果实现转换，投资人则会获得卖出股票的收入或获得股息收入，因此，可转换公司债券具备了股票和债券的双重属性，结合股票的长期增长潜力和债券安全与收益固定的优势，是一种攻守兼备的投资工具。

分离交易可转换公司债券是可转换公司债券的一种，它与普通公司债券的区别在于债券与期权可分离交易。分离交易可转换公司债券不设置重设和赎回条款，有利于发挥发行公司通过业绩增长来促成转股的正面作用，避免了普通可转换公司债券发行公司不通过提高公司业绩，以不断向下修正转股价格或强制赎回方式促成转股，而给投资人带来的损害。如果上市公司公告改变募集资金用途，分离交易可转换公司债券持有人与普通可转换公司债券持有人同样被赋予一次回售的权利,从而极大地保护了投资人的利益。

分离交易可转换公司债券具有以下优点:第一,投资人可以获得还本付息。第二,当认股权证行使价格低于正股市价时,投资人可以通过转股或出售权证在二级市场套利,而不必担心发行公司在股价升高时强制赎回权证。第三,当认股权证行使价格高于正股市价时,投资人可以选择放弃行使权证,而权证通常是发行公司无偿赠与的。

八、资产担保债券

资产担保债券(资产证券化)是指企业或金融机构将其能产生现金收益的资产加以组合,然后发行成债券,出售给投资人,向投资人筹措资金。

资产担保债券主要分为两类:一类是住房抵押贷款担保债券;另一类是非住房抵押贷款担保债券,包括汽车贷款担保债券、信用卡贷款担保债券、商业不动产抵押贷款担保债券、公司应收账款抵押担保债券等。

资产担保债券属于固定收益型证券,其特征是现金流量的可预测性。也就是说,任何资产要成为证券化的标的物,其现金流量应当可以在适当评估之后,达到相当的稳定性。只有这样,才有可能利用标的资产产生的现金流量支付证券所发行债券的本金和利息。

目前,我国金融市场上资产担保债券很少,在此只做简单介绍。

九、债券投资技巧

债券的种类较多,如国债、公司债、企业债、可转债,虽然都是稳健型投资工具,但是不同的债券有其不同的特点,信用强度、时间周期、产品特性都不一样。因此,在不同情况下选择不同的债券,需要掌握一些技巧。

(一)信用优先

债券的信用有所不同,从排序来看,国债优于企业债、公司债、可转债。从信用角度看,我们应该优先投资国债。国债以国家信用做保证,是一个国家最强的信用保证,几乎等同于货币的信用度,违约概率最低。其他债券都是以公司信用做保证,当然企业债会有一定金融机构担保,但是本质还是要看公司或企业的资产状况,这就需要对公司和企业有一定的了解和研究。如果要投资公司和企业债券,一定要投资最高信用等级的债券,同时要对公司和企业的资产状况进行适当研究,把违约风险降到最低。而对于没有什么研究能力的投资者，如老人等，投资凭证式国债是最简单和安全的。

（二）时间优先

中长期债券的投资年限各不相同，但是债券是债权债务关系凭证，到期偿还的风险主要集中在发行主体的资产状况，从风险的角度看，时间越长，风险越大。收益的情况还取决于利率的波动，长期债券的利率风险也相对较高，所以尽量投资中短期债券。

（三）周期投资可转债

可转债和其他债券相对不一样，它既具有债券的特性，又兼顾了股票的波动性，如果不是坚定将债券持有到期的情况下，倾向于投机的，那么保守型投资者需要尽量规避可转债投资，因为可转债跟随股票股价波动，有一定的本金损失可能性。如果期望持有债券到期的，则在股票市场低迷阶段，投资可转换公司债券可能是一种较好的选择，因为它进可以攻、退可以守，收益更有保障。

（四）投资债券基金

投资债券基金是一种很好的方式，可以间接投资金融债券，同时也有专业人士帮助你控制风险。债券种类很多，持有期间也会有价格波动，如果不了解债券特性，也不愿意承受持有期间波动，还想避免掉坑，投资债券基金是一个不错的选择。

第二节　中长期债券价值计算

中长期债券投资时，作为稳健型投资者一般采用持有到期的做法，可以保证本金的安全，但是也有一些投资者可能会进行债券投机，低买高卖赚取差价，这个时候就需要对债券的价值进行计算，只有知道债券的价值，才能对债券的价格高低有所判断。

一、债券价值计算公式

债券是债权债务关系凭证，持有到期债券的收益一般是可以预计的，未来预计会有本金利息等现金流入，投资债券的人预期能够获得未来的利息和本金回收所对应的现值，这个现值就是债券价值。利息和本金回收是债券所带来的现金流入的主要部分。另外,当债券出售时所能获得的现金也是债券价值的一部分。用收入资本化定价理论进行资产估值时,资产的价值取决于预期的现金流量,并且这些现金流量会根据投资者的折现率进行贴现。简言之,资产价值就是投资者能够从该资产上获得的未来现金收入的折现值。因此,其计算公式为:

债券价值=未来各期利息收入的现值合计+未来到期本金或售价的现值

即

$$国债当前价值(PV) = \frac{FV}{(1+I/Y)^t} + \sum_{i=1}^{t} \frac{FV \times r}{(1+I/Y)^t}$$

其中,FV 为中国债的面额,r 为利息率,t 为到期时间,(I/Y) 为通货膨胀率。

二、债券的久期和凸性计算

久期和凸性是用来评估债券利率风险的关键指标。久期,又称持续期,以当前收益率将未来现金流折现成现值,然后对现值和距离现金流发生时间的时间进行加权平均。凸性也是用来测量债券价格变化对利率变化的敏感度,通过计算债券价格相对于久期的二阶导数来进行评估。久期的计算公式为:

$$D = \frac{1}{P} \sum_{t=1}^{T} \frac{tC_t}{(1+y)^t}$$

凸性是指债券价格曲线的弯曲程度,其体现为收益率变化 1% 所引起的久期的变化。债券价格曲线越弯曲,凸性越大,用修正久期度量的利率风险所产生的误差也会越大。因此,凸性是一种用来衡量债券价格收益率曲线曲度的指标。

即使两个债券的久期相等,它们也可能有不同的风险,这取决于它们的凸性。如果收益率增加相同的数量,凸性小的债券价格下降得更少;如果收益率下降相同的数量,凸性大的债券价格上涨得更多。因此,凸性是影响债券价格变动幅度的关键因素。

例如,某平价债券息票率为 10%,期限为 5 年,初始收益率为 10%,本年付息一次,则债券麦考利久期为:

$$D = \frac{1}{100} \sum_{t=1}^{10} tC_t \Big/ \left(1 + \frac{10\%}{2}\right) = 8.11$$

麦考利久期以年为计算单位。对于普通债券而言,麦考利久期介于 0 和债券存续期之间;零息债券的麦考利久期就是债券的存续期。

【开胃阅读】

久期概念的理解

久期这个概念理解起来相对比较困难,通俗地讲,久期是指我们投资某个债券的本息,全部收回来所需要的时间。但是这里的时间是加权时间的总和,而不是时间的简单相加。

以 0 利率来举个例子。

假设张三分别借给李四和赵五 10000 元,约定的是 2 年到期还钱,不需要利息。李四 2 年到期一次性还清,赵五也是 2 年还清,但是分两次还,第一年还了 6000 元,第二年还了 4000 元。

我们就可以算久期了,李四的久期是 2 年。

赵五的久期要算加权时间,第一年还款 6000 元,第二年 4000 元,那么第一年的加权时间 $T_1 = (6000/10000) \times 1 = 0.6$ 年,第二年还款的加权时间 $T_2 = (4000/10000) \times 2 = 0.8$,赵五的久期就是 $T_1 + T_2 = 0.6 + 0.8 = 1.4$ 年。

所以,我们可以这样理解,张三收回李四的钱用了 2 年时间,即久期为 2;张三收回赵五的钱用了 1.4 年,即久期为 1.4。

通过这样一个 0 利率的例子,我们就可以较明晰地理解一张 10000 元的债券,2 年期归还所需要的久期了。

以此类推,计算有利息债券的久期,只要把每次流入的现金按照利率进行贴现,然后再计算加权时间以及时间和,就能得到有利息收入的久期了。

第三节　中长期低风险理财产品和基金

理财产品一般是指银行或者券商推出的理财计划,由银行或券商发行,由专业金融投资机构管理,客户最终按照自己的投资比例获得收益分配,类似于基金,也可以说就是银行或券商推出的"基金"。因此,银行或者券商的理财产品其实和基金是同一类产品。

基金有很多种分类,理财产品同样有很多种分类,作为家庭稳健型的投资工具,建议选择本金安全、收益稳健的"保本类"理财产品。

一、中长期低风险理财产品

低风险收益理财产品又称保本浮动收益理财产品,一般是指银行保证投资人的本金安全,投资收益按合同约定在银行和投资人之间进行分配的理财产品。这种理财产品风险相对较低,大部分风险由银行承担。

2018年,人民银行、银保监会、证监会、外汇局联合出台了《关于规范金融机构资产管理业务的指导意见》(简称资管新规),取消了银行理财的保本要求,因此,目前所有的产品不能再冠以"保本"二字。但是这类产品的需求、产品的结构设计依然存在,也比较受客户喜爱。在选择理财产品的时候,可以选择低风险的理财产品,一般情况下,低风险理财产品基本上能保证本金安全。

(一)银行理财产品风险分级

银行低风险理财产品主要是货币市场投向和债券投向的理财产品,还有一些是与定期存款相结合的固定期限理财产品,在银行的风险评级里面一般都是最低风险(R_1级别)的理财产品。下面我们简单了解下银行理财的分级标准。

1.风险等级 R_1 级(谨慎型)

该级别理财产品的本金一般由银行保证,可以得到完全偿付,产品收益随投资表现波动,但是较少受市场波动和政策法规等相关风险因素的影响。产品主要投资高信誉等级的债券、货币市场等一些低风险基础金融产品。

2.风险等级 R_2 级(稳健型)

对于该级别的理财产品,银行并不保证本金的偿付,但是一般本金风险相对较小,收益浮动相对是可控的。产品主要投资一些高信用等级的债券、同业的金融机构拆借存款,适当增加较小比例股票、商品和外汇产品,同时此产品会增加一些外部担保、分层结构、衍生交易等来降低风险,尽量保证本金安全。

3.风险等级 R_3 级(平衡型)

对于该级别的理财产品,银行也是不保证本金的偿付,而且有一定的本金损失风险,收益浮动波动大。产品主要投资中等信用等级的债券、同业金融存款等,同时增加股票、商品等风险资产,但是原则上风险资产占比不超过30%,本金的保障比例一般要做到90%以上。

4.风险等级 R_4 级(进取型)

对于该级别的理财产品,银行不保证本金的偿付,此类产品的本金风险比较大，收益浮动波动大。产品主要投资低风险的债券，股票、商品和外汇等较高风险资产的投资占比也适当增加，可以突破30％的界限。

5. 风险等级 R_5 级（激进型）

对于该级别的理财产品，银行不保证本金的偿付，此类产品的本金损失风险可能性大，收益波动也巨大。产品主要投资股票、商品和外汇等高风险资产，同时还可能采取杠杆交易、衍生交易等增加风险和收益。

稳健型投资者通常选择 R_1 和 R_2 级别的银行理财产品进行理财。

（二）券商的低风险理财产品

券商和银行作为传统金融机构平台，同样可以发行与银行差不多的低风险理财产品，如偏货币、偏债券类的集合理财产品，同时还可以发行一些具有券商特色的低风险理财产品，如收益凭证、质押式回购报价、打新股理财等。

收益凭证是指由证券公司发行，约定本金和收益的偿付与特定标的相关联的有价证券。特定标的一般包括但不限于货币利率、基础商品、证券价格或者指数等。收益凭证的收益一般进行分层，由固定与浮动两部分组成，其中浮动收益与沪深300指数相关联，具有一定的风险性，关联方向有看涨、看跌等，收益随指数波动。一般来说，收益凭证是一个债权债务关系，就是券商向投资者借钱，可以固定收益还钱，也可以浮动收益还钱，但是一般都对本金有保证，收益凭证的门槛一般5万元起步，总体来说，本金由证券公司保证，算是低风险理财产品。

质押式回购报价是指证券公司以约定的利率向投资者借钱，并以券商自己的资产进行抵押。金融机构向你借钱，并提供了担保，一般情况下本金损失的风险比较小，如果按照银行理财的评级标准可以评级到 R_1 或者 R_2，因此也是低风险理财产品。

二、中期固收类基金

上面我们也提到，理财产品和基金本质是一样的，只是管理人和发行渠道有差异。从基金的角度看，低风险的基金产品通常以固收类基金产品为主。固收类基金一般指的是投资债券等预期固定类收益的基金，它的收益本身是浮动的，但是波动幅度没有股票型基金那么大，总体来说风险更小，预期收益也更低。

固收类基金是我们通俗的说法，并不准确列入基金分类中的一类，属于混合类基金，只是基金投资的产品偏向固定收益类资产。固收类基金将主要资产投资于固定收益资产，因此，收益相对比较稳定，本金安全性高，是稳健型投资者偏爱的投资工具(见表 6-1)。

表 6-1　固收类基金的资产配置

基金类型	资产配置	投资比例
混合债券型一级基金	固收＋可转债	债券等固定收益类资产占基金比例不低于 80％
混合债券型二级基金	固收＋可转债＋股票＋打新	债券等固定收益类资产占基金比例不低于 80％,权益类资产占基金比例为 0—20％
偏债混合型基金	固收＋可转债＋股票＋打新＋衍生品	债券等固定收益类资产占基金比例不低于 60％,权益类资产占基金比例为 0—40％
灵活配置型基金	固收＋可转债＋股票＋打新＋衍生品	权益类资产占基金比例最高可达 95％
偏债母基金(FOF)	固收＋可转债＋股票＋基金＋打新	公募基金占资产比例不低于 80％

因固收类基金投资标的性质,固收类基金收益与中长期债券收益差不多,相当于一个专业的机构在帮着买卖不同的中长期债券。产品之间收益的不同主要是投资结构的不同,基金的投资资金在固收类资产和权益类资产的分配比例不同,收益自然不同。例如,一只基金超过 80％的资金投资固定收益类资产、不到 20％的资金投资权益类资产,另一只基金超过 70％的资金投资固定收益类资产、不到 30％的资金投资权益类资产,那么这两只基金的收益和风险肯定是不同的,后一只的风险和收益很有可能超过前一只。

随着投资基础产品的不断创新,固收类基金也在不断地衍化发展,但是从投资产品的结构化来看,债券等固定收益类资产占绝大多数的比重,这一特点是不会变化的。

三、选择银行理财产品和基金的技巧

银行理财产品与基金的本质是由专业的机构帮助购买和管理基础的投资工具,如股票、期货、债券、货币市场产品等,不同的理财产品、不同的基金买卖的基础投资工具不同,所以产品收益和风格也完全不同。

(一)要看懂产品说明书

买理财产品或者基金一定要看懂产品说明书,要明确知道这类产品是投向什么的,期限、赎回方式等如何,如果你看不懂产品说明书,那建议不要轻易购买该产品。

（二）不要被产品年收益率蒙蔽

很多银行理财产品写了很高的预期收益，一般情况下，产品说明书上的这个收益是预期的，并不能保证你最终取得这个收益。产品的预期收益往往根据产品历史最好业绩来测算，历史取得的并不代表未来就一定能取得，所以对于高收益要保持警惕。

（三）尽量选择低风险银行理财产品

银行理财产品与基金本质相同，但是发行渠道不一样，银行理财产品往往更擅长货币市场类型的理财，相对风险低，收益高，是比较合适的安全性投资工具。如果选择高风险的，往往是与股票相关，收益波动大，那不如直接买卖股票或者股票型基金，至少这类产品，基金公司更擅长。

（四）要多研究少行动

在下定决心买理财之前，一定要储备一定的理财知识，知道产品的投向、风险概况、产品的期限、赎回方式等，多与理财经理交流，争取理解每一个要点，仔细研究销售合同，确定风险和收益情况后再确认是否购买。

（五）分散购买

理财产品和基金都可以采用分散的方式购买，分散风险的同时也会分散收益，但是能更好地保护本金。理财的原则建议首先保证本金安全，其次考虑收益高低。

第四节　储蓄型养老金

储蓄型养老金是一种中长期投资，主要通过储蓄的方式获得养老金，它是年金保险的一种特殊形式，主要为老年人生做长期规划，通常又被称为退休金养老保险，也是社会养老保险的补充。储蓄型的养老金目前主要由保险公司提供服务，商业性养老保险的被保险人一般在缴纳一定的保险费以后，可以从一定的年龄开始领取自己的养老金。被保险人在退休之后收入可能有所下降，如果有了储蓄型商业养老金的帮助，那么仍然可以保持较好的生活水平和生活质量。储蓄型的商业养老保险，如无特殊条款规定，则投保人缴纳保险费的时间间隔相等、保险费的金额相等、整个缴费期间的利率不变且计息频率与付款频率相等。

与商业养老金相对应的是社会保险中的养老金，这同样也是属于储蓄型的养老金,也是长期稳健投资的重要投资工具。

一、强制的储蓄养老金

社会保险是政府的强制保险,社会保险中的养老保险就是典型的储蓄型养老保险,是劳动者在达到法定年龄退休后,可以从政府和社会得到一定退休金的一项社会保险制度。《中华人民共和国社会保险法》第十条规定,职工应当参加基本养老保险,由用人单位和职工共同缴纳基本养老保险费。

2022年1月起,全国将统一执行国家核准的参保单位和个人缴费比例。调整后,养老保险的缴费比例统一为单位缴费16%,个人缴费8%。

此外,个体工商户和灵活就业人员参加企业职工基本养老保险时,可以在本省全口径城镇单位就业人员平均工资的60%至300%之间选择适当的缴费基数,其缴费比例为20%。

值得注意的是,这些政策可能会随着时间和具体情况的变化有所调整,因此建议参保人员定期关注当地人力资源和社会保障部门发布的最新通知和指南。

二、职工个人储蓄养老金

职工个人储蓄性养老保险是我国多层次养老保险体系的一个组成部分,是职工自愿参加、自愿选择经办机构的一种补充保险形式。社会保险机构经办的职工个人储蓄性养老保险,由社会保险主管部门制定具体办法,职工个人根据自己的工资收入情况,按规定缴纳个人储蓄性养老保险费用。该保费记入当地社会保险机构在有关银行开设的养老保险个人账户,并应按不低于或高于同期城乡居民储蓄存款利率计息,以提倡和鼓励职工个人参加储蓄性养老保险,所得利息记入个人账户,本息一并归职工个人所有。职工达到法定退休年龄经批准退休后,凭个人账户将储蓄性养老保险金一次总付或分次支付给本人。职工跨地区流动的,个人账户的储蓄性养老保险金应随之转移;职工未到退休年龄而死亡的,记入个人账户的储蓄性养老保险金应由其指定人或法定继承人继承。实行职工个人储蓄性养老保险的目的是扩大养老保险经费来源,多渠道筹集养老保险基金,减轻国家和企业的负担,这有利于消除长期形成的保险费用完全由国家"包下来"的观念,增强职工的自我保障意识和参与社会保险的主动性,还能够促进对社会保险工作实行广泛的群众监督。

个人储蓄性养老保险可以实行与企业补充养老保险挂钩的办法,以促进和提高职工参与的积极性。

三、商业补充养老金

储蓄型的商业养老金有很多种,大体上可以分为三类:传统型养老险、分红型养老险、万能型寿险。万能型寿险领取方式相对比较灵活,可以根据自己的需要随时提出申请,传统型养老险和分红型养老险通常有三种领取方式:保证领取、终身领取或一次性趸领。

传统型养老险,是以固定的费率及生命表作为费率厘定基础的养老保险,固定缴费、定额利息、固定领取,每年固定投保,到期后以一个固定利率算出养老金,并开始固定领取养老金,通常来说从什么时间开始领养老金、领多少钱,都是投保时明确选择和预知的。该产品的优势是回报固定,一般不受利率影响,在出现零利率或者负利率的情况下,也不会影响养老金的回报利率。它的缺点是可能存在贬值的风险,一般适合年龄偏大的保守投资者。

分红型养老险,通常有保底的预定利率,但这个利率可能要比传统养老保险稍低。分红险除固定生存利益之外,最重要的是每年可能有不确定的红利获得。它的优势是收益与保险公司经营业绩挂钩,收益具有一定的浮动性,理论上有回避或者部分回避通货膨胀的功能,使养老金相对保值甚至增值。它的缺点是分红不确定,也有一定的损失可能性,一般适合理财比较保守,但是又容易冲动消费,比较感性的投资人。

万能型寿险类似券商的收益凭证,这类产品一般约定一个最低收益,还有不确定的额外收益。它的优势是下有保底利率,上不封顶,每月公布结算利率,按月结算,复利增长,可有效抵御银行利率波动和通货膨胀的影响。它的存取灵活是优势也是劣势,对储蓄习惯不太好、自制能力不够强的投资者来说,可能最终存不够所需的养老金,比较适合理性、坚持长期投资、自制能力强的投资者。

四、储蓄养老金适合的人群

任何一种金融产品,都有其适合的人群和场景,储蓄养老金也不例外。除了社会保险具有强制性、政府主导保证性,其他的储蓄养老金都是完全自愿的。结合收益、风险和周期因素,储蓄养老金适合以下人群:

一是风险偏好低,保守型和稳健型投资者。商业养老储蓄收益不会太高,可以和国债做个类比,风险也很低,本金的安全性有保证。

二是长期投资者。商业养老储蓄最短是 5 年周期,在个人投资组合里面,长期的储蓄养老金可以是期限最长的,主要是为养老做准备的。

三是基本养老保险缴费基数少的人群。特别对于一些灵活就业人员来说,商业养老储蓄可以作为一个保障补充,如果养老金完全依赖国家的基本养老保险,生活质量可能会偏低,可以用商业养老储蓄补充养老金提高退休生活质量。

第五节　公募基金

一、公募基金概述

基金是为了实现特定目标而筹集一定数量的资金。基金的募集方式可分为公开募集型基金(公募基金)和非公开募集型基金(私募基金)。

(一)公募基金的概念

公募基金与私募基金相比,它面向公众开放,无需太高的门槛。在我国,公募基金采用契约型组织形式,受政府监管,运作受限。公募基金是由基金公司向公众募集资金并以此投资股票、债券、货币市场等资产的一种集合式投资工具。其投资范围广泛,风险较为分散,投资者可享受专业的基金管理服务,并在基金管理公司专业人士的管理下,以相对较低的成本获得更高的收益。公募基金的特点是投资门槛低、流动性好、透明度高、方便市民投资,是个人理财的重要手段之一。

(二)公募基金的优点

1. 专业投资管理

公募基金充分利用专业化的投资管理手段,由专业的投资策略和管理团队进行投资,使投资方向更加明确、投资组合更加精准、风险管理更加科学,可以更好地保护投资者的权益。

2. 灵活多样的投资策略

与其他投资方式相比,公募基金的投资策略更加灵活多样,它可以通过不同的资产组合和风险管理技巧应对不同的市场环境,满足不同投资者的需求,从而实现更加有效的资产配置和风险控制。

3. 高度流动性

公募基金是一种开放式的投资产品,具有高度的流动性,投资者可以根据自己的需要随时购买或赎回基金份额,方便快捷,无需考虑市场深度和时间限制,降低了投资者的交易成本,减轻了投资者的心理负担。

4. 透明度高

公募基金的投资组合、净值、风险收益等数据都是公开透明的,投资者可以通过各种渠道了解基金的实时动态和投资情况,从而更好地了解和掌握自己的投资进程,降低投资风险。

5. 风险分散

公募基金的投资组合通常由多种不同类型的投资资产构成,如股票、债券、货币市场工具等,可以较好地实现风险分散,避免单一投资品种的风险,降低了投资者的投资风险。

（三）公募基金的各个主体

公募基金的主体包括基金公司、基金经理、基金托管人、基金销售机构、基金投资者。基金公司是公募基金的主体之一,具有基金销售、基金管理、基金运作和基金产品开发等职责。基金经理是基金公司的核心员工,负责制定和执行基金的投资策略。基金托管人是独立于基金公司的专业机构,负责托管基金资产并维护基金投资者的权益。基金销售机构是基金公司委托的销售渠道,包括银行、证券公司、保险公司等。基金投资者是购买公募基金份额的个人或机构,需要对基金产品进行风险评估和选择。

二、公募基金的主要分类

（一）根据"投向"分类

1. 股票型公募基金

这类基金投资股票市场,收益和风险较大,适合有一定风险承受能力,且有较长期投资计划的投资者。

2. 债券型公募基金

这类基金主要投资债券市场,收益相对稳定,适合偏好稳健投资或者需要固定收益的投资者。

3. 混合型公募基金

这类基金的投资组合包含股票和债券等不同投资品种,分散风险。对于那些对于风险和收益都有一定要求,且投资周期较长的投资者,混合型基金提供了一种平衡的选择。

4. 货币型公募基金

这类基金主要投资短期货币市场,风险较低,收益相对稳定,适合需要进行短期理财的投资者。

5. 指数型公募基金

这类基金的投资策略是模拟某个市场指数,如上证指数、创业板指等。与股票型基金相比,指数型公募基金的收益和风险相对较低。

6. QDII 基金

QDII 基金是指境内基金公司可以向境内投资者发售的,通过国内外汇交易中心或境内商业银行买卖外汇,投资境外金融市场股票、债券、基金等金融工具的公募基金。QDII 基金适合对于国内市场趋势不确定,同时具有海外投资理财计划的投资者。

(二)根据"投资策略"分类

1. 主动管理型基金

主动管理型基金由专业投资经理管理,目的是通过主动选择投资组合来实现超越基准指数的表现。投资经理在选择投资组合的时候可以选择不同的证券,根据市场变化和经济形势动态管理组合,从而实现长期超越基准指数的目标。主动管理型基金通常会收取较高的管理费用,但也有更大的资产配置自由度,具有可能实现更高投资回报的潜力。

2. 被动管理型基金

被动管理型基金是指追踪特定市场指数或指数组合的基金。被动管理型基金的投资组合被设计为与所追踪的指数的成分股票或其他资产相同,以达到与指数相似的表现。

被动管理型基金的优势在于管理费用较少。相对于主动管理型基金,被动管理型基金的投资组合调整频率较低,因此一般要求的管理费用较少。此外,被动管理型基金的投资组合是根据市场指数或指数组合设计的,所以投资者可以在市场上获得与指数相似的收益。

被动管理型基金的缺点在于无法超越市场表现。被动管理型基金的投资组合是根据市场指数或指数组合设计的,它的投资组合不会因为管理人员的判断或预测发生重大变化,这意味着有可能错失某些高收益的机会。

三、操作流程

(一)发行公募基金流程

第一步,基金管理公司确定发行计划。

第二步,基金管理公司召开信托合同签署仪式,与托管行、备案登记人、基金销售机构签署托管行、备案登记人与基金管理公司之间的托管协议、备案登记协议。

第三步,基金管理公司编制基金说明书。

第四步,基金管理公司委托会计师事务所对基金说明书及其附表进行核查,并出具核查报告。

第五步,基金管理公司向证监会申报发行计划。

第六步,证监会对基金说明书进行审查,如有问题要求基金管理公司补充材料、修改说明书。

第七步,证监会核定基金发行的金额、份额及发行价格。

第八步,基金管理公司委托机构在指定的销售期间向公众发行基金。

第九步,公众投资认购基金份额并支付认购款。

第十步,发行完成后,基金管理公司将基金份额交由托管行保管,并向基金登记场所备案登记人领取基金证券代码。

第十一步,基金管理公司将基金份额发给认购人,并公布发行信息,为认购人提供投资组合报告、净值估算报告、基金公告等信息。

第十二步,基金管理公司定期公布基金净值、资产规模变动状况、收益情况等信息。

第十三步,基金管理公司定期为基金持有人提供基金业绩分析、投资建议等服务。

(二)购买公募基金方法

1.银行购买

银行购买公募基金的方法一般有以下几种。

一是在银行开通基金账户,直接购买公募基金产品,可通过柜台、网银、手机银行等渠道进行申购和赎回。

二是在银行购买柜台式基金,银行销售人员会提供基金产品的资料和建议,帮助客户选择适合自己的基金产品。

三是在银行的基金定投计划中选择公募基金产品,客户可以定期定额投资公募基金。

2.券商购买

券商可以通过以下几种方法购买公募基金。

一是托管账户购买。券商可以开设托管账户,通过该账户购买公募基金,这是最常见的购买方式。

二是客户端购买。很多券商都有自己的交易客户端,客户可以通过客户端购买公募基金。

三是线下购买。券商也可以通过线下的投资顾问或柜台进行公募基金购买。

券商购买公募基金的流程如下:第一步,开立券商托管账户或注册券商客户端账户;第二步,调研公募基金,选择适合自己的基金;第三步,下单购买公募基金;第四步,确认交易并支付费用;第五步,基金份额出现在券商账户中。

四、公募基金适合人群

公募基金适合没有足够的投资经验或时间的投资新手、想要分散投资风险的投资者、对股市或债市缺乏专业的知识或分析能力的投资者、将资金放在长期投资的基金中以实现资本增值或收入提高的投资者、有稳定的收入来源而不必将全部资金投入股票或债券市场的投资者、无法在资本市场中花费大量时间和精力的投资者。总之,公募基金适合那些想从市场赚取收益但没有时间、知识和经验来管理自己投资组合的人群。

五、公募基金年综合平均收益率

公募基金年综合平均收益率是指某一时间段内所有公募基金的平均收益率。这个收益率可以反映整个市场的投资表现,因此是很多投资者关注的指标之一。

公募基金的收益率是根据其所持有的资产在一定时间内的涨跌幅度来计算的。通常情况下,公募基金的年综合平均收益率会受市场环境、基金投资策略、基金经理能力等因素的影响。

投资者可以通过基金公司的网站、基金信息平台、财经媒体等途径了解公募基金的年综合平均收益率。但需要注意的是,这个收益率仅是参考指标,不代表该基金的实际收益情况。投资者在选择基金时还需考虑其他因素,如风险偏好、个人投资目标等。

六、实训任务

(一)公募基金的开户

开户要提交申请表格(见表6-2)。

表 6-2 开放式基金账户业务申请表

提示:投资人在填写此申请表前必须认真阅读所购买基金的《招募说明书》《基金合同》及本表附属条款

<table>
<tr><td colspan="3" align="center">投资人填写</td></tr>
<tr><td>开户类型</td><td colspan="2">□开基金账户　　□增加交易账户　　□基金账号登记</td></tr>
<tr><td>产品名称</td><td colspan="2"></td></tr>
<tr><td>基金账号
(新开户免填)</td><td></td><td>传　真</td></tr>
<tr><td>证券账户</td><td colspan="2"></td></tr>
<tr><td>开户银行全称</td><td colspan="2"></td></tr>
<tr><td>银行账号</td><td colspan="2"></td></tr>
<tr><td>申请人/经办人声明
　　本机构已了解国家有关开放式基金的法律、法规及相关政策,愿意接受本基金的《招募说明书》《基金合同》及本表附属条款的约束。本机构保证所提供的资料真实、有效,并自愿履行基金投资人的各项义务,自行承担基金投资风险,确认本申请表所填信息的真实性和准确性,承诺在所填信息变更时及时更新。本机构亦保证资金来源和用途的合法性。特此签章。本经办人具有完全民事行为能力,并获得充分授权进行此项交易。</td><td colspan="2">机构申请人单位公章:

法定代表人签章:

经办人签章:　　年　　月　　日</td></tr>
<tr><td colspan="3" align="center">以下内容由直销中心填写</td></tr>
<tr><td>客户经理(经理人)</td><td>录入人</td><td>复核人</td><td>直销中心盖章</td></tr>
<tr><td></td><td></td><td></td><td></td></tr>
</table>

注:以上信息代表您的申请已被接受,并非确认成交。最终结果以登记注册机构的确认为准。您可以在T+2日(自申请接受之日起第二个工作日)到本直销中心进行查询或打印"交易清单",也可以通过本公司网站或客户服务电话进行查询。

申请日期:　　年　　月　　日

(二)构建公募基金组合

根据系统里的公募基金信息,结合自己的投资策略,选择一定的公募基金组合(见表6-3)。

表 6-3　基本投资组合记录

产品名称	基本信息			
	买入价格/元	买入数量/份	买入时间	所占仓位/%
易方达消费行业股票	3.9690	1000	2023 年 3 月 18 日	20

（三）公募基金报告的阅读与分析

公募基金报告是出发行基金管理公司编制和发布的一份详细的文件,旨在向公众和投资者提供有关某一公募基金的投资策略、业绩、风险控制、持仓情况和管理费用等方面的信息。公募基金报告通常包括基金的目标、投资标的、投资策略、业绩表现、费用信息、风险控制措施、基金经理等,投资者可以根据这些信息评估基金的投资潜力和投资风险,从而做出投资决策。在购买公募基金之前,投资者应该认真阅读相关的公募基金报告,并结合自己的投资目标和风险承受能力做出投资决策。

在阅读公募基金报告的时候,要有一定的技巧,要注意以下信息。

第一,阅读基金公司的背景介绍,了解其历史和运作模式等信息。

第二,仔细阅读基金经理的介绍,关注其从业经验、投资风格等信息。

第三,关注基金的投资策略和投资范围,如是偏重股票投资还是债券投资,投资的行业、地区等。

第四,仔细查看基金的投资组合,了解其投资具体标的、比例等信息。

第五,关注基金的业绩表现,例如在过去的一年、三年、五年等期间的回报情况和相应的指标表现。

第六,注意基金的风险提示,了解其可能的风险因素和应对措施。

第七,结合自己的投资需求和风险承受能力等因素,进行适当的评估和判断,选择适合自己的基金产品。

（四）公募基金的定投计划与实操

根据自己对基金信息的分析,制定一个对基金定投的计划和实操方案。

1.实操中的基金选择

第一,了解自己的风险承受能力。投资者应该首先了解自己的风险承受能力,这将有助于选择适合自己的基金。如果一个投资者的风险承受能力较低,他应该选择相对稳健的基金。

第二,研究基金的历史表现。考虑基金的历史表现也是选择公募基金的一项重要技巧。投资者可以通过查看基金的收益、风险与波动性等指标进行评估。

第三,关注基金经理。基金经理是公募基金的关键人物,他们的投资策略和决策对基金的表现有很大的影响。因此,投资者应该对基金经理进行一些调查,包括他们的专业能力、经验和投资风格等。

第四,均衡投资组合。建议投资者不把所有的鸡蛋都放在一个篮子里,而是应该选择几个不同的基金构建一个均衡的投资组合。这样可以降低投资风险和波动性。

第五,注意费用。基金交易费用是投资者必须考虑的另一个因素。低费用的基金可以提供更高的回报率,因此投资者应该选择费用更低的基金。

第六,了解基金的投资对象。投资者也应该了解基金的投资对象,包括它们所投资的行业、地域和资产种类等。这将帮助投资者更好地理解基金投资的风险与回报。

2.定投的时间

公募定投可以根据不同的策略选择不同的定投时间,一般有以下几个选择。

一是定期定时,选择固定的日期和时间进行定投,如每月的第一天或每个季度的最后一个交易日。

二是长期持有,采取长期持有策略,不再关注短期波动,以稳定的投入积累长期收益。

三是条件定投,选择市场价格低位或基金净值低位时定投,可以获得更多的份额,降低投资成本。

四是分散定投,将资金分成多份,分散在不同的时间点进行定投,以减小市场波动对投资的影响。

3.定投的金额

基金的定投金额是指投资者在一定时间内定期定量投入基金的金额。一般来说,定投金额可以根据投资者的自身经济能力和投资目标来确定,但一般建议控制在自己月收入的10%—20%之间,在风险可控的前提下逐步增加。定投金额的选择也需要根据投资者对不同基金的风险等级、历史表现、业绩走势等因素进行权衡和分析。

$$每月定投金额 = \frac{收入 - 支出}{2} \quad 或者 \quad 每月定投金额 = 收入 \times 10\%$$

定投基金除了按照一定的收入比率,还要适当参考自己未来的支出和所投资基金的风险,这是一个综合的判断过程。

4.定投的周期

基金定投周期通常是每月或每季度定投一次,在一定时间内(一般为一年或两年)持续执行。定投周期可以根据个人的需求和财务状况来确定,一般建议长期持续定投,这样可以降低风险,实现资产增值。定投周期越长,对基金业绩的平均效应越大,同时也可以平滑市场波动对投资收益的影响。

基金定投的周期选择需要根据投资者的个人情况来确定,一般考虑以下几个方面。

一是理财目的。如果是长期投资理财,可以选择周期较长的定投方式,如每月、每季度或每半年等,这样可以减小市场波动对投资的影响,以便获得更稳定的收益。

二是资金情况。如果资金比较充裕,可以选择较短的定投周期,如每周或每两周一次,这样可以利用短期价格波动获得更高的收益。

三是投资品种。不同的投资品种有不同的市场波动性,需要根据其特点选择合适的定投周期。例如,稳健型基金适合选择较长周期的定投,而偏股型基金则适合选择较短周期的定投。

四是个人偏好。定投周期应该符合个人的投资习惯和偏好。如果不喜欢频繁操作,可以选择较长周期的定投;如果喜欢积极主动地调整投资,可以选择较短周期的定投。

总之,选择合适的定投周期需要综合考虑多个因素,建议投资者根据自身情况和投资目标制订合理的投资计划。

复习题

一、选择题

1. 下列不属于稳健型投资工具的是 （ ）

　　A.中期储蓄　　　　　　　　　　　　B.股票

C.固收类基金　　　　　　　　D.保本型理财产品

2. 我国发行的债券一般面值为　　　　　　　　　　　　　　　（　　）

A.100 元　　　　B.1000 元　　　　C.500 元　　　　D.10000 元

3. 债券的要素包括　　　　　　　　　　　　　　　　　　　　（　　）

A.票面价值　　　B.债券价格　　　C.偿还期限　　　D.以上都是

4. 以下哪种债券是按发行主体来划分的　　　　　　　　　　　（　　）

A.金融债券　　　B.附息债券　　　C.固定利率债券　D.信用债券

5. 信用债券是按什么进行分类的　　　　　　　　　　　　　　（　　）

A.发行主体　　　B.偿还期限　　　C.利息支付方式　D.有无抵押担保

6. 我国主要的债券交易市场不包括　　　　　　　　　　　　　（　　）

A.银行间市场　　B.股转系统　　　C.沪深交易所　　D.柜台市场

7. 下列属于债券的信用风险的是　　　　　　　　　　　　　　（　　）

A.违约风险　　　B.提前偿还风险　C.利率风险　　　D.通货膨胀风险

8. 可转换公司债券的固定利息比普通公司债券要低,其差额反映(　　)的

价值　　　　　　　　　　　　　　　　　　　　　　　　　（　　）

A.时间　　　　　B.价格波动　　　C.换股　　　　　D.公司

9. 储蓄型的商业养老保险和下列哪种工具作用相同　　　　　　（　　）

A.意外险　　　　B.债券　　　　　C.企业年金　　　D.固收类基金

10. 久期和(　　　)是衡量债券利率风险的重要指标

A.凸性　　　　　B.价格　　　　　C.利率　　　　　D.债务

11. 按公募基金的投向分类,以下哪一项不正确　　　　　　　　（　　）

A.股票型基金　　B.债券型基金　　C.公司型基金　　D.货币市场基金

二、判断题

1.储蓄的时间越长,储蓄的利率越高。　　　　　　　　　　　（　　）

2.稳健型投资者风险偏好低,可以接受本金的损失。　　　　　（　　）

3.信用债券又称无担保债券,是指仅凭债务人的信用发行的、没有抵押品作担保的债券。

4.金融债券是指向金融机构发行并融资的债券。　　　　　　　（　　）

5.久期也称持续期,是以未来时间发生的现金流按照目前的收益率折现成现值,再用每笔现值乘以现在距离该笔现金流发生时间点的时间年限求和,然后以这

个总和除以债券目前的价格得到的数值。 （　　）

6. 选择理财产品的时候最重要的是收益率,收益率越高越好。 （　　）

7. 当两个债券的久期相同时,它们的风险不一定相同,因为它们的凸性可能是不同的。 （　　）

8. 可转换公司债券具有债券和股票的双重属性,其持有人可以选择持有债券到期,获得发行公司的还本付息。 （　　）

9. 浮动利率债券是指票面利率会在某种预先规定的基准上定期调整的债券。
（　　）

10. 主动管理型基金是指凭借基金经理的专业知识和信息,主观地选择股票而建立的基金。 （　　）

三、简答题

1. 家庭常用的稳健型投资工具有哪些?

2. 分析介绍债券的种类。

3. 简述债券的久期、凸性和市场收益率的关系。

4. 如何选择公募基金? 定投基金有什么技巧?

第七章

家庭激进型投资工具

学习目标

● 了解常用家庭激进型投资工具概念及分类,知道常用激进型投资工具的使用流程和方式

● 掌握股票、期货、外汇、期权等基础投资工具的内容和特征

● 理解股票、期货、外汇等交易知识

● 了解其他常用投资工具

【导入案例】

牛顿和凯恩斯的炒股故事

牛顿是近代经典力学的开山祖师,提出了物理学上著名的万有引力定律和牛顿运动第三定律。他曾担任过英格兰皇家造币厂厂长,他也像我们很多普通人一样,有一段炒股经历。

1720 年,英国炒股风行,牛顿把自己的 7000 英镑买进南海公司股票,仅仅两个月,就赚了一倍。这笔钱是他当时造币厂厂长年薪的三倍多。虽然赚了钱,但是牛顿还是很后悔,因为南海公司股票不停地涨,他觉得买少了。当时的社会背景就是如果不买南海股,出门都不好意思跟人打招呼。南海就是谈资与时尚,妇女们都在卖掉自己的首饰投资股票。

当年 7 月,南海公司的股票涨到 1000 英镑一股,涨了八倍,这时牛顿终于忍不住了,加大资金买入,然而运气不济,1000 英镑一股恰恰是南海股票的最高价,与很多人炒股一样,牛顿买在了"山顶",南海股票一路下跌,到 12 月的时候,股价跌到原来的八分之一,重新回到起点,牛顿损失了 20000 英镑左右,这相当于他十年造币厂厂长的薪水。

炒股蒙受巨大损失后,牛顿说出了那句传世名言:"我能计算出天体运行的轨迹,却难以预料人们的疯狂。"

我们所熟知的经济学家凯恩斯同样也有炒股的历史。凯恩斯在做经济学研究之余,经常进行股票投资。他是有创见的经济学理论家,也是一个富有经验的炒股高手。他在 36 岁时的资产只有约 1.6 万英镑,但是到 62 岁逝世时,却已达 41 万英镑了。他的个人资产中,炒股的盈利占比很大。凯恩斯跟我们

普通人炒股票一样,并不是常胜将军,他的成功之道主要在于坚持,他经常能熬到走出低谷。1928 年,他曾以 1.1 英镑每股的价格买入 1 万股汽车股票,但是同样运气不济,这只股票很快下跌,并一度跌至 0.25 英镑每股,但是凯恩斯并没有自乱阵脚,也没有马上把这"烫手山芋"卖掉。他一直熬着等着,过了两年,这只股票又回到他的买入价之上,他才出手抛掉,还小赚了一笔钱。

凯恩斯与牛顿一样,在炒股成功后,也提出了自己的理论,就是著名的"空中楼阁"定理。凯恩斯在理论中提道:"股票市场的人们,并不是根据自己的需要而是根据他人的行为来做出决定的,所以这就是'空中楼阁'。""空中楼阁"是凯恩斯对股票特性的一种科学概括,是虚拟资本的形象化的一种说法。

思考:我们应该怎样认识股票,股票投资的风险和收益有什么关系?

风险性投资工具的特点是可能亏本,但也可能带来很高的投资收益。风险性投资工具主要包括股票、股票型基金(混合型基金、指数基金)、房地产(房地产投资信托基金)、黄金、外汇、非保本型的银行理财产品、非保本型的券商理财产品、非保本型的信托产品、投资连结保险、收藏品。

第一节　股　票

一、股票和股票交易的概念及相关知识

(一)股票的概念

股票是指一家公司向公众发行的所有权证书,它代表着股东在该公司所持有的一定比例所有权,股东可通过购买或出售股票分享该公司的收益和财富,并参与公司的决策和管理。每股股票代表着公司的一个单位股权,即股票持有者拥有公司的一部分所有权和决策权,并享有公司所产生的红利和资本收益。股票交易是指股票持有者通过证券市场交易所进行买卖,价格受市场供求关系影响。股票的价格波动对公司业绩和投资者的投资收益都有着重要影响。股票市场是指购买和出售股票的交易所,如纳斯达克、纽约证券交易所等。股票的价格受供求关系、公司业绩和经济环境等多种因素的影响。

以前的股票主要是纸面的股票,通常记载了股票面值、发行公司名称、股票编号、发行公司成立登记的日期、该股票的发行日期、董事长及董事签名、股票性质等事项。无纸化股票是指投资者将股票登记和转移的过程完全在电子化系统中完成,不再使用传统的纸质证券。我国在推进资本市场现代化和信息化的过程中,也在积极推进无纸化股票的发展,具体措施包括建设证券登记结算机构和证券登记结算业务管理信息系统,推广电子化投资者账户和证券委托交易系统等。目前,无纸化股票已经成为我国资本市场的重要标志之一,极大地提高了证券交易的效率和安全性。

(二)股票的特点

1.收益性

股票最基本的特征就是收益性。股票是一个市场上可流通的商品,价格随供求关系不断波动。因此,在投资股票的时候,最基础的是能获得投资的差价收益。同时,股票的投资也是权益的投资,持有股票可获得公司分红、股票增值及参与公司治理等权益。差价收益和分红收益共同构成了股票投资的收益,收益性是股票的基础特征,也是股票存在的原始要素。

2.风险性

有收益就有风险,股票市场的风险很高,但是在适当的风险承受能力下,可能会带来高收益的回报。股票的价格波动较大,给投资者带来了更大的投资风险,但也可以获得更高的收益。股票投资在短期内风险较大,因为股票价格的波动性很大,可能很快就发生大幅度的变化。但长期来看,股票投资的风险会更加分散,投资者可以通过持续的投资获得稳定可观的收益。风险和收益并存,股票就是一种高风险高收益的投资产品。

3.流动性

股票市场具有高度流动性,投资者可随时买卖股票。股票的流动性是指股票市场中股票的买卖容易程度和速度。

第一,股票的流动性通常由市场交易量来衡量,如果某只股票每天的交易量很大,那么这只股票的流动性就很高。

第二,股票的名义价值越高,其交易量往往越小,流动性也越低。

第三,市场深度是指买卖盘厚度,即市场上可供买入和卖出的数量。如果市场深度较浅,那么股票交易难度较大,流动性也较低。

第四,流通性是指公司发行的股票中已经流通的股份数量。如果流通性较高,那么股票就更容易买卖,流动性也更高。

第五,交易成本包括交易费用和买卖差价。如果交易成本较高,那么股票的流动性就较低。

总的来说,股票的流动性特征体现了市场交易的便捷度和股票买卖的容易程度。股票流动性越高,交易越容易,也越容易通过市场价格体现股票的实际价值。

4. 永久性

股票代表的是公司的所有权,持有股票就意味着拥有对公司一定程度的控制和决策权。即使公司经历了一些风险和挑战,股票仍然存在,持有者的投资也不会因公司的困境而消失。股票的永久性也体现在股东权利在上市后的长期延续,持有股票意味着拥有公司的收益和成长回报。公司的盈利可以通过股息和股价上涨等形式回报给股东,股东还可以参与公司的股东大会,行使投票权,参与公司的决策和管理。股份公司和股东之间较为稳定的经济关系也是股票永久性特征的体现,股东可以通过转让股票进行退出和进入,但是不能要求公司退股。因此,股份公司可以通过发行股票获取长期稳定资金的输入,为公司的长期发展提供持续动力。

5. 参与性

股票的持有者就是公司的股东,股东有权参与公司的重大决策。股票持有者可以参加公司的股东大会,行使自己作为股东的投票权。公司的重大经营决策是否通过,必须获得一定数量的股东投票支持,如果不能获得绝大多数股东支持,则会影响公司的经营决策实施。在年度股东大会期间,股东不管持有多少股份,均可以参加股东大会,有权查阅公司的年度报告,并提出一定意见和建议。

二、股票交易的主要流程

(一)开户流程

第一步,选择证券公司。首先要选择一家自己信任的证券公司,可以通过互联网搜索,或者咨询朋友、家人等获得建议。

第二步,提交申请书。选择一家证券公司后,需要填写证券开户申请书,包括基本个人资料等信息,同时需提供身份证等证件复印件。

第三步,签署协议。填写完开户申请后,需要与证券公司签署相关协议。协议包括客户协议、风险揭示书和资金账户开户协议等。

第四步,缴纳资金。缴纳资金是开户的必要条件,投资者可以通过网上银行或者柜台缴纳。

第五步,资料审核。证券公司会对投资者申请表格和资料进行审核,审核通过后会给申请人发送交易账户和密码。

第六步,开通交易账户。开通交易账户需要在证券公司柜台办理,办理时需携带身份证原件。

第七步,设置交易密码。开通交易账户后,需要设置交易密码,这个密码保护账户的安全,建议设置为难以被猜测的数字、字符组合。

完成开户流程后,投资者可以通过证券公司提供的网络交易平台或者电话交易系统进行股票交易。

(二)委托交易

股票的委托交易是指投资者通过证券公司向交易所提交买入或卖出股票的申请,而这些申请被称为委托单。委托单可以是限价单、市价单、止损单等,投资者需要根据自己的交易策略选择不同的委托单类型。

在委托交易中,投资者需要提供股票代码、买入或卖出数量、交易价格等信息,并根据证券公司的要求支付交易佣金。一旦委托被交易所接受,证券公司就会开始寻找买家或卖家以完成交易,直到委托单被执行或过期。

委托交易是股票交易中最基本和常见的交易方式,它可以使投资者在不直接参与交易的情况下进行股票买卖,客户可以通过书面或电话、自助终端、互联网软件等自助委托方式委托会员买卖证券,会员应当与客户签订自助委托协议。

股票的委托交易内容包括以下几个方面:交易类型——买入或卖出。股票代码——需要交易的股票代码。委托价格——买入或卖出的价格。委托数量——需要买入或卖出的股票数量。委托方式——限价委托、市价委托、竞价委托等。委托期限——当日有效、长期有效等。委托条件——成交量条件、成交价条件、时间条件等。委托费用——交易手续费、印花税等。

股票交易委托方式主要有以下几种:限价委托、市价委托、对手方最优价格委托、竞价委托、条件委托等,投资者可以根据自己的需求和市场情况进行选择。

交易委托中,最小的交易单位为1手,即交易100股,1—99股为零股。买入的委托一定是整百股(配股除外),否则委托无效;股票卖出可以零股卖出,但必须一次性卖出;股票停牌时的委托是无效的,委托的价格不可以超过涨跌幅的限制。

(三)竞价与成交

1.竞价

证券竞价交易有两种方式:集合竞价和连续竞价。集合竞价是指在规定时间内接受的买卖申报一次性集中撮合的竞价方式,而连续竞价则是指对买卖申报逐笔连续撮合的竞价方式。如果在当前竞价交易阶段未成交的买卖申报,会自动进入当日后续竞价交易阶段。

2.成交

证券竞价交易是一种撮合成交的交易方式,其原则是根据价格和时间的优先级来执行撮合。在成交时,按照价格优先原则,较高价格的买入申报优先于较低价格的买入申报,较低价格的卖出申报优先于较高价格的卖出申报。按照时间优先原则,对于买卖方向和价格相同的申报,先申报的优先于后申报的,其先后顺序是按照交易主机接受申报的时间来确定的。

集合竞价时,成交价格的确定原则为:第一,可以实现最大成交量的价格;第二,高于该价格的买入申报和低于该价格的卖出申报全部成交的价格;第三,同该价格相同的买方或卖方至少会有一方全部成交的价格。

如果有两个或更多的申报价格满足上述条件且未被成交,那么最小未成交量的申报价格将成为成交价格。如果仍有两个或更多的申报价格未被成交且未成交量最小,则中间价将成为成交价格。在集合竞价期间,所有交易将以同一价格成交。

连续竞价时,成交价格的确定原则为:第一,最高买入申报价格与最低卖出申报价格相同,则以该价格为成交价格;第二,买入申报价格高于当时显示的最低卖出申报价格的,则当时显示的最低卖出申报价格为成交价格;第三,卖出申报价格低于当时显示的最高买入申报价格的,以当时显示的最高买入申报价格为成交价格。

如果按照成交原则得出的价格不在最小价格变动单位的范围内,那么就需要按照四舍五入的原则取到相应的最小价格变动单位。也就是说,将价格调整为最接近的合适价格,以确保交易的公正和准确。

当买卖双方提交的申报经交易主机撮合成交后,交易就会成立。只要符合规则的各项规定,交易就会在成立时生效,并且买卖双方必须承认交易结果并履行清算交收义务。如果因为不可抗力、意外事件、交易系统被非法侵入等原因造成了严重后果,则可以采取适当措施或认定交易无效。

(四)清算与交割

证券的清算和交割是证券交易完成后的后续处理过程,包括价款结算和证券交收。清算和交割是证券交易中至关重要的环节,直接影响整个交易过程的顺利进行,保证了市场交易的正常进行。

证券的结算方式有逐笔结算和净额结算两种。逐笔结算是指买卖双方在每一笔交易达成后进行一次交收,适用于以大宗交易为主、成交笔数较少的证券市场和交易方式。净额结算是指买卖双方在约定的期限内将已达成的交易按资金和证券的净额进行交收,适用于投资者较为分散、交易次数频繁、每笔成交量较小的证券市场和交易方式。

净额结算需要经过两次结算,即一级结算和二级结算。证券结算一般是滚动交收,即在交易日后固定天数内完成,而国际证券界倡导尽早完成交收,最终实现 T＋0 交收。目前,我国证券结算对 A 股实行 T＋1 交收。

（五）股票交易费用

在 A 股股票交易过程中,投资者需要支付三项费用:印花税、交易佣金和过户费。印花税是根据成交金额的一定比例向卖方单向收取的国家税务费用,目前税率为成交金额的 1‰,由交易所代为收取。交易佣金是证券公司向投资者收取的交易手续费,包括征管费和经手费,最高不超过成交金额的 3‰,最低不低于证券公司的成本率,不足 5 元的按 5 元收取,费用由各证券公司自行确定。过户费由中国证券登记结算有限责任公司向买卖双方收取,按照成交金额的 0.02‰ 计算。这些费用是股票交易不可避免的成本,投资者需要事先了解并考虑它们对投资收益的影响。

三、股票交易的投资策略构建

（一）策略构建的总体思路

近年来的股市走势显示,市场投资方向越来越趋向于价值投资。证监会通过采用行政手段如"特停"等,有效遏制了资金对概念股的短期炒作。现在,基于对行业和相关个股信息的充分挖掘,通过市盈率模型和技术分析策略选择低估的高成长股票进行投资已成为最佳策略。

（二）市盈率模型

市盈率是衡量股票价格与公司每股收益之间关系的指标,可通过公式计算:

$$PE＝P/EPS$$

其中,P 为股票价格,EPS 为公司每股收益。该指标表示每 1 元税后利润对应的股票价格,或者按市场价格购买公司股票回收投资需要的年份。市盈率的高低取决于公司每股收益和股票价格两大因素。在股票价格相同的情况下,每股收益越高,市盈率越低,表明投资风险越小;相反,每股收益越少,市盈率越高,表明投资风险大。

（三）技术分析策略

技术分析是股票交易中的一种方法,它是根据历史股价、成交量等数据来预测未来价格趋势的方法。以下是一些常见的技术分析策略。

第一,趋势线分析。通过连接股价的高点或低点来确定趋势线,可以用来判断股价的上升趋势、下降趋势或震荡趋势。

第二,移动平均线分析。通过计算股价的移动平均值来判断价格的长期趋势和短期趋势,并可以根据不同的移动平均线交叉进行买卖决策。

第三,相对强弱指标（RSI）分析。通过计算一段时间内股价涨跌幅的比率,判断股价的超买超卖情况。

第四,MACD 指标分析。通过计算快速线和慢速线的差值,判断股价的趋势和拐点。

第五,成交量分析。通过分析成交量的变化判断市场情绪和股价趋势,如成交量较大可能表示股价将有较大的波动。

第六,K 线图分析。通过观察 K 线图的形态判断股价趋势和反转信号,如出现倒锤线表示股价将有反转的可能性。

这些技术分析策略并非绝对准确,需要在实际操作中不断验证和调整。同时,技术分析还需要结合基本面分析等其他方法进行综合分析和决策。

四、投资策略的风险及应对措施

投资交易策略的风险是指在交易过程中,由于市场波动、操作失误、系统故障等因素导致的损失或风险。以下是一些常见的交易策略风险及相应的应对措施。

第一,市场风险是指市场波动造成的损失或风险。市场风险是不可避免的,但是可以通过控制仓位和风险管理来降低风险。

第二,操作风险是指操作失误导致的损失或风险。为避免操作风险,需要在交易前制定好交易计划和操作流程,并严格执行。

第三,技术风险是指系统故障、网络中断等因素导致的损失或风险。为避免技术风险,需要使用稳定可靠的交易软件和互联网服务提供商,并备份重要数据。

第四,法律风险是指法律规定或合同约定等原因导致的损失或风险。为避免法律风险,需要了解相关法律法规和合同条款,并遵守相关规定。

第五,情绪风险是指情绪波动导致的决策失误和损失。为避免情绪风险,需要保持冷静理智,避免盲目跟风和冲动交易。

总之,要降低交易策略的风险,需要建立科学有效的风险管理体系,并始终坚持执行;同时,也需要不断学习和改进交易策略,提高交易技能,丰富交易经验。

第二节　融资融券

在股票交易中,可以通过放杠杆的方式将股票交易的风险和收益进　步扩大,也就是通俗的"借钱"或者"借股票"的方式。

一、融资融券概要

融资融券是一种股票交易方式,允许投资者以借入资金进行股票投资(称为融资),或者以借入股票进行股票投资(称为融券)。融资融券允许投资者通过杠杆效应增加投资收益或者承担更大的风险。融资融券通常需要投资者满足特定的条件,如拥有一定的资产或满足证券公司的风险要求。融资融券的主要功能是增加投资者的投资能力,提供更多的投资机会和灵活性。同时,也需要投资者承担更大的风险和责任。

融资交易是指投资者以借入资金的方式购买股票,以期获得股票的上涨收益,同时需要支付借款利息。借款资金的数量取决于投资者自身的信用等级和融资规定,通常不超过股票市值的 50%。

融券交易是指投资者以借入股票的方式进行卖空交易,以期获得股票价格下跌的收益。借入股票的数量也受到股票市值和券商规定的限制,通常不超过股票市值的 50%。

二、融资融券的特点和作用

(一)融资融券的特点

1.杠杆性

融资融券交易可以通过借款和抵押来实现资金杠杆化,投资者可以以较小的资金量进行证券交易,获得更高的投资回报。通过融资融券,投资者可以在未使用全部自有资金的情况下进行投资,增加了投资的资金杠杆,从而可能带来更高的盈利或更大的风险。融资融券的财务杠杆效应是指利用借款或保证金等融资手段,扩大投资规模,增加资产利润的能力。例如,在融资融券中,投资者可以使用保证金作为"抵押品"获取低息贷款,然后通过买卖证券进行投资。这种杠杆性质的融资方式,就像是借钱去投资,有利就双赢,有弊当然也是双方面的。交易杠杆效应是指利用融资融券的方式进行投资,通过杠杆使投资者购买的证券数量增加,从而提高盈利水平或放大风险。例如,投资者可以使用融券进行"卖空",即借入股票进行卖出,然后在股价下跌时买回股票归还,获得盈利。这种投资方式可以放大收益,但也会放大风险,因为投资者必须承担贷款利率和交易成本等额外成本。

总之,融资融券的杠杆性是一把双刃剑,投资者在进行投资时,必须认真研究市场行情和个人的风险承受能力,以充分把握风险和机会。

2.资金的疏通性

货币市场和资本市场被认为是金融市场的重要组成部分,因为它们提供了不同类型的金融产品和服务,如短期借贷、证券交易、融资融券等。这些市场之间的资金流动性相互依存,因此必须确保它们的正常运行和相互衔接。如果一个市场的流动性出现问题,可能会导致资金流向另一个市场,从而影响整个金融市场的稳定和效率。

融资融券交易属于信贷交易,它的交易机制由各种金融机构管理,证券公司和投资者在两端,由金融机构进行调解。通过融资和融券交易,可以促进货币市场和资本市场有序地流动,从而促进整个金融市场的效率。融资和融券被认为是两个市场之间重要的资金流通渠道之一,能够增加市场参与者,提高流动性,增强市场竞争性和活跃性。因此,通过融资融券交易,可以保证货币市场和资本市场之间的资金流动性,从而促进整个金融市场的稳定和发展。

3.信用双重性

在融资融券交易中,信用具有双重性。一方面,投资者可以通过支付 50% 的价格购买 100% 的证券,但是存在一个价格差,证券公司的经纪人会向投资者提供另外 50% 的价格,以预支给投资者一定的资金。这个预支资金的提供基于投资者本人的信用,经纪人认为投资者在未来有足够的能力偿还本金和支付利息,这就是预支资金的第一级信用关系。

另一方面,经纪人提供的预支资金源于证券投资者的自有流动性资金、顾客存款、货币市场的融资以及银行贷款,这些被称为再融资。再融资包括证券再融资和资产再融资。因此,信用在融资融券交易中具有双重性,既是投资者的信用,也是证券公司和经纪人的信用。

4.做空机制

在股票交易中,购买普通股票需要先买入才能卖出。如果股价上涨,投资者可以获利,但如果股价下跌,投资者就需要面临卖出或继续持有的选择。然而,在融资和融券交易中,投资者通常可以通过向证券公司借入股票并卖出持有的股票,然后在股票价格大幅下跌时再买回,从而获得差价,并归还证券公司的资金。

这种交易制度使投资者在股票价格下跌时仍然能够通过交易获利,从而彻底改变了股票市场中单边交易的局面。相比于普通股票交易,这种融资融券交易方式可以让投资者在市场行情不利时仍然获利,同时为市场增加了更多的流动性和交易机会。

(二)融资融券的作用

1.提高市场流动性

流动性反映的本质是价格差异。在没有卖空机制的情况下,市场浮动反映的是参与者的持有成本,而不是价格差异。只有在有卖空机制的情况下,价格差异才会出现。卖空制度吸引更多的投资者,增强了交易的竞争力,促进了股票市场的流动性。相反,如果没有卖空制度,证券交易就缺乏吸引力,同时也会严重损害股票市场的流动性。

因此,融资融券交易流动性的增强可以促进相关证券交易的活跃性。这是因为融资融券交易制度提供了卖空机制,增加了市场中的交易竞争,使交易更加活跃和具有吸引力。这种交易制度的引入可以提高股票市场的流动性和市场活力,同时也为投资者提供更多的交易机会。

2.完善价格发现功能

融资融券制度对于完善资本市场价格发现功能具有积极作用。在欧美等国家,这种交易制度得到了广泛应用,交易员在市场中发挥着重要作用。他们通过对股票信息的分析和对市场机遇的快速反应能力,促进了股价的合理定位,推动了价格的发现。因此,融资融券投资者在资本市场上的活跃参与可以促进价格的合理形成,增强市场的价格发现功能。

3.提供更多的投资手段

以融资融券机制作为投资方式,使投资者不仅能够在股票上涨时获得收益,也能够在市场走弱、股票下跌时获得收益。这种投资方式的出现,可以弱化市场上单向投资的趋势,有利于市场的平稳发展。

4.对冲功能

证券市场中存在各种不确定性,如通货膨胀、政策变化、地缘政治风险等,这些事件都可能对投资组合产生负面影响。投资者通过构建多元化的投资组合可以规避某些风险,但不确定事件的规避只能依靠对冲。对冲是一种常见的风险管理策略,它可以通过建立相反头寸或使用金融衍生品等方式,抵消不确定事件对投资组合的影响,从而减小投资风险。在证券业投资市场中,使用对冲工具有助于投资者在面对市场波动时保持冷静,从而实现更加稳健的长期投资策略。

三、操作流程及具体操作方法

融资和融券交易是一种信用杠杆交易,具有更大的风险。投资者可以在股票交易软件上开立保证金交易账户,并提供相关的资格证明文件和担保物。证券公司会根据投资者的资产规模和征信情况等信息,给出投资者的融资或融券额度。投资者需要在签署合同前,充分了解融资和融券交易的方式和风险,并签署相关的风险披露说明书。

通过信用股票交易账户软件直接注册开立交易客户中的信用风险证券(二级),即为大型证券投资企业和风险投资者客户提供具有信用风险证券交易和风险担保的信用证券(二级)交易账户(见图7-1)。另外,也可以通过柜台预约开通权限,准备必要的文件材料,在柜台完成开户流程,并支付一定数额的佣金。同时,为了满足证券公司的要求,投资者还需在指定的银行开立资金账户。这些步骤可以让投资者充分利用融资和融券交易的机会,并且为其提供更多的交易选择和保障,相关流程见图7-2。

融资融券的具体操作步骤为:登录股票交易软件—划转保证金—提供抵押品—进行保证金交易—偿还保证金债务。

不同的股票交易软件可能会有不同的操作规则,但是基本过程相同。

在证券市场上进行融资交易时,证券公司会提供资金给投资者,让他们在指定额度内买入证券。这些资金不会进入投资者的账户,而是直接由证券公司进行资金交收。如果投资者看涨,打算卖出股票,所得收益会先偿还给证券公司,剩余的收益会存入信用账户。在融券交易中,投资者需要首先买入股票,然后将其偿还给证券公司,并按公司定价支付购买融券所需的费用。融资和融券的费用是按照天数计算的。当投资者根据合同规定全部偿还资金或证券时,交易结束,他们可以向证券公司申请将资金从信用账户转回普通账户。

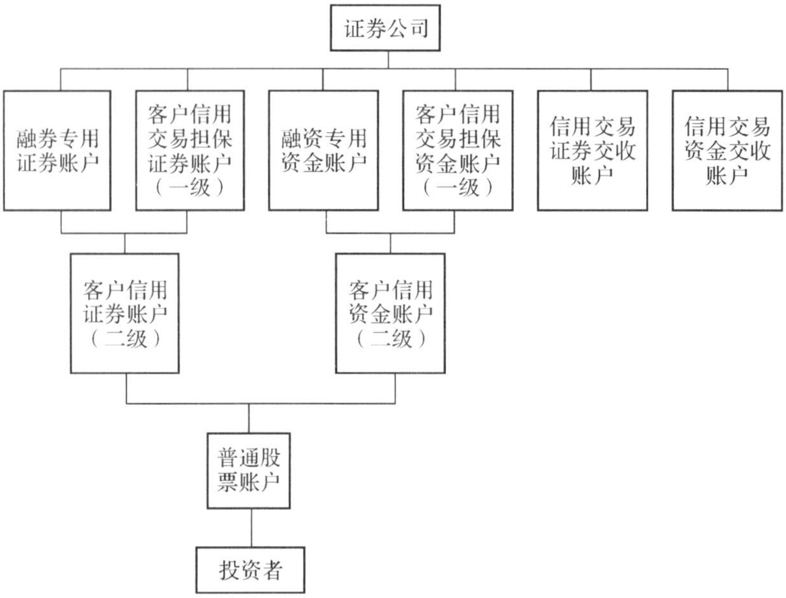

```
                        ┌──────────┐
                        │ 证券公司 │
                        └──────────┘
```

融券专用 证券账户	客户信用 交易担保 证券账户 （一级）	融资专用 资金账户	客户信用 交易担保 资金账户 （一级）	信用交易 证券交收 账户	信用交易 资金交收 账户

客户信用 证券账户 （二级）	客户信用 资金账户 （二级）

普通股
票账户

投资者

图 7-1　证券账户分类

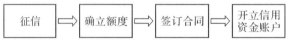

图 7-2　股票交易账户开户流程

在融资交易中，如果投资者账户有足够的资金，可以在交易日的 0：00 到18：00 之间直接还款。但如果账户没有足够的资金，需要进行银行转账，那么转账操作的时间必须在交易日的 9：00 到 16：00 之间进行。对于融券交易，投资者需要遵守证券交易所规定的操作时间。在涉及清算的操作中，所有操作的时间必须在清算完成之后，起始时间为当天的 15：00。

四、参与融资融券交易的注意事项

（一）参与融资融券交易的投资者要求

证监会规定，参与融资融券交易的投资者需要提交财产和收入证明、投资经验等相关资料，并且对证券公司的基本情况、证券市场的风险有充分的了解和认识，只有满足上述要求才能进行融资融券交易。这些资料通常包括个人的身份证明、银行存款证明、过往的投资经验和风险偏好、税务证明等。投资者还需要了解证券市场的基本知识和规则以及融资融券交易的风险和特点。只有在充分了解和认识的情况下,投资者才能合理地进行融资融券交易,降低投资风险,获得更好的收益。

(二)卖空申报价格的限制

在实施卖空交易时,存在一些限制。首先,卖空订单的委托价格必须不低于当前证券价格。其次,如果投资者在当天的卖空交易中,未能在委托价格上达成交易,那么在下一轮交易中,他们提交的委托价格必须不低于前一个交易日的收盘价。如果投资者在卖空期间通过其拥有或控制的证券账户卖出相同的证券,则售价应不低于最近交易价格,但可以超过卖空金额的部分。如果投资者未能遵守这些规则,则其卖空交易将被系统自动撤销。

(三)可以融资融券的股票要求

想要成为融资融券标的证券,需要符合一些基本条件。对于主板市场,这些条件包括:该股票已在交易市场上发行超过三个月、融资买入的流通股本在 1 亿—5 亿元之间、融券卖出的流通股本在 3 亿—8 亿元之间,股东人数大于 4000 名。此外,股票的日均换手率不能低于基准指数换手率的 15%、日均涨跌幅平均值和基准指数偏离值的绝对值不能超过 4%、浮动性不能超过基准的五倍以上。另外,如果股票所属的公司或者交易出现了其他问题,也可能不符合融资融券交易的条件。对于科创板和创业板,券商可以自行决定是否提供融资融券业务。

五、个人投资者进入融资融券的准备

融资融券作为一个杠杆交易工具,投资风险还是比较大的,进入融资融券市场的个人投资者需要做好充分准备,以下是一些准备工作。

(一)了解融资融券交易的基本知识

了解融资融券的定义、原理、流程、规则等基本知识,并深入了解融资融券的风险和收益。

(二)选择正规证券公司

选择一家信誉良好、经营合法的证券公司进行交易。可以通过网络搜索、咨询投资顾问、查阅相关报纸杂志等途径,了解证券公司的经营状况、服务质量等信息。

(三)开立融资融券账户

个人投资者需要准备好身份证、银行卡等证件材料,按照证券公司的要求申请开立融资融券账户,并缴纳一定的保证金。

(四)学习融资融券的交易技巧

融资融券交易风险较大且较复杂,需要投资者具备一定的交易技巧和风险控制能力。个人投资者可以通过学习投资书籍、参加培训课程等方式提高自己的交易技巧和风险管理能力。

(五)制订交易计划和策略

个人投资者需要根据自己的风险偏好和资金状况,制订合理的交易计划和策略;同时,需要密切关注市场动态,及时调整自己的交易策略。

总之,进入融资融券市场需要个人投资者做好充分准备,提高自身的交易技巧和风险管理能力,以确保投资安全和收益。

第三节 股权投资

一、股权投资的概念

(一)股权投资的含义

股权投资是指投资者出资以获得被投资公司的股份权益,这种投资通常是权益类投资。在中国,主要采用私募股权投资形式,即由基金管理人募集基金投资非上市企业,推动企业发展并最终通过退出机制获得回报。退出机制包括首次公开发行(IPO)上市、兼并与收购、管理层回购等方式。私募投资的目的是获利而不是控制股权,因此也被称为财务投资人。除了购买股票,也可以通过货币、无形资产、设备、专利等方式进行投资。在进行股权投资时,投资者需要仔细研究公司的业绩和前景,制定合理的投资策略,以降低投资风险。

(二)股权投资的类型

股权投资分为以下四种类型。

控制:指通过持有被投资企业的股权,获得企业经营管理的决策权和控制权,类似于公司大股东的权利。控制股权投资通常需要投资者投入大量的资金和资源,以获得对企业的控制权,并对企业进行深度干预和管理。

共同控制:指两个或多个投资者共同持有被投资企业的股权,对企业拥有共同的决策权和控制权。共同控制股权投资需要投资者之间进行充分协商和合作,共同制定企业经营策略,并对企业进行管理和监督。

重大影响:指投资者持有被投资企业的股权,可以对企业的经营和发展,以及企业管理、业务实施等方面提出重要意见和建议,但没有直接的决策权和控制权。重大影响股权投资通常需要投资者具有专业的经营管理经验和技能,以及对所投资企业的深刻理解和分析。

无控制:指投资者持有被投资企业的股权,没有共同控制和重大影响的权力。无控制股权投资通常是指少数股东投资,不会对企业经营产生直接影响,主要通过持有股权获得企业成长的红利。

(三)股权投资的参与方式

股权投资的周期比较长,风险也比较大,因此一般是高净值用户才会去参与股权投资。参与股权投资的方式主要分为两类:直接投资和间接投资。直接投资是直接以个人的名义投资某家企业,担任企业的股东。间接投资是以参与股权基金的形式,也就是自己不直接投资企业,而是投资某个基金,由基金或机构投资被投企业,以基金或机构的名义担任企业的股东。

二、私募股权投资基金

(一)私募股权投资基金的定义

私募股权投资基金涵盖了对不同发展阶段的被投资公司的投资,包括萌芽期、初创期、发展期、扩展期和成熟期。这种投资主要关注企业的创建时期,也称创业投资,根据不同的资本投资阶段,可以分为天使投资、初创投资、发展注资、夹层基金、Pre-IPO 和 IPO 上市等类型。在中国境内,私募基金是一种投资方式。

狭义上说,私募股权投资基金主要指对已经达到一定规模且能够产生稳定现金流的企业的私募股权投资,主要集中于初创后期的私募股权投资。

(二)私募股权投资基金的分类

1.按组织形式的不同

私募股权投资基金按照组织形式可以分为以下三种类型。

有限合伙制:使用合伙制进行私募股权投资是美国私募股权基金的主要形式。有限合伙制较为灵活,私募股权的投资运作效率高,因此成为大多数美国私募股权投资者的选择。

信托制:通过信托的方式募集资金,这种投资方式在中国被称为阳光私募,许多私募股权投资基金采用这种形式。

公司式:公司式私募股权投资基金类似于权益类投资,投资人成为投资公司的股东,享有参与公司决策的权利。然而,公司式私募股权投资基金的缺点是投资人要面对双重征税,因为投资人在享受投资收益的同时,公司要缴纳所得税。

2.按投资模式的不同

私募股权投资基金按照投资模式的不同可以分为以下三种类型。

增资扩股投资:公司通过发行新的股份募集资金,使公司总股份数量增加,可以面向新的投资人募集资金,也可以面向老股东募集资金,为公司注入新的资金。

股权转让投资:公司原股东将自己的股份出售或转让给新的投资者,新的投资者成为公司的新股东。

其他投资:除了上述两种股权投资方式,私募股权基金还可以通过无形资产、技术、现金等进行投资。

3.按投资方式的不同

私募股权投资基金按投资方式的不同可以分为股票投资和项目投资。

股票投资:股票投资是指企业以购买公司股票的方式对其他企业的投资。

项目投资:项目投资是指企业以现金、实物资产、无形资产等方式对目标企业的投资。

(三)私募股权投资和风险投资的比较

风险投资(Venture Capital,VC)是指投资人将资金投入高风险的初创企业,以期获得高额回报的一种投资方式。风险投资通常投资科技、医疗、互联网等高成长型行业的创新型企业,这些企业通常处于早期发展阶段,缺乏资金、管理经验和市场经验等资源。投资人会为这些企业提供资金、管理经验和业务资源等支持,以帮助它们实现商业目标,同时也希望通过这些企业的成功获得高额回报。风险投资是一种高风险、高回报的投资方式,投资人通常需要承担较高的投资风险,但也有可能获得非常高的回报。

私募股权投资和风险投资是两种不同的投资类型,尽管它们有一些相似之处,但它们也有很多不同之处,以下是它们之间的比较。

投资对象:私募股权投资主要投资未上市公司;而风险投资则更倾向于投资初创公司,尤其是科技行业的初创公司。

投资目的:私募股权投资主要是为了获得稳定的、长期的回报;而风险投资则更注重高风险高回报,通常希望在短时间内获得较高的回报。

投资方式：私募股权投资通过收购大股东或者与公司管理层合作，通常以获得控制权来实现投资目的；而风险投资则是直接向公司注资，获得公司的股份。

投资规模：私募股权投资通常需要投入较大的资金，而风险投资则可以是较小的投资。

投资风险：私募股权投资在投资初期的风险较大，但在后期通常较为稳定；而风险投资在初期的风险最大，但也有可能获得高回报。

投资期限：私募股权投资具有较长的投资期限，通常需要几年时间才能实现回报；而风险投资则具有较短的投资期限，通常只需要几个月或者几年就可以获得回报。

总的来说，私募股权投资和风险投资在投资对象、投资目的、投资方式、投资规模、投资风险和投资期限等方面有不同之处，投资者应该根据自己的风险偏好和投资目标选择适合自己的投资方式。

三、私募股权投资基金的运作流程

私募股权投资的运作包括私募股权投资机构的成立与管理、前期项目筛选、投资合作模式、项目退出机制等整体流程。每个投资机构都有其特点和运作模式，这些运作通常保密且低调，但私募股权投资通常都遵循一系列共同的基本方法和流程。

（一）参与主体

私募股权投资运作的参与主体主要包括投资标的企业、基金管理人、基金的投资者、中介服务机构和监管机构。

1. 投资标的企业

投资标的企业也就是投资的对象，投资对象是私募股权投资基金的投资标的，通常是未上市的企业或公司。投资对象可能是初创公司、成长期企业、重组或改革企业等。

2. 基金管理人

基金管理人是私募股权投资基金的管理者，负责基金的募集、投资和管理等工作。基金管理人通常是专业的私募股权投资机构，也可以是其他金融机构或个人。私募股权投资基金的基金管理人是负责管理私募股权投资基金的专业机构，通常由一支专业的投资团队管理。基金管理人的职责包括制定基金的投资策略、进行投资决策、管理基金的日常运营、监督投资项目和管理投资组合等。基金管理人通常需要具备丰富的投资经验和专业知识,以确保基金能够取得稳健的回报并保护投资人的利益。基金管理人通常会获得一定比例的基金管理费和投资回报分成等报酬。

3.基金的投资者

投资者是私募股权投资基金的资金来源,主要包括机构投资者和个人投资者。机构投资者包括养老基金、保险公司、银行、基金公司等;个人投资者包括高净值个人、家族办公室等。

4.中介服务机构

私募股权基金的中介服务机构包括律师事务所、会计师事务所、投资银行、尽职调查公司、评估公司等。这些机构通过提供法律、会计、财务、尽职调查、估值等专业服务,为私募股权基金的投资管理人提供支持和帮助,提高了基金管理人的投资决策水平和投资效果。具体地说,律师事务所负责基金合同的草拟和修改,协助基金管理人处理相关法律问题;会计师事务所负责对基金投资标的进行审计,提供财务信息,协助基金管理人进行投资决策;投资银行负责提供并购、上市、融资等服务,协助基金管理人进行投资和退出;尽职调查公司和评估公司则负责对投资标的进行尽职调查和估值工作,为基金管理人提供独立的专业意见。这些中介服务机构在私募股权基金的投资过程中发挥了重要的作用,为基金管理人提供全面、专业的支持。

5.监管机构

监管机构负责对私募股权投资基金进行监管和监督,以确保基金运作合法、公平和透明。监管机构包括证监会、基金业协会等。

(二)操作流程

与其他形式的资本和借贷或投资上市公司股票不同,私募股权投资基金通过基金经理或管理人给企业带来投资资本的同时,还提供企业发展战略、管理技术以及其他增值服务,以实现中长期的战略投资。与此同时,私募股权投资基金的运作流程也是一个持久的过程,需要经历从项目筛选到尽职调查再到最终交易的一系列步骤,并且需要长期参与目标企业的管理和发展。私募股权投资基金的独特之处在于,除了提供资本,还能够为企业带来更多的价值,从而实现投资回报。

海外的创业投资基金和国内私募股权投资基金的运作方式基本一致,主要是通过非公开方式募集资金后,将资金投资于非上市企业的股权,并通过提供管理建议等方式增值企业,待企业上市或被收购后退出投资,以获得资本回报。

虽然运作方式基本一致,但是不同的私募股权投资基金在投资策略、管理风格、投资周期、退出策略等方面存在差异,因此其工作流程和方法可能也存在一些不同之处。例如,某些基金可能更注重早期的种子投资,而另一些可能更注重成长期投资。一些基金可能会提供更主动的管理建议,而其他基金则更倾向于被动投资。此外,一些基金可能在短期内寻求快速退出,而其他基金则可能采用更长期的持有策略。

私募股权投资活动一般可以分为六个阶段(见图7-3)。

图 7-3　私募股权投资活动各阶段

项目寻找,项目投资经理会从众多的企业中筛选出符合基金投资策略和投资偏好的目标企业,这个过程通常包括筛选出具有成长性、领先优势和核心竞争力的企业。

初步评估,项目投资经理会对目标企业的各项经营情况进行全面评估,包括但不限于企业的注册资本、主要股权结构、所处行业发展趋势和周期、主营产品的竞争力或盈利能力、前一会计年度的经营情况等方面。同时,他们也会关注企业的初步融资目标以及其他对评估项目投资价值有帮助的因素。这样的评估过程旨在帮助私募股权投资公司对目标企业所处的行业趋势、市场规模、业务增长点等方面有一个更深入的认知,以更好地把握投资机会并最大化回报。

尽职调查,在项目投资经理提交《立项建议书》后,私募股权投资公司以发现问题、发现价值、核实目标企业提供的信息为目标,对目标企业的营运状况、财务状况及法律状况等进行进一步的调研。这个过程通常需要请会计师事务所进行审计工作并进行全面评估,同时也需要向行业专家咨询并与企业管理层进行会谈等,以对资产进行全面的审计和评估。尽职调查清单通常包括三个部分:基本情况、财务状况以及其他关注问题等。通过尽职调查,私募股权投资公司可以更全面地了解目标企业的运营情况、财务状况、法律合规性等,从而更好地评估项目的风险和投资价值。

投资决策,管理人会基于评估结果做出投资决策。如果决定进行投资,管理人会与股权项目的所有者或经理签署投资协议,确定投资金额、股权比例、退出机制等。

投后管理,基金管理人会定期监测和评估投资项目的经营和财务状况,并提供必要的支持和建议。如果需要,管理人可以与公司董事会合作,以确保项目的长期成功。

投资退出,私募股权投资基金的最终目的是实现对投资项目的退出,并获得收益。退出方式可能包括公司出售、上市、股份回购等。一旦退出,基金管理人会将收益分配给投资者,通常以投资金额为基础进行分配。从项目寻找开始到投资退出结束,完成私募股权投资的一个项目的全过程(见图7-4)。在实际基金运作中,投资机构会同时运作几个项目,但基本上每个项目都要经过以下几个流程。

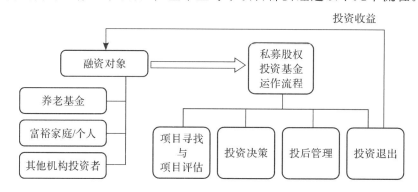

图 7-4　私募股权投资基金操作流程

在进行投资时,投资人需要遵循一些原则,如分散风险、量力而行、关注投资期限以及谨慎管理资金等。在不确定的市场环境下,投资人需要保持理智,不仅要追求投资回报,还要注重降低风险。

第四节　期货

一、商品期货的概念、功能和种类

(一)商品期货的概念

商品期货是一种以特定商品作为标的物的金融衍生品交易。它是一种标准化合约,通过交易所进行买卖,包括交割日期、交割品质、交割地点等一系列规则。商品期货可以作为风险管理工具,帮助投资者降低商品价格波动的风险。同时,它也可以作为投机工具,投资者可以根据自己对商品价格走势的判断进行买卖。常见的商品期货包括金属、能源、农产品等。

（二）期货的功能

1. 发现价格

期货市场通过竞价交易的方式，反映市场供求关系和市场价格。因此，期货价格的变动可以为实物市场提供价格预测的依据，帮助实物市场参与者更好地进行生产、采购和销售决策。

2. 规避价格风险

期货交易提供了一种有效的工具来规避价格风险，通过买进或卖出与现货市场交易数量和品种相同但方向相反的期货合约，投资者可以有效地对冲自身在现货市场上的持仓风险，降低风险并保护自己的利润。

【案例】

某铝制品制造企业的期货套保

某铝制品制造企业担心未来铝价格上涨会影响企业的利润，于是在期货市场上买入了 8 月交割的铝期货合约 200 手，每手 5 吨，以期在未来铝价格上涨时能够通过期货市场实现套期保值。通过这样的操作，该企业可以锁定 8 月份铝的价格为 13000 元/吨，即使未来铝价格上涨至 14000 元/吨，该企业仍可以按照 13000 元/吨的价格采购铝，规避价格风险，保证企业的利润（见表7-1）。

表 7-1　某铝制品制造企业在现货市场和期货市场的对冲情况

现货市场	期货市场
2019 年 3 月 1 日：价格为 13500 元/吨	2019 年 3 月 1 日：买入期货合约 200 手，价格为 13000 元/吨
2019 年 7 月 1 日：买入现货 1000 吨，价格为 15000 元/吨	2019 年 7 月 1 日：卖出 200 手合约平仓，价格为 14500 元/吨
涨幅：1500 元/吨	涨幅：1500 元/吨
盈亏情况：成本增加 1500×1000＝150 万元	盈亏情况：盈利 1500×200×5＝150 万元

从表 7-1 盈亏情况来看，该企业的采购成本因现货市场铝价上涨而增加了 150 万元。但是，该企业在期货市场上通过买入铝期货合约盈利了 150 万元，实现了对冲。两个市场上的盈亏相互抵消，企业成功地实现了锁定既定利润的目的。

3.金融投资工具

投机功能:期货市场允许投资者进行投机活动以追求利润。投机者通过预测价格变动趋势,进行买入或卖出期货合约,赚取价格波动带来的利润。

对冲功能:期货市场也提供对冲服务,如农民和矿工等实物市场参与者可以通过卖出期货合约,对冲实物市场上价格下跌所带来的损失。

交易流动性提高功能:期货市场可以增加资金流动性,为资本市场提供更多的融资渠道,为实体经济提供更多的资金支持。

(三)商品期货种类

商品期货可以分为农产品、工业品、贵金属、能源和金融期货五类。农产品期货包括大豆、小麦、玉米、棉花、白糖、菜籽油等;工业品期货包括铜、铝、锌、铅、镍、锡、钢铁、橡胶、聚乙烯、聚丙烯、PVC 等;贵金属期货包括黄金、白银、铂金、钯金等;能源期货包括原油、天然气、燃料油等;金融期货包括股指期货、国债期货、外汇期货等。

二、期货的主要内容和特点

(一)期货合约的条款内容

以上海期货交易所铝标准合约为例,如表 7-2 所示。

表 7-2　上海期货交易所铝标准合约

交易品种	铝
交易单位	5 吨/手
报价单位	元(人民币)/吨
最小变动价位	5 元/吨
涨跌停板幅度	上一交易日结算价±3%
合约月份	1—12 月
交易时间	上午 9:00—11:30,下午 1:30—3:00 和交易所规定的其他交易时间
最后交易日	合约月份的 15 日(遇国家法定节假日顺延,春节月份等最后交易日交易所可另行调整并通知)
交割日期	最后交易日后连续二个工作日

交割品级	标准品：铝锭，符合国标 GB/T1196-2023 AL99.70 规定，其中铝含量不低于 99.70％
	替代品：1.铝锭，符合国标 GB/T1196-2023 AL99.80,AL99.85 规定。2.铝锭，符合 P1020A 标准
交割地点	交易所指定交割仓库
最低交易保证金	合约价值的 5％
交割方式	实物交割
交割单位	25 吨
交易代码	AL
上市交易所	上海期货交易所

注：根据 2024 年 7 月 12 日上海期货交易所发布的公告〔2024〕105 号修订。

最小变动价位是指每个期货合约单位价格涨跌变动的最小值。

每日价格最大波动限制也称涨跌停板，是指交易所规定的期货合约每个交易日的价格波动上下限，如果价格不在该范围内，则无法成交。

期货合约交割月份是指该合约规定进行实物或现金交割的月份。

最后交易日是指某一期货合约在合约交割月份中进行交易的最后一个交易日。到期未平仓的期货合约必须按规定进行实物或现金交割。

期货合约交易单位"手"是指期货交易的计量单位，交易时必须是"一手"的整数倍。

期货合约的交易价格是指该期货合约基准交割品在基准交割仓库交货的含增值税价格。合约交易价格包括开盘价、收盘价、结算价等。

交割是指期货合约到期时，根据期货交易所的规则和程序，交易双方通过该期货合约所载商品所有权的转移，了结到期未平仓合约的过程。交割方式可以是实物交割或现金交割。

（二）期货交易术语

开仓、持仓和平仓是期货交易中的基本行为，开仓指新建头寸，持仓指交易者手中持有的头寸，平仓是指了结持仓的交易行为，通常通过相反方向的对冲买卖来完成。

爆仓指投资者账户权益为负数的情况，一般来说不会发生，但在特殊情况下有可能出现，如行情发生跳空变化时持仓较重且方向相反的账户就有可能出现爆仓。

多头和空头是期货市场中的两种基本交易策略，多头指看涨买进期货合约，空头指看跌卖出期货合约。

结算价格是某一期货合约当日成交价格按成交量的加权平均价,用于计算当日未平仓合约盈亏结算和拟定下一交易日涨跌停板限制。

成交量是指某一期货合约在一个交易日内所有成交合约的双边数量。

持仓量是指期货交易者所持有的未平仓合约的双边数量。

总持仓量是指某一期货合约中,交易者持有的未平仓合约的总数,反映交易者对该合约的交易兴趣。

换手交易分为多头换手和空头换手两种,是指原来持有头寸的交易者平仓,而新的交易者开仓建立新头寸的过程。

交易指令有市价指令、限价指令和取消指令三种,市价指令没有限制条件,限价指令则按特定价格成交,取消指令可以撤销之前下达的指令。交易指令仅当日有效,成交前可变更或撤销。

(三)期货市场组成结构

期货市场主要由期货交易所、期货结算所、期货经纪公司、期货交易者(包括套期保值者和投机者)等参与主体组成。

1.期货交易所

期货交易所是专门从事期货交易和结算的机构。它是期货市场的核心组成部分,提供期货交易所需的基础设施和技术支持,确保期货市场的正常运行和交易的公平公正。

目前全球范围内较有影响力的期货交易所有芝加哥商品交易所(CME)、伦敦金属交易所(LME)、东京工业品交易所(TOCOM)、上海期货交易所(SHFE)、大连商品交易所(DCE)等。这些交易所根据交易的品种和区域的不同,提供不同的期货品种和服务。

期货交易所是期货市场的核心组成部分,具有多项功能,包括但不限于以下几个方面。

第一,制定期货合约标准和交易规则。期货交易所负责制定期货合约的标准和交易规则,规定合约的交割方式、交割品质量标准、最小变动价位等。

第二,提供市场信息和行情。期货交易所提供全面的市场信息和行情,包括价格、成交量、持仓量、报价、交易活动等,为投资者和交易者提供决策依据。

第三,监管交易行为。期货交易所通过实施严格的监管措施,监督交易者的交易行为,防范市场操纵和欺诈行为,维护交易市场的公平公正和透明度。

第四,保障交易安全和稳定。期货交易所采取多种措施保障交易的安全和稳定,包括资金监管、交易风险控制、信息技术安全等。

第五,提供交易和结算服务。期货交易所提供交易和结算服务,为交易者提供交易平台和结算系统,确保交易的顺利进行和清算。

第六,发行期货品种和推广。期货交易所负责发行新的期货品种,并提高市场化程度,扩大交易规模,增加市场活力。

2. 期货结算所

期货结算所是期货交易中进行结算和清算的机构,其主要职责是负责期货合约的结算、清算和交割工作。期货结算所是期货交易的重要组成部分,其主要功能包括计算每个期货合约的结算价格、清算交易双方的头寸、管理期货交易的保证金、组织期货合约的交割等。

在期货交易中,交易双方通过期货结算所进行结算和清算。当一方持有多头头寸,即认为期货价格将上涨,而另一方持有空头头寸,即认为期货价格将下跌,当期货合约到期时,期货结算所会计算出双方的盈亏,并从空头方转移资金到多头方,实现结算和清算。

期货结算所通常由期货交易所或相关监管机构负责管理和监管,其操作流程和规则也受到相关法规和制度的限制和规范,以确保期货交易的公平、透明和稳定。

3. 期货经纪公司

期货经纪公司是指在期货市场上为客户提供交易、结算和风险管理等服务的机构。期货经纪公司是期货市场的重要组成部分,其主要职责是为客户提供期货交易的开户、下单、交易监管、资金管理、行情咨询等服务,并代理客户进行期货交易。

期货经纪公司通常要求客户在开户时提供一定的保证金作为交易担保,以保证客户有足够的资金进行期货交易。在客户进行期货交易时,期货经纪公司会提供行情信息、交易指导和风险提示等服务,以帮助客户进行交易决策和风险控制。

期货经纪公司的收益主要来自交易佣金和持仓利息等费用,其费用通常根据客户的交易量和交易类型而定。期货经纪公司需要遵守相关法规和规定,保障客户的合法权益和交易安全。

4. 期货交易者

期货交易者是指在期货市场上进行交易的个人或机构,其主要目的是通过买卖期货合约获得利润。期货交易者包括散户投资者、机构投资者、期货公司和专业交易者等。

散户投资者是指个人投资者,他们通过期货经纪公司开户,自主进行期货交易。他们的交易规模相对较小,交易风险较大,需要具备一定的市场分析和交易技巧。

机构投资者是指具有一定规模和实力的机构,包括基金、保险公司、银行等,他们通过期货交易获得投资回报,通常具有较为丰富的交易经验和资源优势。

期货公司是指在期货市场上从事期货交易业务的机构,其主要业务包括为客户提供期货交易服务、管理客户资金、进行交易风险管理等。

专业交易者是指在期货市场上从事专业交易的个人或机构,通常拥有丰富的交易经验和技术手段,能够进行高频交易、套利交易等高风险交易。

(四)期货交易特点

1.合约标准化

期货合约标准化是指除了价格,期货交易所统一制定期货合约中的商品品种、数量、质量、等级、交货时间、交货地点等条款。这样的标准化合约使交易双方无需就具体交易条款进行协商,节省了交易时间,减小了交易纠纷的风险,同时为交易者提供了更多的便利。由于期货交易所对合约条款的严格监管和执行,交易者可以更加有信心地进行交易,从而提高交易的效率和流动性。

2.交易集中化

期货交易所是期货合约买卖的主要场所,也是期货市场的核心。所有的期货交易必须在期货交易所内进行。期货交易所实行会员制,只有经过审核并成为会员的个人或机构才能在交易所内进行交易。对于那些无法进入交易所进行交易的个人或机构,他们需要通过期货经纪公司委托代理进行交易。

期货市场是一个高度组织化并且具有严格管理制度的市场。期货交易所会对所有交易者进行资格审查和风险评估,并对交易活动进行监督和管理。交易者必须遵守交易所的交易规则和市场纪律,否则将面临交易停权、罚款、被清理出市场等惩罚措施。所有这些措施都是为了维护市场的稳定和交易的公平性。

3.双向交易和对冲机制

期货交易与股票交易不同,交易者可以自由选择买多或卖空。如果交易者认为未来市场会上涨,他们可以选择买多;如果交易者认为市场将下跌,他们可以选择卖空。只要交易者选择的方向正确,他们就可以获得利润。

对冲机制是指在买入或卖出某种期货合约的同时，卖出或买入相关的另一种合约，并在某个时间将两种合约同时平仓，以降低市场风险。例如，如果一个交易者持有原油期货合约并认为价格将下跌，可以通过同时卖出石油期货合约来对冲这个风险，以便在价格下跌时减少损失。

对冲机制可以降低交易者的风险，同时提高交易的稳定性。由于期货市场价格波动较大，对冲机制可以帮助交易者降低风险，提高交易成功的概率。

4.杠杆机制

期货交易采用保证金制度，这意味着交易者只需要缴纳合约价值的一定比例（通常为5%—10%）作为保证金，就可以进行整个期货合约的交易。这使期货交易成为一种"以小博大"的交易形式，同时也使期货交易成为一种高风险高收益的投资工具。

保证金制度的作用在于，当期货价格波动引起保证金不足时，交易所会要求交易者追加保证金以满足交易所的要求。如果交易者不能满足追加保证金的要求，交易所有权平仓其持有的合约，以保证市场的稳定性。

期货交易的高风险高收益特点是因为期货价格波动较大，这使交易者可以获得更高的收益，但同时也意味着更大的风险。

5."零和博弈"

从博弈论的视角来看，期货市场可以被视为一种封闭的"零和博弈"，其中每个交易者的利益互相竞争。在任何特定的时间段内，如果不考虑资金的流入和流出以及交易费用的扣除，期货市场的总资金量是固定的。因此，每个交易者的盈利来自另一个交易者的亏损，即多方的盈利源于空方的亏损。期货交易的特点在于，无论各方采取何种策略，到最后资金总量以及期货市场的总盈亏总是相互抵消，即所有交易者的总收益和总损失相加为零。

6.T＋0交易机制

与股票交易的T＋1交易机制不同，期货T＋0交易是指投资者在当日以开盘价买入期货合约，当日以收盘价卖出并结算的交易方式。T＋0交易的特点是交易时间短，风险和收益都很高。因为交易时间短，所以投资者需要时刻关注市场走势，及时决定是否要进行交易。此外，T＋0交易的资金要求较高，因为要在当日进行买卖并结算。

（五）期货投资风险

期货投资风险包括经纪委托风险、流动性风险、强行平仓风险、交割风险、杠杆使用风险等。

1. 经纪委托风险

经纪委托风险是指在与期货经纪公司建立委托关系时,客户面临的潜在风险。在进行期货交易之前,客户应全面评估和比较期货经纪公司的规模、信誉、经营状况等综合条件,并选择最佳公司签署《期货经纪委托合同》。

2. 流动性风险

流动性风险指的是由于市场流动性不足,期货交易难以及时便捷地成交而产生的风险。这种风险通常出现在交易者建仓和平仓时。在建仓时,由于流动性差,交易者可能无法在最佳时间和价位进行交易,从而对后续操作产生负面影响;在平仓时,由于市场流动性不足,交易者可能无法及时平仓而造成巨大损失。因此,交易者需要密切关注市场容量,了解多空双方主力的构成,避免进入单方面强势主导的市场,从而避免流动性风险。

3. 强行平仓风险

强行平仓风险指的是由于保证金不足而面临的风险,可能导致强行平仓。由于期货市场采用每日无负债结算制度,期货公司根据交易所提供的当日结算结果来结算交易者的盈亏状况。如果期货价格下跌,导致账户中的保证金低于维持保证金水平,并且交易者无法在规定的时间内补足到初始保证金,那么交易者将面临强行平仓的风险。因此,客户在进行交易时应时刻关注自己的保证金,避免由于保证金不足而导致强行平仓,遭受重大损失。

4. 交割风险

期货合约都有特定的期限,当合约到期时,未平仓的合约将需要进行实物交割。因此,交易者应该在合约期限内及时平仓那些不想进行实物交割的合约,以免承担交割责任。

5. 杠杆使用风险

期货采用杠杆制度,使价格波动对交易者的盈亏影响更加剧烈。这种波动既可能带来额外的收益,也可能导致巨大的亏损。因此,交易者应时刻保持警惕,注意风险控制。

(六)期货基本制度

期货基本制度主要包括持仓限额制度、大户报告制度、实物交割制度、保证金制度等。

1. 持仓限额制度

持仓限额制度是期货交易所为了避免市场价格被操纵以及防止期货市场风险过度集中于个别投资者而设立的规定,其核心是对会员和客户持有期货合约的数量进行限制。如果持仓超过限额,交易所有权采取一定措施,如强行平仓或要求提高保证金比例等,以确保市场稳定和投资者权益。

2. 大户报告制度

大户报告制度是针对期货市场中的大户制定的规定,当大户持有某种期货合约的数量达到交易所规定的持仓限额的 80% 及以上时,会员需要向交易所报告其资金情况、持仓情况等信息,客户也需要通过经纪会员进行报告。这一制度与持仓限额制度密切相关,其主要目的是防范大户操纵市场价格、调控市场风险,确保市场的公正、公开和稳定。

3. 实物交割制度

实物交割制度是指期货交易所在合约到期时规定的,交易双方按约定将期货合约所涉及的实物商品所有权进行转移,并通过实物交割方式了结未平仓的合约。如果无法进行实物交割,交易所将采取相应的措施来处理未平仓合约。该制度确保了期货市场的合法性、合规性和可信度,促进了合同的履约和交易的顺利进行。

4. 期货保证金制度

期货保证金制度主要包括以下八个方面。

(1)初始保证金

初始保证金是指在期货交易者新开仓时需要缴纳的资金,以确保投资者在市场出现不利变化时履行合约并避免对交易对手造成损失。通常,保证金的数额相当于期货合约价值的 5%—10% 左右。保证金的数额直接影响投资者的杠杆效应和交易的活跃程度。因此,投资者需要认真考虑保证金的数额以及其所带来的风险和机会。

(2)维持保证金

维持保证金指的是维持账户的最低保证金要求,通常为初始保证金的 75% 左右。当交易者进行持仓时,市场行情波动会导致浮动盈亏变化,从而影响保证金账户中的资金。

(3)追加保证金

追加保证金是指当保证金账户的余额低于维持保证金要求时,交易者需要在规定时间内补充足够的保证金,以使保证金账户的余额达到初始保证金水平。这需要补充的保证金额被称为追加保证金。如果交易者未能及时补足保证金,交易所或代理机构将有权在下一个交易日进行强行平仓。

（4）每日结算制度

期货交易的结算由交易所集中组织进行。每日无负债结算制度也称为逐日盯市制度,意味着在每个交易日结束后,交易所根据当日各合约的结算价来结算所有合约的盈亏、交易保证金、手续费、税金等费用,将相应的收付款项净额一次性划转,同时相应地增加或减少会员的结算准备金。

（5）涨跌停板制度

涨跌停板制度也称每日价格最大波动限制,它规定了在一个交易日中,期货合约的交易价格波动不得超过特定的涨跌幅限制。如果交易价格超过了这个涨跌幅限制,报价将被视为无效,无法成交。

（6）强行平仓制度

强行平仓制度是指当会员或客户的保证金账户资金不足且未能在规定时间内补足,或者当会员或客户的持仓量超过规定的限额,或者当会员或客户存在违规行为时,交易所为了避免风险继续扩大,实施强行平仓的制度。简单地说,这意味着交易所采取强制措施对违规交易者相关的持仓进行平仓。

（7）风险准备金

风险准备金制度是指期货交易所从收取的会员交易手续费中提取一定比例的资金,作为备付金以确保交易所能够履行担保责任。交易所风险准备金的设立旨在提供资金担保和补偿因不可预见的风险带来的亏损,以确保期货市场的正常运行。

（8）信息披露制度

信息披露制度是企业根据法律规定,必须向监管部门和交易所披露自身的财务状况和经营情况等信息,并向公众公开或公告,以确保投资者能够全面了解企业情况的一种制度。该制度的主要目的是保护投资者的权益,使企业受到社会公众的监督。

三、期货投资方式

期货的投资方式有买空投机、卖空投机、套利等。

（一）买空投机

买空投机是指投资者认为标的物价格未来会上涨,所以在当前价格较低时买入期货合约,待价格上涨后再卖出平仓获利。

举个例子,假设有一个投机者预测大米的价格将来会上涨,那么他可以买入 10 张期货合约,每张合约代表 5 吨大米,购入价格为 15500 元/吨。当大米期货价格上涨到 15600 元/吨时,该投机者就可以将他的 10 张期货合约以 15600 元/吨的价格卖出。通过这种方式,投机者将赚取盈利:(15600 元/吨－15500 元/吨)×5 吨/张×10 张＝5000 元(不包括交易费用)。

(二)卖空投机

卖空投机则是投资者认为标的物价格未来会下跌,于是在当前价格较高时卖出期货合约,待价格下跌后再买进平仓获利。

举个例子,某投机者认为未来玉米的价格将会下跌,于是卖出了 10 张合约,每张合约的重量为 5 吨,价格为 1500 元/吨。后来玉米期货价格下跌至 1400 元/吨,投机者买入 10 张合约进行平仓,以此获利。计算获利的公式为:(1500 元/吨－1400 元/吨)×5 吨/张×10 张＝5000 元。这里未扣除交易费用,实际获利可能会有所减少。

(三)套利

套利是指在期货市场上通过买入和卖出两张不同的期货合约,利用不同月份、不同市场、不同商品之间的价差来获取利润的交易行为。

跨期套利是套利交易中最常见的一种形式,它利用同一商品不同交割月份之间的价格差异来进行对冲以获利。跨期套利又可分为牛市套利和熊市套利两种形式。

跨市套利是指在不同的期货交易所之间进行套利交易,利用不同地区之间的差价赚取利润。

而跨商品套利则是指利用两种具有相互替代性或受相同供求因素影响的期货商品合约之间的价差进行交易。跨商品套利的交易形式是同时买进和卖出相同交割月份但不同种类的商品期货合约。

无论是哪种形式的套利,交易者都需要关注合约之间的相对价格关系,而不是绝对价格水平。

四、期货开户和交易流程

(一)选择期货投资渠道

期货投资可以通过多种渠道进行,包括期货经纪公司、综合类期货投资门户网站以及期货交易所网站等。其中,期货经纪公司是最主要的投资渠道之一,可以提供投资者所需的交易平台、投资建议和其他相关服务。综合类期货投资门户网站则为投资者提供期货市场的信息和数据,并提供在线交易平台。期货交易所网站则是提供期货市场信息和数据的官方渠道,同时也提供在线交易平台和相关服务。

（二）开户操作

开户操作是投资者与期货公司建立经纪关系的过程。在中国,期货交易所采用会员制度,只有期货交易所的会员才有资格在期货交易所进行交易。大多数普通投资者需要先与这些会员建立经纪关系,让会员代其交易。期货开户可以通过营业部现场开户或上门开户两种方式进行。投资者与期货公司签订经纪合同后,期货公司将为投资者申请不同期货交易所的交易密码,这个交易密码将成为投资者结算账户的凭证。

1. 下载期货交易软件

期货交易软件是一种电脑软件,集看盘、分析、公告和交易于一体。市场上的期货交易软件主要有四种:行情软件、交易软件、行情交易软件和模拟软件。

2. 将资金存入账户（入金）

在开通期货经纪公司账户后,投资者需要将资金存入账户才能进行交易。这个过程称为入金,投资者可以使用交易软件中的银期转账系统,或通过现金、电汇、汇票、支票等方式进行入金操作。

3. 交易

账户开立后,交易者会收到网上交易登录密码,交易者可使用该密码登录期货账户进行交易。交易者可使用期货公司提供的专用交易软件进行查看交易数据、分析行情、自助委托等操作;在网络出现问题时,可拨打期货公司应急下单电话。若期货公司通信故障,系统会自动转为人工委托下单。

4. 结算

期货公司进行实时动态结算,客户于交易中即可查看账户情况。每日闭市后,期货公司结算部会进行盘终结算,客户可通过书面、传真、电子邮件、网上查询等方式查收结算结果。

5. 出金

大部分投资者采用交易软件中的限期转账来办理出金,也可以通过传真发出出金指令。客户凭提款申请单与前一交易日的结算单原件办理提款手续,期货公司将资金汇入指定账户。

6.销户

客户在办理完期货公司规定的销户手续后,双方签署终止协议结束代理关系。客户销户须在期货公司网站下载相应的表格,填写并传真或送至期货公司。

(三)期货开户流程

1.身份识别

期货公司开立客户期货账户时需要进行身份识别,具体步骤如下。

第一步,客户需要提供身份证号码、姓名、证件有效期、联系地址等信息,同时上传第二代居民身份证的正、反面彩色图片,以及一张头部正面照。客户还需要通过动态密码验证移动电话号码。

第二步,期货公司需要对客户进行身份验证,包括检查提供的身份证图片和头像是否清晰有效,是否属于同一个人,以及证件是否在有效期内。此外,期货公司还需要链接全国公民身份信息查询服务系统,对客户提交的身份证号码和姓名进行验证。

第三步,对客户进行实时视频审核,包括向客户出示开户人员姓名和执业资格证号等信息,通过比对身份证图片确保视频对象是客户本人,客户需要在视频采集镜头中持本人身份证出现并确认自愿开立期货账户,同时确认提供的开户信息真实有效。如果期货公司认为必须审核其他内容,也需要在视频审核过程中进行。

以上步骤是为了确保客户身份真实有效,预防虚假开户和非法交易行为的发生。

2.数字证书

期货公司应确保客户完成身份识别后方可申请数字证书。客户需要在线阅读并同意签署《个人数字证书申请责任书》,并在线安装数字证书,进行证书密码设置。只有通过数字证书,客户才能对开户协议等进行电子签名。

期货公司应指导客户在安装有本人数字证书的计算机或移动终端上办理互联网开户手续。客户可以使用数字证书对开户协议等进行电子签名以完成开户手续。

客户需要妥善保管自己的数字证书和证书密码,避免证书密码被泄露或遗忘。如果证书密码被泄露或遗忘,客户应及时通知期货公司,以保证交易安全。

3.风险揭示

风险揭示是期货公司向客户说明期货交易可能存在的风险的过程。

期货公司需要向客户提供《期货交易风险说明书》《客户须知》等风险揭示文

件,这些文件应当包含以下内容:期货交易的基本原理和基本知识;期货交易可能存在的风险,包括市场风险、操作风险、政策风险、流动性风险等;期货交易的风险管理方法,如止损、分散投资等;客户的权利和义务,包括客户信息保护、交易规则遵守等。

为了确保客户能够理解风险揭示文件中的内容,期货公司可以采用以下方式进行风险揭示:①提供在线视频播放。期货公司可以制作在线视频,向客户讲解风险揭示文件中的内容。②客户在线阅读。期货公司可以将风险揭示文件上传至在线客户端,要求客户在线阅读并了解其中的内容。③视频交互。期货公司可以与客户进行视频交互,向客户讲解风险揭示文件中的内容,并解答客户的疑问。

在进行风险揭示后,期货公司需要要求客户进行确认,以证明客户已经了解并接受了风险揭示文件中的内容。客户可以通过勾选等形式进行确认,以确保客户的知情权和选择权。

4.投资者适当性管理

期货公司在开户和审核客户时需要进行的一些适当性调查和审核细节,目的是确保客户的投资风险可控并符合监管规定。具体来说,这个过程可以分为以下三个步骤。

第一步,期货公司需要对客户进行适当性调查,包括客户的基本信息、投资经历、资产情况、投资风险偏好等方面。这些信息将有助于期货公司了解客户的投资背景和风险承受能力,从而为客户提供更加个性化的服务和建议。

第二步,期货公司需要对申请交易编码的客户进行适当性审核和综合评估。这个过程需要查看客户的金融期货仿真交易经历、金融资产状况、信用状况等方面的信息,同时还要求客户在线参加适当性知识测试并承诺电子试卷为本人独立完成。这些措施有助于确保客户具备进行金融期货交易的基本知识和能力,并且了解自己的投资风险和承受能力。

第三步,期货公司要求客户根据投资者适当性管理的相关要求,将交易经历、金融资产状况、信用状况等相关证明材料电子化,并通过互联网传送至期货交易所,由期货公司予以审核及保存。这个过程可以帮助期货公司更加全面和准确地了解客户的投资背景和风险承受能力,从而提供更加精准的服务和建议。

5.合同签署

为了确保客户的权益和交易安全,期货公司要求客户签署一些法律文件,如《期货交易风险说明书》《客户须知》《期货经纪合同》等。这些文件的签署需要遵守相关法律法规和监管机构的要求,并且需要使用数字签名的方式进行操作。

(四)投资者教育

1.制订详细的交易计划

在实施交易之前,要制订详细的交易计划(见表 7-3),以便明确何时退出交易以及分析交易的盈利和亏损情况。如果没有交易计划,交易就像赌博一样,会导致失败。

表 7-3　交易计划制订方法

行情分析			
趋势分析			
交易分析			
指标分析			
关注数据			
交易计划			
进场依据			
计划进场位		实际进场位	
计划止损位		实际止损位	
计划盈利位		实际盈利位	
交易总结			

2.管理好资金

由于期货交易具有杠杆作用,投入的资金并不需要很多。但是,有些交易者会冒险孤注一掷,最终失败。因此,适当的资金管理是成功交易的关键,就像谚语所说的"不要把所有的鸡蛋放在一个篮子里"。

3.切勿过于急躁和高估期望值

在接触期货交易时,一些交易者可能会梦想通过几笔交易实现超额收益。但是,实现成功需要长期的实践经验。期货交易需要不断努力和天赋,需要放低期望,不能过于急躁。

4.采取止损措施

采取止损措施可以帮助交易者控制风险,确保交易的亏损情况。保护性止损是一个很好的交易工具,但它不是完美的,价格波动可能超过止损点。所有的投资者都必须意识到,在期货交易中没有完美的方法。

5.具有耐心和原则

耐心和原则是交易者成功的关键。趋势交易者会耐心分析市场并等待最佳机会。面对市场的变化,交易者需要耐心等待。

6.不逆势而动或冲动交易

在期货市场上,买低卖高或卖高买低不是赚钱的方法。逆势而动往往是导致高买低卖的原因。2010年,黄金和白银期货的价格曾创下了30年来的历史新高,自以为稳拿顶部的投资者在这场涨势中遭受了惨败。

7.学会顺应市场变化

成功的交易者不会在亏损的头寸上滞留太久,他们会设置一个较为严格的保护性止损位,一旦触及该点位,他们就会退出交易。他们顺应市场变化,而不是试图预测未来。

第五节　金融期货

一、金融期货概述

(一)概念

期货市场分为商品期货和金融期货。金融期货是指在金融市场上进行的,买卖某种金融工具的标准化合约,交易双方以约定的时间和价格进行交易。金融期货通常包括指数期货、利率期货和货币期货三类,以金融商品为标的物。与商品期货相比,金融期货的合约标的物不是实物商品,而是传统的金融商品,如股票、货币、利率等。金融期货于20世纪70年代在美国市场开始产生,已成为西方金融创新成功的例证,如今在整个期货市场交易量中占80%。金融期货具有期货交易的一般特点。

（二）主要品种

金融期货有三个种类：指数期货、利率期货、货币期货。

指数期货是一种金融期货，以当期股票指数价格的涨跌趋势作为买卖交易的标的物。2010 年 4 月，我国推出沪深 300 股指期货。与实际的股票买卖不同，指数期货不参与任何股票本身的现金交割，其交易价格只是根据现货股票指数期货计算，合约以一次现金交割清算的形式结束。指数期货的品种非常丰富，投资者可以根据自己的需求和风险承受能力选择不同的品种进行交易。

利率期货以短期存款利率作为其买卖标的物和交易投资对象，它的价格是以未来某一时间的利率为基础，通过买卖期货合约进行交易。利率期货的主要目的是通过交易期货合约管理风险和获得利润。在利率期货交易中，交易双方约定在未来某个时间以约定的价格交割合约。

货币期货一般指外汇期货，是在期货交易所内交易的一种金融衍生品。交易双方通过公开叫价，在未来的某一日期根据协议价格交割标准数量的外汇合约。外汇期货交易可以分为广义和狭义两种方式。广义的外汇期货交易包括外汇期货合约交易和外汇期权合约交易两种方式，而狭义的外汇期货则专指外汇期货交易，即各种国家的货币，如美元、英镑、日元和人民币等。在外汇期货交易中，交易价格通常是以美元为基准计价的。

截至 2021 年，我国金融期货上市的品种不多，主要有沪深 300 股指期货、中证 500 股指期货、上证 50 股指期货、2 年期国债、5 年期国债和 10 年期国债（见表7-4）。

表 7-4　我国金融期货品种

品种	交易单位（元/点）	最小变动价位（点）
沪深 300/IF	300	0.2
上证 50/IH	300	0.2
中证 500/IC	200	0.2
2 年期国债/TS	20000	0.005
5 年期国债/TF	10000	0.005
10 年期国债/T	10000	0.005

注：根据中国金融期货交易所网站整理。

（三）金融期货的功能

金融期货的功能主要有套期保值功能、价格发现功能、投机功能、套利功能。

1.套期保值功能

套期保值是企业为规避不同类型的风险,如外汇、利率、商品价格、股票价格波动和信用风险等,通过指定一项或多项套期工具,使其公允价值或现金流量的变动可以抵消被套期项目全部或部分的公允价值或现金流量变动。在套期保值中,利用金融期货进行交易,通过在现货市场和期货市场建立相反的头寸,锁定未来现金流或公允价值,以达到规避风险的目的。

套期保值的原理是期货价格与现货价格受相同经济因素的制约和影响,所以它们的变动趋势大致相同,并且现货价格与期货价格在走势上具有收敛性。因此,若在现货市场和期货市场建立数量相同、方向相反的头寸,则到期时两种头寸的盈亏恰好抵消,从而避免承担风险损失。

套期保值的基本做法是在现货市场买进或卖出某种金融工具的同时,做一笔与现货交易品种、数量、期限相当但方向相反的期货交易,以期在未来某一时间通过期货合约的对冲,以一个市场的盈利弥补另一个市场的亏损,从而规避现货价格变动带来的风险,实现保值的目的。套期保值的基本类型有两种:多头套期保值和空头套期保值。

由于期货交易的对象是标准化产品,因此,套期保值者很可能难以找到与现货头寸在品种、期限、数量上均恰好匹配的期货合约。如果选用替代合约进行套期保值操作,则不能完全锁定未来现金流,由此带来的风险称为"基差风险"。基差是指现货价格与期货价格之间的差额。

2.价格发现功能

价格发现是指期货市场通过交易双方公开竞价,将多种影响供需关系的因素转化为一个统一的交易价格。期货价格具有预期性、连续性和权威性,可以较为准确地反映未来商品价格的变动趋势。但是,价格发现并不意味着期货价格一定等于未来现货价格。实际上,研究表明,期货价格与未来现货价格不相等是常态。这是因为期货价格要反映现货的持有成本,而资金成本、仓储费用、现货持有便利等因素会影响期货价格,即使现货价格没有变动,期货价格也可能存在差异。

3.投机功能

像其他证券市场一样,期货市场也存在投机者,他们根据对未来期货价格变化的预期进行交易。预计价格上涨的投机者会建立多头头寸,而预计价格下跌的投机者则会建立空头头寸。在金融期货市场上,交易的结算方式是 T+0,也就是当日交易当日结算。

4. 套利功能

套利的理论基础是一价定律，即同一资产或同一组合在同一时刻的不同市场价格必须相等或相当接近，否则会出现套利机会。这是因为如果存在价格差异，就会吸引套利者进入市场，他们会同时买入低价市场上的资产并卖出高价市场上的资产，从而赚取风险低且稳定的套利利润。但要注意的是，实际套利过程中还需要考虑交易费用等因素的影响。

二、金融期货的运行

（一）金融期货市场的主要参与者

1. 期货交易所

期货交易所是一个公开、透明、竞争、无营利性质的机构，为交易者提供买卖各类期货契约的场所，以实现合理的公共经济社会利益。它不仅提供交易场所，还提供监督和规范交易的机制，确保交易公平公正。交易所的收入主要包括会员的入会费、交易者的手续费、信息技术服务费以及其他业务收入。这些收入都是为了保证交易所的正常运营和服务交易者。

2. 期货公司

期货公司是一种按照法律规定设立的中介机构，其主要职能是为客户提供期货交易的服务。客户通过期货公司进行期货交易，期货公司按照客户的指令代为操作并收取相应的交易手续费。期货公司的作用是提供交易平台、风险管理和资金托管等服务，同时保障交易的公开、公平和合法性。期货公司的责任在于提供专业的服务、协助客户制定交易策略并控制风险，但客户应对交易结果承担相应的责任和风险。

3. 期货交易者

期货交易者是参与金融期货交易的主体，可以分为机构交易者和普通交易者。机构交易者通常拥有雄厚的资金实力和先进的数据运算能力，具备明确的市场交易规则观念、管理体系和风险可控机制。相比之下，普通交易者则面临信息采集和数据运算的困难。机构交易者通过制定合理的交易策略，利用自身的资金实力和数据优势在市场中取得优势。普通交易者则需要在市场中保持警觉，增强风险意识，并通过学习和实践不断提升自己的交易技能。

(二)交易制度

1.保证金制度

金融期货交易与商品期货交易一样,参与交易者需要缴纳一定比例的保证金,通常在2%至5%之间。只有在缴纳保证金之后,交易者才能进行实际的交易,并根据实际情况判断是否需要追加购买资金。这种保证金制度体现了金融期货交易中的杠杆效应,即用较少的资金控制更大的交易额。这种机制不仅能够激发交易者的盈利潜力,同时也加大了交易风险。因此,合理控制保证金比例对于降低风险、保护交易者利益至关重要。

2.每日结算制度

金融期货交易的财务结算管理工作由期货交易所负责,类似于商品期货交易。交易所采用"逐日盯市"制度,即每日结算所有期货合约交易的成本盈亏、保证金、手续费、税金等费用,并对已约定支付的交易款项进行分期划转。这一制度可以及时控制交易风险,确保交易的公平、公正和安全,为金融期货交易的参与者提供保障。此外,交易所还会对已成为合约会员的交易结算费和准备金进行调整。

除了前面介绍过的交易规则,金融期货交易所还有其他规则,如涨跌停板制度、持仓限额制度、大户报告制度、实物交割制度、强行平仓制度等。这些规则与商品期货的规则基本相同,旨在维护市场稳定、保护交易者利益、规范交易行为。

(三)金融期货与商品期货的区别

金融期货和商品期货作为两种不同的期货交易品种,具有许多相同点和不同点。

期货交易所是这两种期货的主要交易场所,为期货交易者提供公开、公平、公正的监督交易活动场所。期货交易者都需要缴纳一定的保证金才能参与交易,并且交易合约的价格和利率都会受市场波动的影响。期货交易者的交易结果都由委托交易的客户自己承担,而期货公司是按照客户的指令为客户进行期货交易并收取交易手续费的中介组织。期货交易所都有涨跌停板制度、持仓限额制度、大户报告制度、实物交割制度、强行平仓制度等交易规则。

不同点在于,金融期货的交易标的是金融资产,如股票、指数、债券、外汇等,而商品期货的交易标的是商品,如农产品、金属、石油等。金融期货市场更复杂,交易者需要掌握更多的金融知识和技能,而商品期货市场相对来说更简单,交易者更注重基本面和市场走势。金融期货交易更灵活,可以进行更为复杂的交易策略,如套利、对冲等,而商品期货交易相对来说更单一。金融期货的风险相对较高,需要交易者具有更稳健的风险管理能力,而商品期货的风险相对较低,容易掌握和管理。

总的来说,金融期货和商品期货都是重要的期货交易品种,在不同的市场环境下,交易者可以根据自己的投资风格和资金实力选择适合自己的交易品种。

（四）操作流程

金融期货交易与商品期货交易一样,包括开户、下单、竞价、结算和交割等五个基本环节。但是,金融期货交易中,实际进行交割的交易人数较少,一般采用对冲的方式进行结算。这是因为金融期货的交易对象是金融资产,具有流动性和可交易性,因此很少会进入实物交割环节。

第六节　外　汇

一、外汇的基本概念

（一）外汇的定义

1.动态外汇

动态外汇是指货币在国际的流动,它是国际收支的重要组成部分。国家通过中央银行等机构持有外汇储备,以应对可能出现的国际收支逆差,确保国际支付能力和货币稳定。外汇储备可以通过多种形式持有,如银行存款、政府债券等。在国际贸易和投资中,外汇的汇率波动对各国经济发展和金融市场具有重要影响。

2.广义外汇和狭义外汇

广义上的外汇是指以外币计价表示的资产,是各国之间进行贸易和金融交流的基础。在中国,外汇是指外国货币、外币支付、外币有价证、特别提款权、欧洲货币单位等资产。

外汇作为一种资产,具有货币属性和流动性。它的价值随着汇率的波动而变化,可以用于进行跨国贸易和投资。

在不同国家和地区,外汇管理法规和政策可能会有所不同,但其基本概念和作用都是相似的。外汇作为一种重要的资产形式,对于国际经济贸易和金融市场的发展具有重要作用。

狭义上的外汇是指一种以外国货币为计价单位的支付手段,可用于国际债权债务结算。这种支付手段包括以外币表示的信用工具和有价证券,如银行存款、商业汇票、银行汇票、外国政府公债、国库券及各种长短期证券等。

狭义外汇必须具备三个特点:可支付性、可获得性和可换性。可支付性是指外汇必须是以外国货币表示的资产,能够被接受作为支付手段;可获得性是指外汇必须是在国外能够得到补偿的债权;可换性是指外汇必须是可以自由兑换为其他支付手段的外币资产。

外汇在国际贸易和金融交易中扮演着重要的角色。狭义上的外汇是国际贸易和金融交易中常用的支付手段,同时也是外汇市场的重要组成部分。外汇市场的规模庞大,每天交易量数万亿美元,涉及众多参与者,包括国际大型银行、企业和个人投资者等。

(二)外汇的作用

外汇是不可避免的国际经济交流产物,它在促进国际贸易和经济关系方面发挥着关键的作用,同时也在国际政治和文化交流方面扮演着重要的角色,成为联系世界各国的重要纽带。

1.优化国际结算方式

作为国际结算的计价手段和支付工具,外汇为国际货币流通提供了便利,促进了国际经济交往的进一步发展。与过去使用贵金属货币不同,以外汇作为支付工具可以节省大量的运输成本和时间,使国际清偿变得更加高效和快捷。同时,由于国际经济交往产生了债权债务关系,使用外汇作为支付手段可以方便地清算这些债务关系,促进国际经济交往的稳定和健康发展。

2.促进国际贸易发展

外汇的出现加速了国际贸易的繁荣,采用外汇进行跨境交易和结算,具备安全、方便、高效和经济等优势,因此在推动国际贸易的扩大和深化方面起到了至关重要的作用。

3.调节国际资本供求

外汇作为一种重要的资金融通方式,在国际经济中具有非常重要的作用。通过各种外汇票据,资金可以在国际范围内自由流通和配置,这加速了世界各国经济的一体化和全球化进程。此外,外汇还可以调节不同国家之间的资金余缺状况,促进国际资本转移和投资。发达国家的资金过剩可以通过外汇在全球范围内流动,而发展中国家的资金短缺也可以通过外汇吸引更多的国际资本流入。因此,外汇在促进国际经济发展、调节国际资本供求关系方面发挥着重要的作用。

4.充当国际储备手段

外汇作为国际结算的主要手段,在国际收支中发挥着重要的作用。为了保证国际支付的流畅和国际清偿的能力,各国需要一定数量的外汇储备。外汇储备具有灵活性、流动性强的特点,不像黄金需要储存在金库中,而是以银行存款、有价证券等形式存在,能够带来一定的收益。因此,外汇成为各国重要的储备资产,也是衡量国际清偿能力的重要指标。

(三)外汇的分类

1.按受限程度划分

按照受限程度,可以将外汇分为自由兑换外汇、有限自由兑换货币和记账外汇。

自由兑换外汇是指可以在国际上广泛使用的一种货币。这种货币可以被其他国家广泛接受,可以自由兑换成其他国家货币,还可以用于清偿国际债权债务关系,因此在国际金融市场上可以自由买卖,具有高度的流动性和广泛的使用性。在国际贸易和投资中,自由兑换外汇扮演着至关重要的角色,为各国经济的交流和合作提供了便利和支持。

根据国际货币基金组织的规定,有限自由兑换货币是指在国际经常账户上存在一定限制的货币,不能自由地兑换成其他货币或用于支付第三方。目前全球约一半国家的货币属于有限自由兑换货币。

记账外汇又被称为清算外汇或双边外汇,是指以外币记账并存放在双方指定的银行账户上的一种外汇形式。这些外汇不能被兑换成其他货币,也不能被用于向第三方国家进行支付。

2.按来源用途划分

按照外汇的来源和用途,可以将外汇分为三类:贸易外汇、非贸易外汇和金融外汇。

贸易外汇也称实物贸易外汇,是指与进出口贸易相关的外汇,包括从国际贸易中获得的外汇和用于支付国际贸易的外汇。贸易外汇是国际贸易的重要支付手段,也是衡量一个国家贸易状况的重要指标。

非贸易外汇是指除贸易外汇以外的其他外汇,包括劳务外汇、侨汇和捐赠外汇等。这些外汇的来源和用途不是与贸易有关的,如个人的海外汇款、移民资金等。

金融外汇与贸易外汇和非贸易外汇不同,是一种金融资产外汇,主要用于银行间的外汇买卖和货币头寸的管理。例如,银行间的外汇交易和国际资本流动所产生的外汇都属于金融外汇。

3. 按市场走势划分

硬外汇也称强势货币,是指币值稳定、强劲,购买力较强,汇率呈现上涨趋势的自由兑换货币。硬外汇通常是由具有强大经济实力、高度国际竞争力、稳定政治环境和坚实货币政策的国家或国际组织发行的货币,如美元、欧元、英镑和日元等。

软外汇也称弱势货币,是指币值不稳定、相对弱势,购买力较弱,汇率呈现下跌趋势的自由兑换货币。软外汇通常是由经济相对落后、政治环境不稳定或货币政策不严谨的国家发行的货币,如印度卢比、巴西雷亚尔、南非兰特和土耳其新里拉等。软外汇通常面临着通货膨胀、贸易逆差、政治风险等挑战。

4. 按管制划分

现汇是指可以在国际金融市场上自由买卖,被广泛用于国际结算,可以自由兑换成其他国家货币的外汇。现汇一般不受政府限制,是完全自由兑换的货币。

购汇是指用本国货币购买外汇的行为,相当于外汇买卖。在中国,个人和企业需要向外汇管理部门申请购汇额度,以确保外汇市场的稳定和国家经济的安全。购汇的限制还可以是临时的,如政府可能会对某种货币实施暂时性的购汇限制,以控制汇率波动或应对外汇流动性风险等问题。

5. 其他分类

留成外汇是指政府或外汇管理机构规定企业创汇后需要将一定比例的外汇留存,以促进外汇市场平衡和发展。留成外汇通常是企业所创造的外汇收入的一定比例,用于企业的生产和经营发展。留成外汇比例是由外汇管理机构规定的,一般在 10%—20%,不同行业和不同创汇额度的企业留成外汇比例也有所不同。

调剂外汇是指外汇调剂中心作为中介,对有外汇盈余或者外汇不足的企业或银行进行外汇调剂,以满足外汇需求。调剂外汇的主要目的是维护外汇市场的稳定和平衡,防止出现外汇过剩或外汇短缺的情况。

营运外汇是指企业用于其生产经营活动的外汇,需要到外汇管理机构办理外汇管理手续,以确保其使用符合规定。

周转外汇额度是指外汇管理机构给予企业的一定外汇额度,用于一段时间的外汇收支活动,使用后可以重新申请;而一次使用的外汇额度则只能用于特定的外汇收支活动,一旦使用后就不能再次申请使用。

境内机构外汇是指中华人民共和国境内的国家机关、企业、事业单位、社会团体、部队等机构持有的外汇;境内个人外汇是指中国公民和在中华人民共和国境内连续居住满 1 年的外国人持有的外汇。

（四）汇率

汇率是国际贸易和金融交易中至关重要的因素，因为货币的汇率决定了不同国家之间的商品和服务价格以及资本流动方向。汇率的波动对于企业和投资者来说可能会带来风险和机会，因此对汇率的了解和分析至关重要，对汇率的分类见表 7-5。

表 7-5　汇率的分类

划分标准	类别	含义	关系
银行买卖外汇角度	买入汇率	银行向同业或客户买入外汇时所使用的汇率	/
	卖出汇率	银行向同业或客户卖出外汇时所使用的汇率	
	现钞汇率	买卖外币现钞的价格	
	中间汇率	中间汇率也叫中间价，是买入价和卖出价的平均数	
买卖外汇的对象	同业汇率	银行与银行之间买卖外汇时采用的汇率	正常情况下，商人买卖差价比同业汇率的差价大
	商人汇率	银行与客户之间买卖外汇时采用的汇率	
货币制度	固定汇率	外汇汇率基本固定，汇率的波动仅限制在一定幅度之内	/
	浮动汇率	汇率波动不受限制，主要根据市场供求关系自由涨落	
买卖交割期限	即期汇率	外汇买卖双方成交后，当天或两个营业日内交割所使用的汇率	远期汇率和即期汇率之间的差额叫远期差价，差价用"升水""贴水""平价"表示
	远期汇率	由买卖双方签订合约，规定外汇买卖的币种、数量、期限、汇率等，到约定日期才按合约规定进行外汇交割的汇率	
银行营业时间	开盘汇率	每个营业日外汇市场开始买卖交易时使用的汇率	在同一个营业日，开盘价和收盘价有时差异很大
	收盘汇率	每个营业日外汇市场买卖交易结束时使用的汇率	
制定汇率的方法	基本汇率	一国货币兑关键货币的汇率。一般把美元当作关键货币	套算汇率是通过基本汇率套算出来的汇率
	套算汇率	两种货币通过各自对第三种货币的汇率推算出的汇率	

1.汇率的标价方法

在进行两种不同货币之间的比价时，需要确定使用哪个国家的货币作为标准，因为不同的标准会导致不同的标价方法。目前国际上通行的标价方法主要有三种:直接标价法、间接标价法和美元标价法。

(1)直接标价法

直接标价法是一种国际外汇市场上常用的汇率计算方式,也称应付标价法。该方法以一定单位的外国货币作为标准来计算应付多少单位本国货币。绝大多数国家,包括中国,都采用直接标价法计算汇率。

在直接标价法下,若一定单位的外币折合的本币数额多于单位值,则说明外币币值上升或本币币值下跌,代表外汇汇率上升;反之,如果用比原来少的本币就能兑换同一数额的外币,则说明外币币值下跌或本币币值上升,代表外汇汇率下跌。可以将直接标价法视为商品的买卖,其中外币作为买卖的商品,以该外币为1单位,单位不变,而货币一方则是本国货币,其值是不断变化的。

(2)间接标价法

间接标价法是一种确定货币比价的方法,它以本国货币为标准来计算应收多少单位的外国货币。与直接标价法不同的是,间接标价法中本国货币的数额保持不变,而外国货币的数额随着本国货币币值的变化而变化。在间接标价法下,如果一定数额的本币能兑换的外币数额比前期少,则表明外币币值上升,本币币值下降,即外汇汇率上升;反之,如果一定数额的本币能兑换的外币数额比前期多,则说明外币币值下降,本币币值上升,即外汇汇率下跌。间接标价法在国际外汇市场上广泛使用,如欧元、英镑、澳元等都采用间接标价法。

(3)美元标价法

美元标价法是在纽约国际金融市场上使用的一种标价法,它以一定单位的美元为基准来折算其他国家货币单位的汇率。在国际金融市场上,美元在货币定值、国际贸易计价、国际储备以及交易货币等方面都扮演着重要角色,因此各大国际金融中心的货币汇率都以兑美元的比价为准。此外,世界各大银行的外汇牌价也都是公布美元兑其他主要货币的汇率。需要注意的是,英镑在美元标价法中使用的是直接标价法。

2.影响汇率的因素

影响汇率波动的最基本因素有以下几个方面。

国际收支是指一个国家在一定时期的货币收入与支出的对比。国际收支平衡表反映了各种国际经济交易活动,其中贷方构成了外汇供给,借方则构成了外汇需求。外汇的供求关系影响着国际收支平衡表,从而影响一个国家的汇率变动。如果一个国家的国际收支出现顺差,则该国货币汇率会上升;反之,该国货币汇率会下跌。在国际收支中,贸易项目和资本项目对汇率的影响最为显著。

利率是反映一国借贷状况的重要指标,对汇率波动有着至关重要的影响。利率水平直接影响资本流动,高利率国家吸引更多资本内流,低利率国家则更多地出现资本外流,这些资本流动会导致外汇市场供求关系发生变化,从而对外汇汇率产生影响。通常来说,一国利率升高,将导致该国货币升值,反之则会导致该国货币贬值。

国内外通货膨胀的差异是影响汇率长期趋势的主要因素。通货膨胀会降低本国货币的购买力和价值,导致本币贬值。当通货膨胀减缓时,货币汇率上升,但这也可能导致本国出口商品竞争力下降,进口商品增加,进而影响人们对该国货币的信心和本币在国际市场上的地位。因此,通货膨胀对汇率的影响往往是复杂和多方面的。

政府和货币管理当局为了控制汇率波动,会采取直接干预外汇市场的措施,如买入或卖出外汇,以改变市场上外汇的供求关系,从而影响汇率的短期波动。虽然这些措施可以在一定程度上控制汇率的短期走势,但是不能从根本上改变汇率的长期走势。长期来看,汇率主要受到基本面因素的影响,如经济增长、通货膨胀、利率等。

国内外经济增长的差异会对汇率产生多方面的影响。一方面,经济增长会导致本国消费者和企业对进口商品的需求增加,从而增加了本国的贸易逆差,使本币汇率下跌。另一方面,经济增长也会带来生产率的提高和本国产品竞争力的增强,从而促进出口,减少对外汇的需求,有利于本币汇率上涨。经济增长还会吸引外国资本的流入,改善资本账户,也有助于本币汇率的上升。总的来说,长期而言,经济增长有利于本币汇率的稳中趋升。

国际金融市场上的大量投机资金对于世界各国的政治、军事和经济状况非常敏感。因此,这些游资很容易受短期市场预期的影响,导致外汇市场剧烈波动。短期市场预期是影响外汇市场的最主要因素之一,需要密切关注短期市场预期并及时调整政策。

二、外汇市场

(一)外汇市场的定义

外汇市场是一个广义的概念,包括所有进行货币交换的场所,狭义的外汇市场则指银行间进行外汇交易的市场。在广义的外汇市场中,商人需要将本国货币兑换成另一个国家的货币,以完成跨境贸易结算,这就需要在外汇市场上进行货币买卖。而在狭义的外汇市场中,银行会在市场上买卖不同货币,形成外汇头寸的盈亏,银行之间进行头寸的抛与补就形成了银行间的外汇交易市场。无论是广义的外汇市场还是狭义的外汇市场,都是为了满足各方货币需求的交易场所。

(二)外汇市场的作用

外汇市场是实现货币购买力在国际转移的重要渠道,同时也是提供资金融通和外汇保值投机的市场机制。通过外汇市场,各国间的商品和服务得以互相交换,为经济发展提供了必要的资金支持。外汇市场还有外汇保值和投机的功能,为投资者提供了一个多元化的投资渠道,同时也有助于稳定货币市场。

1.实现购买力的国际转移

国际贸易和国际资金融通至少涉及两种货币,而不同的货币对不同的国家形成购买力,这就要求将该国货币兑换成外币来清理债权债务关系,使购买行为得以实现。而这种兑换就是在外汇市场上进行的。外汇市场为这种购买力转移交易得以顺利进行提供了经济机制,外汇市场的存在使各种潜在的外汇售出者和外汇购买者的意愿能联系起来。当外汇市场汇率变动使外汇供应量正好等于外汇需求量时,所有潜在的出售和购买愿望都得到了满足,外汇市场处于平衡状态。这样,外汇市场提供了一种购买力国际转移机制。

2.提供资金融通的便利

外汇市场向国际的交易者提供了资金融通的便利。外汇的存贷款业务集中了各国的社会闲置资金,从而能够调剂余缺,加快资本周转。外汇市场为国际贸易的顺利开展提供了保证,当进口商没有足够的现款提货时,出口商可以向进口商开出汇票,允许延期付款,同时以贴现票据的方式将汇票出售,拿回货款。外汇市场便利的资金融通功能也促进了国际借贷和国际投资活动的顺利进行。

3. 提供外汇保值和外汇投机的机制

在以外汇计价成交的国际经济交易中,交易双方都面临着外汇风险。由于市场参与者对外汇风险的判断和偏好的不同,有的参与者宁可花费一定的成本来转移风险,有的参与者则愿意承担风险以实现预期利润,由此产生了外汇保值和外汇投机两种不同的行为。在金本位和固定汇率制下,外汇汇率基本上是平稳的,因而不会形成外汇保值和投机的需要及可能。而浮动汇率下,外汇市场的功能得到了进一步的发展,外汇市场的存在既为套期保值者提供了规避外汇风险的场所,又为投机者提供了承担风险、获取利润的机会。

（三）外汇市场的参与者

外汇市场参与者是外汇交易的主体，主要由以下几类参与者构成。

1. 外汇银行

外汇银行是指获得中央银行或货币当局授权从事外汇业务的银行机构。它们可以是专门从事外汇业务的本地银行，也可以是在本地设立分支机构的外国银行，还可以是兼营多种业务的本地商业银行。在外汇市场中，外汇银行是最为活跃的市场参与者，它们的交易量占据了外汇市场的主要部分，对外汇市场的运作具有重要影响。

2. 外汇交易商

外汇交易商是指专门从事外汇买卖的公司或个人。他们利用自己的资金买卖不同货币，通过货币之间的汇率差异获取利润。这些交易商不仅包括银行、经纪人和交易所等机构，也包括一些独立的个人交易者。外汇交易商的活动对外汇市场的流动性和价格发现起到了重要作用。

3. 外汇经纪人

外汇经纪人是促成外汇买卖的中间人，他们的任务是为客户提供外汇交易的信息和平台，并帮助客户实现外汇交易。外汇经纪人一般不持有任何头寸，而是从客户处收取佣金或者点差，作为其服务的报酬。外汇经纪人必须遵守所在国家的法律法规，通过监管机构的审批并受其监管。

4. 中央银行

中央银行作为外汇市场的重要参与者之一，其参与市场的主要目的是维持本国货币汇率的稳定，并且通过调节国际储备量来应对外部冲击。中央银行通过直接干预市场交易，在必要时购买或出售外汇以调节市场供求关系，从而维持汇率在合理的水平内波动。中央银行一般设立外汇平衡基金，以便在市场需求和供给失衡时进行干预，通过买卖外汇稳定本国货币的汇率。

5. 外汇投机者

外汇投机者是指那些在外汇市场上进行短期投机交易的个人或机构。他们并不是为了实际的商品贸易或者对冲风险，而是为了购买或卖出外汇合约以获取汇率变动所带来的利润。这些投机者利用各种技术分析和基本面分析来预测未来的汇率变动，并在此基础上进行买卖。他们的操作通常是快速的，只持有短期头寸，以获取汇率波动所带来的差价收益。但是外汇市场的风险极高，因此外汇投机者需要具备相应的知识和经验以及严密的风险管理措施，只有这样才能保证自己的盈利和避免亏损。

6. 外汇实际供应者和实际需求者

外汇市场上的实际供给者和需求者是那些利用外汇市场完成跨境贸易或投资交易的个人或公司。这些参与者包括进出口商、国际投资者、跨国公司、旅游者以及利用外汇市场进行投机或套汇的个人或公司等。他们的交易需求和供给是外汇市场汇率波动的主要驱动力。

（四）外汇市场组织形式

由于不同国家有不同的金融传统和商业习惯，外汇市场的交易方式也各不相同。

一种常见的方式是柜台市场，交易双方不必亲自见面，在没有具体交易场所的情况下，通过电传、电报、电话等通信设备进行交流和交易。

另一种方式是交易所市场，有固定的交易场所和营业时间，参与者必须在交易所内进行交易。然而，外汇交易涉及多个国家的参与者，交易范围广泛，交易方式也变得越来越复杂，因此，使用现代通信设备进行交易成本较低，参与交易所交易的成本较高。

三、外汇交易方式

外汇交易方式按买卖交割期方式分类，可以分为即期外汇交易、远期外汇交易、外汇掉期交易、外汇期货交易和外汇期权交易。

（一）即期外汇交易

即期外汇交易是指在交易当天即时进行的外汇交易。在即期外汇交易中，买卖双方约定在 T＋2 个工作日内完成交割（即货币兑换）。这种交易方式不仅快速，而且比较灵活，因为交易双方可以自由协商交易价格并决定交易数量。即期外汇交易是外汇市场中最常见的交易方式之一。即期外汇交易既可以满足买方临时性的支付需求，又能够帮助买卖双方管理货币头寸比例，从而规避外汇风险。企业可以通过进行相等数量与反方向的即期外汇交易来对冲现有的外汇风险敞口，以减少未来汇率波动带来的风险与损失。

即期外汇交易分为实盘外汇买卖和虚盘外汇买卖。

实盘外汇买卖指的是个人客户可以通过银行提供的多种渠道（如电话银行、网上银行、掌上银行、手机银行、自助终端和柜台）提交委托交易指令，将自己持有的外汇兑换为其他可自由兑换货币。

虚盘外汇买卖是指投资者与专业金融公司(如银行、交易商或经纪商)签订委托买卖外汇的合同,缴纳一定比率的交易保证金,按照一定的融资倍数进行买卖外汇,交易的规模可达数十万美元或更多。在这种合约形式下,投资者只是作出书面或口头的承诺来参与某种外汇的买卖,等待价格上升或下跌后再进行结算,从中获取盈利,但同时也承担了亏损的风险。虚盘外汇买卖所需资金不多且可以通过互联网进行交易,因此近年来已成为国际上备受青睐的投资方式之一,吸引了大量的个人投资者参与。

(二)远期外汇交易

远期外汇交易也称期汇交易,是指交易双方在成交后并不立即办理交割,而是预先约定好币种、金额、汇率、交割时间等交易条件,并在到期时进行实际交割的外汇交易。远期外汇与即期外汇的最大区别在于交割日期,即任何交割期限超过两个营业日的外汇交易均被视为远期外汇交易。远期外汇交易的常规交割期限包括1个月、2个月、3个月、6个月和12个月,而12个月以上的交割期限则称为超远期外汇交易。远期外汇交易的主要作用是保值,避免外汇汇率波动的风险。远期外汇交易可分为固定交割日和选择交割日,取决于交易双方是否事先约定交割日期。

固定交割日远期外汇交易也称标准交割日远期外汇交易,是指交易双方事先约定了具体的交割日期的远期外汇交易。这是最常见的远期外汇交易类型,交割期限通常以天数或月份为单位,如1个月(30天)、2个月(60天)、3个月(90天)、6个月、9个月和12个月。到交割日时,按照事先的约定,以指定货币进行交割。如果一方提前交割,另一方既不需要提前交割,也不需要因为对方提前交割而支付利息。但是,如果有一方推迟交割,则必须向对方缴纳滞付利息。

选择交割日远期外汇交易也被称为非标准交割日的远期外汇交易或择期远期外汇交易。这种交易的主要特点是,双方在签订远期合约时,已经确定了交易数量和汇率,但是并没有确定具体的交割日期,而是规定了交割期限范围。完全择期交易指交易者可以在任何日期进行交割。而部分择期交易则是指双方事先约定了交割月份。

(三)外汇掉期交易

掉期,也称互换,是指在预先约定的汇率、利率等条件下,交易双方在一定期限内相互交换资金,以达到规避风险的目的。简单来说,掉期就是交易双方约定用一种货币A交换一定数量的货币B,并以约定价格在未来的约定日期用货币B再次交换同样数量的货币A。掉期业务结合了外汇市场、货币市场和资本市场的避险操作,是一种有效规避中长期汇率和利率风险的工具。

在外币兑人民币的掉期业务中,实质上结合了即期交易和远期交易的特点。银行和客户通过协商签订掉期协议,分别约定即期汇率和起息日,以及远期汇率和起息日。客户按照约定的即期汇率和交割日与银行进行人民币和外汇的转换,然后按照约定的远期汇率和交割日与银行进行反向转换。外汇掉期是国际外汇市场上常用的一种规避汇率风险的手段。掉期交易根据不同的标准可以进一步划分为不同类型。

1. 按交易对象划分,掉期可以分为纯粹掉期和分散掉期

纯粹掉期这种交易模式仅涉及交易的双方,其中 A 和 B 会在同一时间进行两笔交易,以相等的金额进行,方向相反,且交易目的不同。例如,A 可能会向 B 出售即期美元,并同时向 B 购买远期美元。这是一种常见的掉期交易方式。

分散掉期由两笔单独的交易组成,每笔交易与不同的交易对手进行,这种交易涉及三方。例如,A 向 B 出售即期美元的同时,向 C 购买远期美元。实际上,交易者 A 仍然只是同时进行了即期和远期两笔交易。这种交易的主要目的是规避汇率风险并从汇率中获取利润。

在外汇市场上,进行纯粹掉期投资的投资者通常比进行分散掉期投资的投资者更多。这是因为,在纯粹掉期中,买卖价差只会损失一次,而分散掉期需要分两次进行交易,先进行即期交易,然后再进行远期交易,这导致买卖价差的损失可能会更多,也使分散掉期的成本高于纯粹掉期。

2. 按掉期的期限划分,可分为一日掉期、即期对远期掉期和远期对远期掉期

一日掉期是指两笔金额相等、方向相反且交割日相差一天的外汇掉期交易。一日掉期包括今日掉明日、明日掉后日和即期掉期日。今日掉明日是指第一个交割日安排在交易当天,第二个反向交割日安排在第二天。明日掉后日是指第一个交割日安排在明天,第二个反向交割日安排在后天。银行通常使用一日掉期进行隔夜资金拆借,以避免在进行短期资金拆借时因头寸短缺或剩余头寸而遭受汇率风险。

即期对远期掉期是指在进行一笔即期外汇买卖的同时,进行一笔同种货币的远期外汇买卖,两笔交易的金额相等,但方向相反。这种掉期交易的主要目的是避免在外汇资产到期时即期汇率下跌,或在外币负债到期时即期汇率上涨而给交易方带来损失,同时也可用于货币转换和外汇资金头寸的调整。

远期对远期掉期是一种利用远期外汇汇率差异获取利润的交易策略,即在同

一货币对中同时买进或卖出两笔数量相同的远期外汇,但交割期限不同。这种交易策略通常采用"买短卖长"或"卖短买长"的方式进行。银行可以在较为有利的汇率时机利用这种交易方式,从中获利。这种交易方式风险相对较低,同时也有一定的灵活性,因此得到了越来越多银行的青睐。

(四)外汇期货交易

外汇期货交易是一种在期货交易所进行的货币交易形式,交易双方通过公开叫价来买入或卖出一种非本国货币,并签署一份标准化合约,合约规定了未来某个日期按照约定价格交割一定数量的外汇。这种交易形式具有标准化、公开透明等特点,交易所提供交易平台、清算和结算服务。

外汇期货交易的特点包括:一是外汇期货交易是一种标准化的期货合约,交易双方通过公开叫价,以买进或卖出另一种非本国货币,并签订一个在未来某一日期根据约定价格交割标准数量外汇的标准化期货合约。二是外汇期货价格与现货价格相关,期货价格与现货价格变动的方向大体相同,变动幅度也大体一致,交割日两种汇率重合。三是外汇期货交易实行保证金制度,交易双方在开立账户时都必须交纳一定数量的保证金。四是外汇期货交易实行每日清算制度,当每个营业日结束时,清算所要对每笔交易进行清算,即清算所根据清算价对每笔交易结清,盈利的一方可提取利润,亏损一方则需补足头寸。

(五)外汇期权交易

外汇期权是一种衍生金融工具,即购买方在支付一定期权费后,获得在未来一定时间按照事先约定的汇率和金额,向期权卖方买进或卖出一定数量外汇资产的权利,同时具备不执行该权利的选择权。外汇期权交易的一个优点是能够锁定未来的汇率,提供外汇保值的功能,同时也能够在汇率变动的情况下获得盈利的机会,对于那些合同尚未最终确定的进出口业务具有保值的作用。

四、外汇交易的术语

目前国际上通用的常用货币代码见表 7-6。

表 7-6　常用货币代码

货币	代码	货币	代码
人民币	CNY	德国马克	DEM
美元	USD	新加坡元	SGD

续表

货币	代码	货币	代码
欧元	EUR	荷兰盾	ANG
日元	JPY	芬兰马克	FIM
英镑	GBP	泰铢	THB
瑞士法郎	CHF	瑞典克朗	SEK
澳大利亚元	AUD	丹麦克朗	DKK
新西兰元	NZD	挪威克朗	NOK
加拿大元	CAD	菲律宾比索	PHP

汇率基点是外汇市场中用于表示汇率变化的最小单位。在市场中,汇率通常被标价为 5 位有效数字,其中小数点前 1 位,小数点后 4 位。以人民币兑美元为例,每个基点表示汇率的最小变化值为 1%。例如,人民币兑美元的最小单位是分,那么 1 个基点就是 0.01 分。对于其他货币兑美元的报价,最小变化值为 0.0001 美元,即 1 个基点。

外汇点差是指外汇交易中,买入价和卖出价之间的差额,通常用来衡量市场的流动性和交易成本。点差越小,表示市场流动性越好,成交速度越快,同时交易成本也更低。点差的计算方式为报价中卖出价减去买入价所得到的结果,以基点为单位,通常不同货币对的点差大小不同。

外汇市场中的货币报价分为直接报价和间接报价两种形式。直接报价是指一种货币对另一种货币的报价,如欧元/美元、英镑/美元等;间接报价则是指以美元为基础货币的报价,如美元/日元、美元/瑞郎等。以欧元/美元报价为例,1.0653 的意思是 1 欧元可以兑换 1.0653 美元,而美元/日元报价为 117.65 则表示 1 美元可以兑换 117.65 日元。

外汇买入价是指外汇交易商愿意从客户或其他交易商那里购买某种货币时使用的价格,也称买入汇率。这一价格显示在货币报价的左侧,以基础货币计价。例如,如果英镑/美元的报价是 1.8812,那么买入价是 1.8812,表示交易商愿意以 1.8812 美元购买 1 英镑,投资者可以以此价格卖出英镑获得美元。

外汇卖出价是指外汇银行向客户出售外汇时所使用的价格,也称卖出汇率。在外汇报价中,卖出价通常显示在货币报价的右边。在直接标价法下,外汇折合本币数额多的价格是卖出价;在间接标价法下,本币数额少的价格是卖出价。例如,欧元/美元报价是 1.2818,那么卖出价是 1.2818,也就是说,客户购买 1 欧元需要付出 1.2818 美元。

外汇直盘指的是以美元作为计价货币,直接与其他货币进行交易的汇率,例如欧元/美元、美元/日元、英镑/美元等。

外汇交叉盘是指两个非美元货币之间的交易,例如欧元/英镑、欧元/日元、英镑/日元。

隔夜利息是指外汇交易中,若持仓到下一交割日则会出现延期现象,这会导致产生对冲或者抛补的价差。这个价差的大小取决于银行间隔夜拆款利率,如果投资人手中持有利率较高的货币,那么在延期期间,投资人就可以获得货币利率上的差额收益。

五、外汇的优势与风险

(一)外汇交易优势

外汇交易有以下几个优势:第一,市场开放。外汇市场是全球最大的金融市场之一,24 小时不间断地开放,让交易者可以在任何时候参与交易,不受时区限制。第二,流动性强。由于市场规模庞大,外汇交易的流动性非常强,这使交易者可以快速地进出市场,不易造成价格波动。第三,杠杆交易。外汇交易可以采用杠杆交易的方式,这意味着交易者只需缴纳一小部分资金就可以控制更大的交易规模,提高交易收益。第四,多元化。外汇交易市场涉及多种货币对,交易者可以选择自己擅长的货币对进行交易,同时也可以分散风险,实现多元化投资。第五,透明度高。外汇市场是一个高度透明的市场,市场信息公开,交易者可以随时获取最新的市场行情和信息,做出明智的交易决策。

(二)外汇风险

根据外汇风险的作用对象和表现形式,目前学界一般把外汇风险分为三类:交易风险、折算风险和经济风险。

1. 交易风险

交易风险也称交易结算风险,是指在外汇交易中使用外币进行计价收付时,由于外汇汇率的变动可能使经济主体遭受损失的风险。它是一种流量风险。

交易风险主要表现在以下几个方面:首先,在商品、劳务进出口交易中,从合同签订到货款结算,外汇汇率变化可能导致的风险。其次,在以外币计价的国际信贷中,债权债务未清偿前存在的风险。最后,外汇银行在外汇买卖中持有的多头或空头头寸也可能因汇率变动而遭受风险。

2. 折算风险

折算风险又称会计风险,是指在经济主体进行资产负债表的会计处理过程中,由于汇率变动引起海外资产和负债价值变化而产生的风险。它是一种存量风险。

与一般企业相比,跨国公司的海外分公司或子公司面临更为复杂的折算风险。一方面,当它们以东道国的货币入账和编制会计报表时,需要将所使用的外币转换成东道国的货币,面临折算风险;另一方面,当它们向总公司或母公司上报会计报表时,又要将东道国的货币折算成总公司或母公司所在国的货币,同样面临折算风险。

折算风险主要有三种表现方式:存量折算风险、固定资产折算风险和长期债务折算风险。风险的人小与折算方式也有一定的关系。历史上,西方各国曾经先后出现过四种折算方法,分别是流动/非流动折算法、货币/非货币折算法、时态法和现行汇率法。

3. 经济风险

经济风险是指企业面临汇率波动风险时,未来一定时间内收益或现金流量可能因汇率波动而产生变化的潜在风险。它涉及真实资产风险、金融资产风险和营业收入风险三个方面,主要取决于汇率变动对生产成本、销售价格和产销数量的影响。举例来说,如果一个国家的货币贬值,它可能会加强该国出口商品的竞争力,但同时也会导致进口原材料成本增加和供应减少。此外,汇率变动对价格和数量的影响可能需要一段时间才能体现在企业收益中。

(三)外汇风险管理

1. 采用货币保值措施

在外汇交易中,为了防范汇率波动风险,买卖双方会在交易合同中添加保值条款。这些条款的目的是通过对货币的选择和确定汇率来减轻风险影响。货币保值措施主要有三种:黄金保值条款、硬货币保值条款和一篮子货币保值条款。黄金保值条款是指将交易款项与黄金挂钩,通过黄金价格变化调整交易价格。硬货币保值条款则是将交易款项与某些强势货币挂钩,如美元、欧元等,以避免汇率波动的影响。一篮子货币保值条款则是将交易款项与多种货币挂钩,以分散风险。这些保值条款可以帮助企业规避汇率波动风险,提高交易的可预见性和稳定性。

2. 选择有利的计价货币

在进行跨国贸易时,选择有利的计价货币可以帮助企业规避汇率风险,而正确的选择需要遵循以下原则:首先,如果只能使用一种货币进行结算,付款方应该使用相对稳定的货币,而收款方应该使用相对不稳定的货币。其次,如果可以使用多种货币进行结算,应该采用一篮子货币,使各种货币的汇率波动能够相互抵消。最后,在贸易谈判中,双方应该尽可能使用本币进行支付,以避免汇率波动对交易的影响。

3. 提前或延期结汇

企业在国际收支活动中,可以通过预测货币汇率的变动趋势,采取提前或延迟收付外汇款项的策略管理外汇风险。这些策略包括提前购买或卖出外汇以锁定汇率,延迟支付外汇以等待汇率变化,以及分散支付时间和货币种类以降低风险。

4. 进、出口贸易相结合

第一种方法是通过销售出口产品获取外汇,用于支付进口货物的价格,以实现外汇头寸的平衡,从而减少外汇风险。第二种方法是采取自动抛补的方式,即在出口和进口贸易中使用相同货币计价,通过协调收付款的时间差,自动抵消出口和进口的外汇头寸,以减小外汇风险的影响。

5. 利用外汇衍生产品工具

通过签署远期外汇交易合同,进出口企业可以将以外汇计价的应付款或应收款与银行续签远期买卖外汇货款合同,以锁定汇率波动来管理外汇风险并消除其影响。

(四)外汇盈亏计算

外汇的盈亏计算需要考虑以下几个方面。

首先,需要关注外汇汇率的变化。在合约现货外汇买卖中,投资者可以通过外汇汇率的波动来获取利润,盈亏的多少是按照点数计算的。赚和赔的点数与盈利和亏损的多少成正比,赚的点数越多,盈利也就越多,反之亦然。

其次,还需要考虑利息的支出和收益。如果投资者买入高息外币,可以获得一定的利息,如果卖出高息外币,则需要支付一定的利息。需要注意的是,在合约现货外汇买卖中,计息方法是以合约的金额计算而非实际投资金额。各国利息率经常调整,因此投资者要根据交易商公布的利息收取标准进行计算。对于短期投资者来说,如当天或一两天内结束的交易,利息支出和收益相对较少,对盈利或亏损的影响较小。对于中长期投资者来说,利息的收支费用会相对较高,对最终的盈亏情况产生较大的影响,因此,利息问题也是一个重要的考虑因素。

最后,还需要考虑手续费的支出。投资者进行外汇买卖需要通过金融公司完成,因此,手续费也需要计算到成本中。金融公司收取的手续费根据投资者买卖合约的数量而定。随着网上外汇交易服务的发展，向投资者收取手续费的金融公司越来越少。

以上三个方面的因素，共同构成了计算合约现货外汇盈利和亏损的计算方法。

间接标价的外币，如日元、瑞士法郎的损益计算公式为：

$$损益＝合约金额×\left(\frac{1}{卖出价}-\frac{1}{买入价}\right)×合约数－手续费±利息$$

直接标价的外币，如欧元、英镑的损益计算公式为：

$$损益＝合约金额×(卖出价－买入价)×合约数－手续费±利息$$

六、外汇开户及交易流程

目前外汇开户及交易流程有五个步骤（见图7-5）。

图 7-5　外汇开户及交易流程

（一）提交开户申请

填写真实个人信息和相关资料，并提供所需证明文件。申请可通过电子邮件或平台客服提交。

（二）审核开户信息

审核身份证上的地址与开户申请时提供地址的一致性和有效性。如果地址不一致，需要提供有效地址证明。

（三）获取交易账户

开户申请审核通过后，客户将通过电子邮件收到账户信息，包括账号和入金方式。

（四）入金

为新开的交易账户注入资金，并激活账户。入金金额必须满足交易商规定的最低入金限制。在实盘外汇买卖下，初始保证金比例必须为100%且不可透支，而虚盘外汇买卖则需要交纳2%—10%的初始保证金。

（五）交易及清算

投资者可以根据自己的投资计划和市场行情，发出即时或委托交易指令进行外汇交易。在即时交易中,投资者需要选择买入或卖出的货币种类,并指定交易金额。而在委托交易中,投资者可以选择不同的委托种类,如获利、止损和双向等,还需要选择买入或卖出的货币种类以及委托时间,并确认相应的获利或止损价格。投资者可以通过营业网点、电话银行或网上银行等渠道发出交易指令。在外汇交易中,投资者需要进行对应的买进和卖出操作,才算完成一次完整的交易回合。客户在买卖过程中获得的汇差即为客户的汇差损益。

第七节　期　权

一、期权概述

(一)含义及特点

1.期权定义

期权是一种金融衍生品,它是一种基于某一标的资产的合约,赋予买方在合同规定的时间内以固定价格买入或卖出该标的资产的权利,但并不强制执行该权利。买方购买期权合约时需支付一定的费用,这被称为期权费。期权合约的卖方则需要在买方行使期权时,按照合约规定履行买卖或放弃的义务。

在金融市场中,期权等金融衍生品是非常重要的工具,可以用于对冲风险、进行投机和套利等。期权的本质是一种合约或者合同,它可以带来收益,甚至是非常高的收益。以下以购房合同为例说明。

【案例】

甲、乙双方签订一份合同:在3个月内,无论房子市场价格是多少,甲方仍然有权利以100万元的价格从乙方手上买入这套房子,但前提是,甲方必须先支付给乙方1万元,作为获得这个购买权利的费用。

这份合同其实就是一份简单的期权合约:

甲方交给乙方的1万元,就是权利金,由卖方收取这份费用,注意这1万元不能退,也不能抵扣未来的购房款。

双方约定的成交价格就是行权价,甲方以约定的价格 100 万元买入,这 100 万元即行权价。

时间周期为 3 个月。甲方要行使权利必须在 3 个月内。甲方不行权的原因可能是房价跌到 100 万元以下了,不想以 100 万元来买,甲方毁约了;也有可能是房价没有超过 101 万元,甲方觉着不划算不想买了。

甲方相当于用 1 万元锁定了房子 3 个月的成本价为 100 万元,在 3 个月内房子疯涨也不怕。

从例子可以看出,购房合同也可以看作是一种期权。当你签订购房合同时,你需要支付一定购房期权的费用。购房合同规定了在合同规定的时间内,以约定的价格买入房屋的权利。如果在规定时间内你决定行使这个权利,你需要支付剩余的购房款项,这就相当于行使期权。而卖方则需要在行使期权时,按照合约规定的价格出售房屋,这就相当于期权卖方的义务。

2. 期权要点

第一,期权是一种权利。持有人享有权利但不需要承担相应的义务;卖方有义务而无权利。

第二,期权的标的物指的是期权合约中所规定的买卖标的资产,也称标的资产或标的品种。标的物可以是股票、债券、货币、股票指数、商品期货等各种金融资产。期权是一种衍生金融工具,它的价值源于标的资产的价格波动,因此期权的价格和标的资产的价格密切相关。

需要注意的是,期权的卖方并不一定需要拥有标的物,也可以通过期权的交易获得收益。期权买方也不一定需要在期权到期时实际购买或卖出标的物,而是可以选择在期权到期前平仓或放弃行权。如果期权到期时双方选择实物交割,买方需要支付标的物的实际价格,而卖方需要交付标的物,如果双方选择现金结算,买方需要支付差价,卖方则获得差价收益。

第三,到期日。到期日是指期权合约规定的期限,即期权有效期截止的日期。如果期权合约规定只能在到期日执行,那么这种期权就被称为欧式期权。与之相反的是美式期权,它允许在到期日之前的任何时间行使权利。

第四,期权的执行。根据期权合约购买或出售标的资产的行为被称为行使期权。期权合约中规定的固定价格是期权持有人可以按合同条款购买或出售标的资产的价格,被称为行使价格。

3.期权特点

(1)买卖双方的权利义务不同

期权交易是一种交易方式,它涉及买方支付一定费用来购买特定的权利,而卖方则通过出售这种权利来获得一定的收益。在期权交易中,买方获得的是权利,而卖方则需要承担履约义务,即在期权到期时,根据买方的意愿执行某种交易。因此,期权买方只拥有权利,而没有必要履行任何义务,而期权卖方则必须履行合同规定的义务。

(2)买卖双方的收益和损失特征不同

以另一种表述方式来说明:购买期权的买方面临的风险有限,只需支付期权费,但收益潜力却很大;而期权的卖方面临的风险很大,尽管获得期权费,但可能面临远远超过期权费的损失。

如果标的资产价格朝着对买方有利的方向变化,买方可以获得巨额收益,但卖方可能会遭受巨大损失;如果标的资产价格朝着对买方不利的方向变化,买方可以选择不行使期权,此时买方只需承担购买期权的费用(即期权费),而不会面临更大的损失。买方也可以在到期前出售期权以平仓,这可能会导致部分损失,但不会造成全部期权费损失。因此,购买期权的买方最大的损失为购买期权的期权费,而这也是期权卖方最大的收益。

(3)买卖双方保证金缴纳规定不同

购买期权的买方最多只能损失已经支付的期权费,因此他们通常无需缴纳保证金。而卖方面临着巨大的潜在损失,因此在交易期权时必须缴纳保证金作为履约担保。

(4)买进期权和卖出期权的功能不同

在避免价格风险方面,购买期权与卖出期权存在差异。买进期权可以用来规避标的资产价格波动的风险,而卖出期权则只能收取固定费用,无法规避标的资产价格风险。此外,相比于期货交易,购买期权与卖出期权在规避价格风险方面也存在较大差异。

(5)独特的非线性损益结构

与标的资产价格的线性变化不同,期权交易者的损益情况呈折线状,即在执行价格的位置发生转折。这是期权独特的非线性损益结构所导致的。正是因为这种非线性结构,期权在风险管理和组合投资等方面具有明显优势。通过将不同期权以及期权与其他投资工具进行组合,投资者可以构造出具有不同风险和收益状况的组合策略。此外,投资者还可以利用期权与标的资产头寸的相互转换,从而实现更灵活的投资组合。

（二）期权作用

期权有四个基本功能,分别是风险管理、投机获利、价格发现和促进金融市场发展。

期权是一种权利、义务不对等的交易工具,可以通过买进或卖出期权来达到风险转移和管理的目的。投资者可以通过买进看涨期权来管理投资组合股价上涨的风险,或者通过买进看跌期权来转移未来投资组合可能下跌的风险。此外,期权具有一定的杠杆比率,可以用较少的资金进行有效的风险管理,相对于期货,期权的参与成本更低,可以满足小额投资者的套期保值需求。

期权的投机获利功能是在风险管理功能的基础上建立的。通过买进或卖出期权,只要市场预判正确,投资者可以通过对冲平仓的方式获取利润。期权的杠杆作用可以使投资者以少量资金获得更高的收益率,是一种高风险高回报的投资方式。

期权市场的建立离不开期货市场,两者相互传导,实现价格发现的功能。期权价格的形成可以提高证券市场信息的透明度和有效性,促进信息的传递和交流。投资者可以通过观察期权市场的价格波动,了解市场对于未来股票价格变动的预期,从而更好地制定投资策略。

期权交易的经济功能可以提高资本市场和金融市场的效率,促进金融市场的发展。

（三）期权分类

1.期权可以按照其权利分为两种类型:看涨期权和看跌期权

看涨期权又称认购期权、多头期权,看涨期权赋予其买方在未来某个时间以特定价格购买标的资产的权利。这种期权的买方因为预计标的资产价格会上涨,所以愿意花费一定的权利金来购买这种权利。同时,卖方会收取一定的权利金作为交易的代价,并在购买者决定行使期权时交付标的资产。

举个例子,A对可口可乐公司非常看好,但是担心未来可口可乐的股票价格会变化。为了规避风险,A选择通过购买看涨期权的方式,以固定价格购买可口可乐的股票,即使未来可口可乐的股票价格上涨,A也可以以低于市场的价格购买股票,从而获得收益。但是如果未来可口可乐的股票价格不如预期,A也可以选择不执行期权,从而避免亏损。

看跌期权赋予其买方在未来某个时间以特定价格出售标的资产的权利。这种期权的买方因为预计标的资产价格会下跌,所以愿意花费一定的权利金来购买这种权利。同时,卖方会收取一定的权利金作为交易的代价,并在购买者决定行使期权时购买标的资产。这种期权也被称为认沽期权或空头期权。当买方决定行使期权时,卖方有义务接受标的资产的交割。

2.期权可以按交割时间分为三种类型:美式期权、欧式期权以及百慕大期权

美式期权是指在期权合约规定的有效期内任何时候都可以行使权利,买方可以在任何时间行使期权,卖方需要在任何时候都准备好履行义务。

欧式期权是指只有在期权合同的到期日那一天才能进行期权行权,买方在合同到期日之前无法行权。这种期权的买方需要在到期日前做出行权决策。美式期权与欧式期权的区别如图 7-6 所示。

图 7-6　美式期权与欧式期权的区别

百慕大期权介于美式期权和欧式期权之间,它允许在到期日前的某些指定日期行使期权,这些日期在合同签订时就已经确定了。这种期权允许买方在特定时间行使期权,卖方也需要在这些时间准备履行义务。

3.期权可以按标的分为四种类型:股票期权、利率期权、商品期权、外汇期权

股票期权是一种特殊的期权,它给予期权买方在支付了期权费后,按照合约规定的到期日或到期日以后以特定价格买入或卖出一定数量股票的权利。

利率期权是一种特殊的金融衍生品,它给予期权买方在支付了期权费之后,按照合约规定,在合约到期日内或到期时以一定的利率(价格)买入或卖出一定面额的利率工具的权利。

商品期权是一种以某种商品为标的物的金融衍生品,其行权价格和交割品种均为标的商品。在商品市场中,商品期权作为一种风险管理工具,可用于农产品、能源、金属等商品的价格风险管理和投机。

外汇期权是一种金融衍生品,它是指买方在支付了一定的期权费之后,获得在合同规定的到期日或之前的某个时间点以特定的汇率买入或卖出一定数量的外汇的权利。

4.期权可以按交易场所的不同分为场内期权和场外期权

场内期权是由交易所统一制定的标准化期权合约,在交易所内交易,交易量和价格具有透明性和公开性。交易所会设立专门的清算机构对交易进行中央对手清算,提高交易安全性。场外期权则是非标准化的期权合约,由金融机构或私人协商而成,更加灵活,但也更加复杂且风险较高,交易量和价格缺乏公开透明性。

（四）期权与期货的区别

期权交易与期货交易之间既有联系又有区别。

1.两者联系

期权价格和期货价格之间存在一定的联系。期权的价格一定程度上受其标的资产(如股票、商品、外汇等)价格变化的影响,而期货价格也受标的资产价格变化的影响。因此,当标的资产价格变化时,期权和期货的价格也会相应地变化。

期权和期货都是风险管理工具。期货交易可以帮助投资者锁定将来某个时间点的价格,从而降低风险。期权交易则是通过购买看涨或看跌期权,来对冲未来价格波动带来的风险。

期权交易和期货交易可以在市场上相互补充。例如,期货交易中,投资者可以通过买卖期权来管理期货交易的风险;而期权交易中,投资者也可以利用期货价格波动来进行期权交易。

有些期权和期货的标的物是相同的,如股票、商品、外汇等,这意味着在这些标的物的期权和期货市场上,投资者可以根据自己的需求选择不同的工具进行交易。

2.两者区别

期权交易中,买方获得了权利,即在到期时有权行使期权;卖方则有义务在买方行使期权时履约。而期货交易中,双方都有义务按照合约规定在到期时交割商品。

期权交易中,买方的盈利潜力是无限的,但亏损被限制为已支付的期权费;卖方的盈利被限制为收到的期权费,但亏损潜力是无限的。期货交易中,双方的盈利或亏损是对称的。

期权交易中,买方的风险被限制为已支付的期权费,但卖方的风险是无限的。期货交易中,双方的风险是对称的。

二、期权交易

(一)期权交易指令

在期权交易中,交易指令是投资者与经纪公司之间的重要通信方式。投资者通过交易指令向经纪公司发出要求买入或卖出期权合约的指令,经纪公司则负责将指令传递到交易所大厅以便执行。交易指令包含了多个基本要素,如买入或卖出、合约编号、标的资产、合约到期月份、执行价格、权利金限额、期权种类等。例如,一个典型的交易指令可能是"买入 10 份 5 月份到期,执行价格为 1600 元/吨的小麦看涨期权,权利金为 20 元/吨"。

交易指令可以根据其执行方式进行分类,最常见的包括限价指令和市价剩余转限价指令。限价指令允许投资者设定一个特定的价格进行交易,买入时成交价低于或等于限定价格,卖出时成交价大于或等于限定价格。限价订单通常当日有效,需要在次日重新设置。市价剩余转限价指令则允许按照当前市场价格进行成交,成交速度很快,适合急于出手或行情变化快速的情况。

(二)期权交易市场

1.中国境内期权交易

期权交易在中国主要是场内交易,包括 ETF 期权和商品期权,目前在六大交易所开展。上交所、深交所、中金所、上期所、大商所和郑商所提供的期权品种涵盖了多个标的资产,如股票、商品等。尽管上交所的活跃度最高,但整体来看,期权市场的交易量仍处于发展初期。无论是个人还是机构,开展期权交易都需要制定合理的交易策略,因为期权交易是国内交易中风险最高的品种之一,开户交易必须选择正规的证券或期货公司。

2.美国期权市场

美国芝加哥是世界第一个期权交易所的诞生地,目前美国的股票期权交易所主要有芝加哥期权交易所(CBOE)、国际证券交易所(ISE)和纽约证券交易所(NYSE)。这些交易所主要交易的是美式期权,即购买或出售特定股票的期权。

在美国,外汇期权的交易所主要是纳斯达克(NASDAQ OMX),该交易所提供涉及多种货币的欧式期权合约。这些期权合约的规模是以美元计价的 1 万单位外币(对于日元合约为 100 万日元)。此外,在全球范围,还有许多不同类型的指数期权在场外市场和交易所进行交易。

芝加哥期权交易所提供股票和股指的弹性期权,这种期权包含了一些非标准条款,由交易所大厅内的交易员认可。这些非标准条款可能期限或执行价格与交易所通常提供的期权不同。

3.欧洲期权市场

欧洲是全球最早、最重要的股票期权交易市场之一,自1978年开始股票期权交易,并于1984年开始推出股指期权合约。欧洲股指期权市场十分活跃,合约品种丰富,也是全球最具国际化的股指期权市场之一。许多欧洲国家都推出股指期权产品,主要交易所包括伦敦国际金融期货期权交易所、法国期权交易所和德国期货交易所。

欧洲的交易所通过兼并,并利用欧元区的优势,推动各国市场的融合,形成了多个具有世界影响力的股指期权交易所。

欧洲的股指期权合约交易量接近美国市场的两倍,欧洲的交易所在运营模式、产品设计和市场推广方面都是全世界学习的标杆,尤其是对新兴市场的交易所具有重要的借鉴意义。

三、期权履约

(一)内涵

期权买方拥有履约或不履约的权利,但无论其选择履约还是不履约,都必须在期权到期日之前做出声明。买方不履约的声明没有具体的规定,但必须以到期日为限。买方履约的声明日期一般在期权合约中预先确定,这一日期称为通知日或声明日。买方要求履行期权合约时,必须在通知日之前通知卖方,以便卖方做好履约准备。如果买方在通知日之前未发出履约声明,则视为自动放弃期权的权利。通知日在期权合约中规定,具体取决于期权的有效期长短。

期权卖方负有接受买方履约要求的义务和责任,因此一旦买方提出履约要求,卖方必须立即准备履约,并且必须在到期日之前完成相关期货的交割手续。

买卖双方履行期权相关期货交割手续的日期为履行日,与到期日严格来说有所不同。履行日是指期权持有者实际履行其买入的看涨期权或看跌期权的权利的日期,而到期日则指可以履行期权的最后日期。

(二)交易方式

1.对冲平仓

对冲平仓是指在期权到期之前,通过交易一个与初始交易头寸相反的期权头寸来实现结算。在期权到期时或到期之前,大多数期权买方和卖方选择通过对冲平仓来了结期权头寸。该方法的盈亏状况取决于权利金的差价。

2.执行期权

如果在期权到期日之前,交易者还未进行对冲平仓操作,则此时有两种选择:执行期权或者继续持有期权。但是,大多数投资人选择对冲交易,而非执行期权,以获取利润或限制损失。

对于期权买方而言,除非是为了进行现货套期保值或为期货头寸建立对应的避险头寸而必须执行,否则如果能够平仓,就不应该执行。因为权利金包括了内在价值和时间价值,执行期权只能得到内在价值,而平仓则可以得到时间价值。此外,在期权到期之前,即使执行期权也无利可图,只要能够平仓就应该平仓,因为平仓可以获得权利金收入,从而避免买方在买入期权时支付的权利金全部损失。

对于期权卖方而言,可以在执行期权之前将所卖出的期权平仓,从而避免执行期权带来的损失。

3.自动失效

当期权到期时,如果期权本身没有内在价值或者其内在价值小于买方执行期权所需支付的交易费用,那么期权买方通常会选择放弃期权,让其过期作废。放弃期权不需要特别的申请。

当买方放弃期权时,他将完全损失已支付的全部权利金,这也是他能够承受的最大损失。卖方则获得了全部权利金作为收入,这也是他的最大收益。

然而,实际上只有少数期权合约到期时会被执行或过期作废,大多数合约都会通过对冲平仓来实现结算。

(三)期权交易手续费

在期权交易中,手续费通常由固定成本和交易金额的一定比例组成。当平仓时,投资者需要再次支付手续费;而执行期权时,手续费通常为交易单位的1%到2%。

手续费是投资者进行期权交易时必须支付的费用,其中固定成本是指交易所或经纪人对每笔交易收取的固定费用。交易金额的一定比例是指,根据交易金额的大小,按照一定比例收取的手续费。因此,手续费的总费用会随着交易金额的增加而增加。

当投资者需要平仓时,除了支付新的交易费用,还要再次支付手续费。这是因为,平仓交易实际上是一次新的交易,交易所或经纪人会收取一次新的手续费。

（四）强行平仓

以投资者持有的资产作为抵押,投资者通过支付一定比例的保证金来进行杠杆交易。如果标的资产价格波动导致投资者的保证金比例降低,证券公司或交易所会要求投资者追加保证金以维持其持仓。如果投资者无法及时追加保证金,其持仓将面临被强行平仓的风险。强行平仓是指当投资者未能在规定时间内自行执行平仓或补足资金或证券的要求,证券公司或交易所将会强行平仓。

证券公司或交易所实施强行平仓的目的是及时防止风险的扩大和蔓延。在实施过程中,证券公司一般会优先平市场上持仓量大、流动性好的合约,并通过市场交易来确定强行平仓的价格。然而,强行平仓的价格可能不是最优的,因此可能会给投资者带来损失。

此外,证券公司还会根据投资者的资产状况、信用记录等条件对不同类型的客户设定多层级保证金收取标准。如果投资者出现违约记录、收到预警通知但不及时补足保证金或标的证券、强行平仓记录等,都会影响其信用状况,进而影响客户的保证金水平。

因此,投资者应及时关注自己的持仓及保证金状况,并在收到预警通知时及时补足保证金或标的证券,或自行平仓,以避免强行平仓的风险。

四、期权结算

（一）期权结算公司的含义及作用

期权结算公司是由开设期权交易的交易所联合成立的专门负责期权交易结算的部门。期权结算所承诺确保期权合约的履行。期权的卖方必须缴纳一定的保证金,以确保他们能够履行合约义务。保证金的数额取决于期权平价时的价值,因为这代表了卖方在期权被行使时所面临的潜在义务。当必要保证金超过已缴纳的保证金时,期权出售者会收到追加保证金的通知。与此不同的是,期权持有人无需缴纳保证金,因为只有在有利可图的情况下其才会行使期权。

此外,保证金要求还与证券组合中是否有标的资产有关。例如,如果看涨期权的卖方拥有相应的股票,他只需要将股票存入经纪人账户就能够满足保证金要求。这样一来,当看涨期权被行使时,就保证有股票可以交割。

（二）期权结算价格

期权合约的结算价格是基于合约到期当天收盘集合竞价的成交价格而定。如果当天的收盘集合竞价未能形成成交价格,但在收盘前8分钟的连续竞价阶段中有成交,并且在收盘时最优买价和最优卖价同时存在,那么期权合约的结算价格将根据以下原则确定:

第一,如果收盘时最优买价大于或等于连续竞价阶段最后成交价,则结算价格为最优买价。

第二,如果收盘时最优卖价小于或等于连续竞价阶段最后成交价,则结算价格为最优卖价。

第三,如果收盘时基准价格介于最优买价和最优卖价之间,则结算价格为基准价格。

如果期权合约到期当天的收盘集合竞价未能形成成交价格,并且在收盘前8分钟的连续竞价阶段中也没有成交,但在收盘时最优买价和最优卖价同时存在,那么期权合约的结算价格将为最优买价和最优卖价的中间值。也就是说,结算价格是两者之间的平均值。

五、期权风险管理

(一)期权风险基本类型

期权风险是指持有或交易期权合约所面临的潜在风险。基本上,期权风险有两个方面:一是持有期权的风险,二是交易期权的风险。

1.持有期权的风险

(1)时间价值风险

持有期权的时间价值会随着时间的推移而逐渐降低,当期权到期时,其时间价值将降至零。因此,如果期权到期前无法行使,投资者就面临着时间价值损失的风险。

(2)方向风险

如果投资者购买看涨期权或卖出看跌期权,而股价或标的资产价格实际下跌,那么该投资者就会面临亏损;如果投资者购买看跌期权或卖出看涨期权,而股价或标的资产价格实际上涨,那么该投资者也会面临亏损。

2.交易期权的风险

(1)市场波动风险

交易期权的投资者面临着市场波动风险,即市场价格波动所带来的风险。当市场价格波动剧烈时,投资者可能面临损失。

（2）流动性风险

交易期权的投资者还面临着流动性风险，即无法在需要时以合理价格出售期权合约的风险。当市场出现波动时，可能会影响期权的流动性。

（3）价格风险

价格风险是指在期权交易中，交易所或经纪人收取的手续费和佣金如果过高，投资者可能会面临亏损。

总之，期权交易与持有期权都存在一定的风险。投资者应该对这些风险进行了解和评估，并在投资前谨慎考虑。

（二）风控能力提升方法

风险本身并不可怕，缺乏应对风险的能力才让人感到可怕。在金融投资领域，投资者普遍意识到存在风险，特别在衍生产品投资方面更是如此。因此，我们需要掌握有效的风险控制方法来降低投资风险。投资者可从以下几个方面增强期权风控能力。

1.学习风险管理知识

了解市场的基本面和技术面分析方法，掌握基本的风险管理知识，学会如何使用止损和风险控制技巧来降低投资风险。

2.制订风险控制计划

制订风险控制计划，包括投资目标、风险承受度、资产配置和仓位控制等方面，根据计划进行操作，不盲目追涨杀跌。

3.谨慎选择标的

选择合适的标的进行交易，避免盲目跟风炒作，要有一定的价值投资意识。

4.严格执行止损

在操作中设定止损点位，设定风险收益比，严格执行止损，避免因为没有严格止损，产生不可挽救的巨大亏损。

5.控制情绪波动

在投资过程中，保持冷静、理性，不要受市场情绪的影响，不要冲动交易或盲目跟风，以避免因情绪波动而导致的投资失误。

复习题

一、选择题

1. 安全性最高的有价证券是 （ ）

    A. 股票   B. 国债   C. 公司债券   D. 金融债券

2. 债券根据是否能转换为（   ）划分为可转换债券和不可转换债券 （ ）

    A. 公司股票   B. 其他证券   C. 期货   D. 基金

3. 对于集中金融工具的风险性比较，正确的是 （ ）

    A. 股票＞债券＞基金   B. 债券＞基金＞股票

    C. 基金＞债券＞股票   D. 股票＞基金＞债券

4. 下列凭证中属于所有权证券的是 （ ）

    A. 布票   B. 存款单   C. 股票   D. 海运提单

5. 融资融券作为风险性投资工具的最主要的原因是 （ ）

    A. 杠杆性   B. 信用双重性   C. 资金的疏通性   D. 做空机制

6. 以下哪一项不属于私募股权基金按组织形式不同的分类 （ ）

    A. 有限合伙制   B. 有限责任式   C. 信托制   D. 公司式

7. 期权和期货的不同点不包括 （ ）

    A. 标的物   B. 投资者权利与义务

    C. 履约保证   D. 套保方式

二、判断题

1. 股票是公司发行的，供投资者用于投机的有价证券。 （ ）

2. 期货跨期套利是指投资者在不同时间进行交易对冲的投资策略。 （ ）

3. 外汇作为国际结算的计价手段和支付工具，转移国际的购买力，为国与国之间的货币流通搭建了桥梁，使国际结算变得简便。 （ ）

4. 汇率的直接标价法又称应收标价法。间接标价法与直接标价法相反。它是以一定单位（如 1 个单位）的本国货币为标准，来计算应收若干单位的外国货币。

                                                             （ ）

5.外汇交易商是指由各国中央银行或货币当局指定或授权经营外汇业务的银行。 ( )

6.美式期权规定只有在合约到期日方可执行期权。欧式期权规定在合约到期日之前的任何一个交易日(含合约到期日)均可执行期权。 ( )

7.一般而言,市盈率越低越好,市盈率越低表示投资价值越高。 ( )

8.利率与汇率的变化是正相关的,利率上升,则该国货币升值。 ( )

9.投资者从证券公司贷款买入证券的这种行为,就是一次融券性的交易。

( )

三、简答题

1.比较股票、债券和基金有什么区别和联系?

2.请简述期权与期货的区别。

3.什么是期货的保证金交易制度?

4.国债和企业债有什么异同点?

5.影响汇率波动的因素有哪些?

第八章

家庭其他类金融工具

学习目标

● 了解黄金投资的概念、发展史,掌握其特点和方式

● 了解房地产投资的概念、分类,掌握房地产投资的特点

● 理解房地产投资基金(REITS)的概念及其特点

● 掌握文化产品投资的概念、特点及投资方式

● 掌握彩票投资的概念、种类、特点及其购买方式

【导入案例】

七旬老头黄金投资作养老

老赵是浙江一位 70 多岁的老先生。若干年前,老赵在英国留学时发现,他在发达国家的许多年轻同学和同事用自己的积蓄购买金币,每隔一至两个月就放一个进保险箱里,用这种方式来替代储蓄。他们深信:"如果这种积累能够坚持三四十年,一定能获得一笔可观的财富。"也正是这段经历,使老赵在年轻时就积蓄了数额不小的黄金。

老赵说:"20 世纪八九十年代没有金条可以买,我便去购买黄金首饰,那些黄金首饰如今也都被我重新熔化掉再铸成金条了。"

2001 年,他曾投入两三百万元的资金购买黄金首饰,当时黄金的价格每克仅为 70 元左右。如果按照 2006 年的金条价格计算,单是这一笔投资的收益便已达到了 200%。

2003 年,国家金条市场解冻,政府正式允许个人购买实物金条。老赵开始将注意力投向了金条。据老赵介绍:"从国家放开私人买卖黄金以后,我便开始购买黄金,投资金条和高赛尔金条,如今大概有了近千万元的投入。"

"2006 年底在招商银行购买的黄金均价只有 126 元/克,2007 年上半年时金条的价格曾经到了 186 元/克,然而我丝毫不为所动,"老赵解释,"因为我投资的目的非常明确,就是为自己和老伴进行养老储备。"

"当你六七十岁退休时,黄金的存在会给你安全感。如果此时你有退休金和社保养老金作为基本生活费,黄金当作灵活机动的补充,每月拿出一枚金币保证生活水准不下降,"老赵说,"在你百年以后,余下的黄金还可以作为遗产

留给后人,而且不用缴纳遗产税。"

　　思考:黄金产品多种多样,对于其价值的走势和评估众说纷纭,对于黄金的投资,我们该如何做出选择呢?

第一节　黄　金

一、黄金

　　黄金(Gold)是一种单质形式的化学元素金(Au),它具有金黄色、质地柔软、抗腐蚀和耐碱的特性。在中国古代,黄金通常用"两"作为度量单位,而在国外,经常用"盎司"作为度量单位。作为一种珍贵的贵金属,黄金常常被视为一种特殊的货币储备和投资工具;同时,黄金也是首饰业、电子业、现代通信、航天航空等领域不可或缺的重要原材料。

　　远古时期,人类在古埃及首次发现了黄金。随着人类文明的不断进步,黄金从一种金属逐渐变成了具有特殊价值的艺术品和装饰品。从此以后,黄金就与人类的进步和发展交织在一起,也凭借其耀眼夺目的光彩,成为人们在装饰领域的首选材料。

　　随着人类社会的发展,人类渐渐告别以往自给自足的生活方式,进而迈向了商品经济的新纪元。随着人类文明的不断进步,黄金也从一种金属逐渐变成了具有特殊价值的艺术品和装饰品。当人类需要以货币为媒介进行交易时,黄金自然成为最优的选择,因为它可以简化交易流程并提高交易效率。

二、金本位制度的发展

　　金本位制度的基本本质是,每一个国家所发行的货币都有其规定的价格和含金量,并且这些货币被允许自由地进行交易和兑换,各国之间货币价格和汇率由各自货币的价格和含金量来决定并且保持不变,但在某些特定的条件下会有略微变化。由此,在金本位制度汇率固定不变时,黄金的自由流动可以有效调节国际收支。

　　在金本位制度下,黄金不仅发挥着本国货币在国民经济中的重要影响作用,而且在国际关系中对世界货币也有着重大的影响。

根据中国黄金协会的数据,改革开放以来,我国黄金工业的出口和产量总额均呈现增长趋势。近年来,我国黄金产量和消费量呈现波动态势:2020 年我国黄金产量 365.34 吨,黄金消费量 820.98 吨,同比分别下降 3.91％和 18.13％[①];2021 年我国黄金产量 328.98 吨,同比下降 9.95％,黄金消费量 1120.90 吨,同比增长 36.53％[②];2022 年我国黄金产量 372.048 吨,同比增长 13.09％,黄金消费量 1001.74 吨,同比下降 10.63％[③];2023 年我国黄金产量 375.155 吨,同比增长 0.84％,黄金消费量 1089.69 吨,同比增长 8.78％[④]。

三、黄金的特点

黄金不同于一般的商品,从被人类发现开始就具备了货币、金融和商品属性,并始终贯穿人类社会发展的整个历史。黄金市场涉及的要素众多,组合形式复杂多样,从而形成了一个多层次、结构复杂、功能丰富的特殊市场。黄金投资主要指投资金条、金币和金饰品。黄金投资在投资市场中有着众多不同的种类。黄金的特点有以下几个方面。

(一)优质的商品价值

黄金优质的商品价值指黄金作为优质贵金属具备的特有的商品价值性质。黄金因此显著区别于其他具有一定风险的信用货币,黄金的价值永久性可以让黄金的商品价值不会随着各国货币的持续贬值或经济衰退而贬值。因而黄金可以极大程度地抵御通货膨胀带来的不利影响,从而达到长期投资保值的目的。

---

① 中国黄金协会. 2020 年我国黄金产量 365.34 吨,黄金消费量 820.98 吨,同比分别下降 3.91％和 18.13％[EB/OL]. (2021-02-01)[2024-06-11]. https://www.cngold.org.cn/news/show-1570.html.

② 中国黄金协会. 2021 年我国黄金产量 328.98 吨,同比下降 9.95％,黄金消费量 1120.90 吨,同比增长 36.53％[EB/OL]. (2022-01-27)[2024-06-11]. https://www.cngold.org.cn/news/show-1574.html.

③ 中国黄金协会. 2022 年我国黄金产量 372.048 吨,同比增长 13.09％,黄金消费量 1001.74 吨,同比下降 10.63％[EB/OL]. (2023-01-19)[2024-06-11]. https://www.cngold.org.cn/news/show-3920.html.

④ 中国黄金协会. 2023 年我国黄金产量 375.155 吨,同比增长 0.84％,黄金消费量 1089.69 吨,同比增长 8.78％[EB/OL]. (2024-01-25)[2024-06-11]. https://www.cngold.org.cn/news/show-4370.html.

（二）投资占税额最少

为了刺激投资者对黄金的投资，许多国家通过减税来增加个人和公司对黄金的需求和投资。与股票相比，黄金不必缴纳印花税。

（三）具有较强产权流动性

投资者可以根据自己的需求随时随地购买黄金产品，不受时间和地点的限制，不需要办理过户登记，可以节省投资者的时间和精力。

（四）具有永久的价值

黄金是一种不易与其他物质互相产生化学反应的金属，其相对稳定，性质不易发生改变，这在一定程度上也保证了黄金市场难以被人为控制。

（五）产品标准统一，形态灵活，外观多样

根据规定，所有黄金产品的纯度控制在99.99%，质量有保证，包括加工成本低的各种原金属铸造产品和加工成本高的各种精美锻造产品，可以极大地满足各类投资者的个人财务需求。

（六）产品报价相对合理

根据国家标准，黄金产品的报价方法分为人民币/克和人民币/盎司两种，与国际市场价格同步。每个交易日进行全国统一报价，实现动态报价，确保市场公平公正。

（七）可回购

几乎在每个交易点都有标准的黄金回购业务，方便投资者变现黄金资产，大大提高了实物黄金产品的流动性，满足交易者的多种需求。

四、黄金投资的分类

（一）实物金

对于很多中国人来说，购买实物黄金是最"实在"的，符合中国人"眼见为实"的传统观念。实物黄金通常包括金条、首饰和金币等。其中，首饰保值增值的空间比较小、变现成本相对较高；相对而言，金条和金币之类的比较适合进行投资，可向银行购买。

1.投资金条

所谓投资金条，是指银行可回购金条。银行只回购其本行发行的金条，同时需

要收取一定的手续费,金条购买时还存在一定的交割及检验成本、储存成本、运输成本及手续费等。所以,投资者若要尽量减少赎回价差,可以选择通过相同渠道购买套现。

对于短期投资者而言,购买金条并不是最佳投资选择。作为家庭资产配置的组成部分,金条价格最接近裸金价格,可以拥有。

2. 投资金币

金币又分为纯金币和纪念性金币两大类。纯金币价值与黄金含量基本一致,其价格会随着国际金价的变化而浮动。纯金币的价格与黄金的价格基本保持一致,因此出售时的溢价并不高,投资功能也不显著,但因其美观、升值、流动性强、保值等特点,至今仍然吸引着不少的收藏者。纪念性金币通常是指具有票面价值的流通性货币,其流通性比纯金币更强,无须按黄金含量兑现。纪念性金币其价格的确定主要由以下几个方面的因素决定:一是总量越少,其价格越高;二是铸造的年代越久远,其价值越高;三是当前的品相越完整,其越有价值。

纯金币的设计主要就是为了满足金币爱好者的收藏需求;纪念性金币其溢价范围大,且具有较好的升值潜力,所以纪念性金币投资价值远大于纯金币。

3. 黄金饰品

一般而言,黄金饰品的定价方式有"一次定价"与"黄金基准价加人工费"之分,前者在基本黄金价格的基础上提高一定数额的工艺加工费;后者的人工成本占比较小,更能体现黄金的自身价值。饰品加工愈精,工艺费愈高,其损失会越大,因为回购过程中不考虑人工、设计和其他成本等费用。市场上许多知名金店回购黄金首饰时,都只以基本金价为基准测算,同时减去部分加工成本。

从纯投资的观点看,黄金首饰不宜作为一种投资工具而更适宜作为家庭收藏。对于普通家庭,购买黄金饰品比购买钻石等饰品有更好的保值性。

4. 黄金积存

黄金的定期投资也被称为黄金积存,类似银行存款的零存整取,即每月以固定货币在上海黄金交易所以 AU9999 的收盘价购买黄金,这是一种投资行为,客户可以随时提取黄金并存入账户。当合同到期时,客户账户的黄金克数可以按黄金价格兑换现金或相应克数的金条、金首饰。基本的金融机构均提供黄金定向交易服务。

定投黄金适合长期看好金价但又没有时间做波段的普通投资者。不同银行在黄金定投服务方面存在一定的差异,所以投资者应特别注意投资门槛和费率问题。

（二）交易类

目前,我国唯一合法从事黄金交易的国家级市场是上海黄金交易所,纸黄金和黄金期货则是上海黄金交易所附属银行设立的黄金交易产品。纸黄金是一种适合普通投资者的全额保证金交易产品;黄金期货是指涉及黄金 T＋D 延期交易、带有杠杆的交易产品,对投资者提出了较高的要求,需要投资者具备一定的投资经验。

1.纸黄金

纸黄金其实质是一种个人凭证式黄金,是购买者按银行报价在账面上买卖的"虚拟"黄金。银行提供的"纸黄金"交易不涉及实金货币,而是以贵金属为基础,为投资者提供的一种非实物交易和记账的黄金投资方式,这种方式不是真正的货币结算,因此交易成本较低。但需要注意的是,该账户内的"黄金"不仅无法进行实物兑换,且其"存放"不能获得任何利息。

纸黄金采用 100％资金,单向式交易,是一种稳健型的黄金直接投资工具,交易方便,交易成本较低。

2.黄金期货

黄金期货是一种期货合约,其交易标的为未来某一时刻的黄金价格,在国际黄金市场上被广泛使用。投资者以黄金价格为代价,在进场和出场两个时间点之间获取价差,并在到期后进行实物交割。T＋0 制度被广泛应用于黄金期货的交易中,其价格与国际黄金价格紧密相连,不受任何人为因素的干扰。黄金交易方式是 T＋D 延期交易,通过保证金交易实现,可当时交割,也可无限期交付。由于黄金期货具有杠杆效应,风险相对较高,因此投资者必须具备相当高的风险承受能力。

（三）衍生类

黄金理财和黄金基金作为黄金投资的衍生工具,虽然它们都是黄金交易的对象,但衍生黄金产品并非直接交易,而是在其他市场(如股票市场)进行间接交易。黄金理财产品可以作为一种金融衍生产品来使用,也可以单独为投资者提供收益保障,还可以帮助投资者规避市场风险。在当前市场上,存在多种类型的黄金理财和黄金产品,因此在进行选择时,一定要考虑实际的投资偏好和风险承受能力,以做出相应的决策。

第二节　房地产

【导入案例】

房地产合同诈骗案

2017 年 1 月 18 日,任某以河北杰华房地产开发有限公司的名义与另外两家房地产公司签订《项目合作协议》,合作开发霍寨美丽乡村建设项目。按照协议约定,被告人任某负责合作项目的管理工作。2017 年 8 月,任某将霍寨美丽乡村建设项目命名为盛世天下城,在没有办理《国有土地使用证》《建设用地规划许可证》《建设工程规划许可证》《建筑工程施工许可证》《商品房预售许可证》的情况下,就开始销售盛世天下城项目的商品房。

2017 年 8 月 16 日,任某将所持河北杰华房地产开发有限公司的股权全部转让给第三人,任某不再在该公司任职。但任某在其已不在该公司任职且退出霍寨美丽乡村建设项目之后,仍利用 POS 机继续销售盛世天下城项目商品房。经审计,自 2017 年 8 月 30 日至 2018 年 3 月 23 日,任某非法收取 36 户购房款 810.9057 万元,该款项均由其支配使用,致使 36 户购房款无法退还。

思考:在中国房地产行业蓬勃发展的情况下,各类房地产投资也应运而生,我们如何能够合理有效地运用有限的资金对房地产进行投资呢?

一、房地产投资的概念

房地产投资又称不动产投资,是指投资者将资本投资于房地产行业,以期在未来获取收益的一种经济活动,其内容包括国家、企业、个人为实现某种目的而投入房地产开发经营、管理和服务的资金。

房地产投资有许多不同的形式,如由房地产开发企业进行的房地产开发;为租赁业务或估计未来价值增长而购买的住宅或办公楼;将资金委托给信托投资公司购买或开发房地产;企业建工厂、学校建校舍、政府建水库等。其中,最赚钱的方式是通过住宅开发和销售来获取利益。尽管表达形式各不相同,但它们都有一个共同点:都需要考虑时间因素。因为预期收益是只有在未来才能实现的收益,而这种未来收益很难在时间和数量上被准确预测。

二、房地产投资的分类

(一)按投资主体进行划分

房地产投资按投资主体划分,可分为政府投资、非营利机构投资、企业投资和个人投资。政府投资和非营利机构投资会更加看重投资所带来的良好社会效益和环境生态效益,如低碳排放住宅示范项目投资、经济住房投资等。而企业投资和个人投资更加看重经济效益,目的在于实现利润最大化,如对商品住房、写字楼的投资等。

(二)按经济活动类型划分

根据经济活动的类型进行分类,房地产投资可被划分为土地开发投资、房地产开发投资以及房地产经营投资等。土地开发投资如道路、水电线路开发;房地产开发投资如建设住宅楼、厂房、仓库、饭店、宾馆、度假村、办公楼和写字楼;房地产经营投资如出租和经营房地产。

狭义的房地产投资是指经营者从事房屋和建设用地的销售、租赁和售后服务的活动。广义的房地产投资是指房地产经营者有指导、有组织地进行的经济活动,包括房屋的建造、销售、购买、信托、交换、维修、装修以及土地使用权的授予和转让。活动范围包括房地产产品的生产、流通和消费的全过程,不限于流通领域。

(三)按物业类型划分

房地产投资按物业类型划分,可分为居住物业投资、经营性物业投资、酒店和休闲娱乐设施投资、工业物业投资、特殊物业投资。

居住物业是指为人们解决住房问题和提供住所的地产,包括公共住房和商业住房。公共住房不由个人所有,而是由政府机构或公共团体拥有,主要包括为低收入家庭提供的廉租住房,为中低收入家庭提供的经济住房,为中等收入家庭提供的限价商品房和经济租赁住房。

经营性物业也称商用物业、收益性物业或投资性物业,是指投资者租赁并产生经常性收入的房产,包括办公楼、零售商业用房和租赁公寓等。

酒店和休闲娱乐设施是指为商务或公务旅行、会议、旅游、休闲、娱乐等提供入住服务的建筑,包括酒店、康体中心、休闲度假中心等。严格来说,该类房地产投资也属于为经营性物业投资,但其经营管理服务具有特殊性,故将其作为独立的物业投资类型。

工业物业是指生产所需的房地产,如工业厂房、高新技术产业用房、仓储用房、研究与发展用房(又称工业写字楼)等。工业物业投资有多种市场,从开发和销售的市场到开发和所有权租赁的市场,在工业开发区、工业园区、科技园区和高新技术产业园区等领域,通常会出现以工业物业为代表的相关设施。

特殊物业是指需要政府特殊监管批准才能运营的物业,如机场、火车站、汽车加油站、高速公路、码头、桥梁和隧道等。特殊物业的市场交易比较稀少,大多数的特殊物业投资是长期投资,投资者凭借其持续经营的收益来收回投资和获得收益。

三、房地产投资具有的独特属性和特征

(一)房地产投资对象具有固定性和不可移动性

不动产是房地产的主要投资对象,而建筑物及相关附属设施一旦建成就无法移动,因此土地和地上建筑物都具有不可移动性和固定性。这种特性对房地产的供求产生巨大影响,即一旦决策有误,就会导致投资的失败,也会对投资者和城市规划建设带来较大的负面影响,进而也会对整个社会产生深远影响。所以,对房地产投资而言,做出明智的、正确的投资决策至关重要。

(二)房地产投资的高资金投入和高成本性

房地产是一个高度资本化的领域,对其进行投资可能需要数百万乃至数亿元的资金。这是由房地产行业的运营模式和其独特的属性所决定的。房地产投资的高成本性质源于多方面的因素,其中包括但不限于以下三个方面。

一是土地开发所需的成本相当高昂。土地开发工作可以分为一级开发和二级开发,一级开发通常由政府主导。由于土地资源总量的限制,土地所有者在出售和租赁土地时面临着相对较高的资源稀缺性和不可替代性,因此,土地所有者会根据土地的预期产能、地理位置、周边基础设施、土地面积等特点收取补偿,这些特征在出售或租赁价格方面往往更高。同时,土地资源作为一种自然资源,通常不被社会直接使用,需要投资者和开发商进行二次开发投资。综上,土地开发成本会显著提高。

二是房屋建筑的高价值性。房地产作为一种特殊商品,通常情况下,建筑安装所需的费用往往高于普通产品的生产成本。由于大型建筑在建造和安装过程中需要使用大量的建筑材料和用品,在进行辅助施工时,需要大量劳动力、工程技术人

员、施工管理人员以及众多大型施工机械的参与,以确保施工过程顺利进行。同时,考虑到建设周期普遍较长和资源的占用量,发放长期贷款所需的利息成本也变得异常高昂。

三是在房地产经济运转中,高昂的交易成本也是不可忽视的。总体而言,房地产的开发周期较长,涉及多个管理部门和环节的复杂交互,包括不同的交易成本。此外,房地产在开发运营过程中,还有各种社会支出,包括但不限于广告成本、促销成本等,这也大大增加了房地产的投资成本。

(三)房地产投资的周期性长

房地产投资的操作实质上是对房地产开发全过程的全面掌控和协调。对于任何一项涉及房地产投资的项目而言,开发阶段是从头至尾的,尤其是投资的建设和开发阶段,这是一个重要而又相对较长的时期。建筑物的建造或调试建筑物,以及最终回收所有投资资金,需要更长的时间周期才能完成。因此,房地产资金回收期相对较长的原因包括以下三点。

一是多因素综合的影响。房地产投资并非一项简单的购买行为,而是受整个房地产市场各个组成部分相互作用的影响。随着房屋的建筑安装工程期延长,土地投资市场、综合开发市场、建筑施工市场和房产市场价格波动所带来的影响都会愈加明显。在房地产市场进行资金投资的投资者,通常需要经历多次全面的市场波动后,才能实现盈利。

二是专业性的影响。房地产市场作为一个由多个市场组成的混合市场,其高度复杂性使个人投资者在短时间内难以有效应对。因此,为确保交易的顺利进行,投资者往往会聘请专业人士为其提供指导和协助,这也会导致交易的持续时间延长。

三是回收期的影响。如果通过征收租金实现房地产投资资金的回收,那么当租金回收期延长时,房地产投资的全部回收期也将随之延长。

(四)房地产投资的高风险性

市场在不断变化,而房地产投资又具有高成本和长周期的特点,这给投资带来了更为复杂多样的风险因素,需要更加谨慎。由于房地产资产的流动性较低,其移出难度较大,一旦投资失误导致房屋闲置,就会无法及时收回资金,极易出现现金流资金链断裂,从而导致负债,甚至可能导致破产倒闭。

(五)房地产投资的强环境约束性

在城市中,建筑物扮演着不可或缺的角色。一旦建成,它们的位置是固定的,无法移动。通常情况下，一个城市的土地利用需要进行整体性的规划和布局，以确保土地的最大化利用和经济效益。外部制约因素包括但不限于城市功能区的规划建立、不同地区建筑的密度和高度、城市的生态环境和未来发展规划等。投资者应当遵循政府城市规划、土地规划和生态环境规划的规定，以适应社会宏观经济、微观经济和环境效益的变化，确保社会和经济不受到损害，协调好社会供需关系，以维护社会稳定。唯有如此，方可获得良好的投资回报。

（六）房地产投资的低流动性

房地产的投资成本较高，且其与机械设备相似，很难在短时间内变现成本，完成相应的销售是一项具有挑战性的任务。因此，房地产交易的周期通常需要几个月乃至更长时间才能完成。房地产资金的灵活性和流动性相对较低。

四、房地产投资的优劣势

房地产投资的主要优势有以下几点：收益性多样、增值性较强、保值性良好、金融支持易得、投资者资信等级提高。

（一）收益性多样

房地产投资的收入来源包括销售和租金收入以及债务管理收入，这些收入可以在税收方面获得相应的优惠。同时，房地产投资的所得税是根据净营业收入（即毛租金收入减去营业成本、贷款利息和建筑折旧）按固定税率征收的。从会计角度来看，随着时间的推移，建筑物的净盈利能力逐年下降，因此税法规定的折旧期远短于建筑物的经济和自然寿命，这可能导致会计账面价值大幅下降。房地产投资者的净收入逐年下降，相应的投资者税费也有所下降。从实际角度来看，随着房地产周边基础设施的逐步完善，相关建筑的租金单价也将上涨。上述收入差异将使房地产投资者获得更高的回报率。

（二）增值性较强

商业房地产属于不动产之一，通货膨胀会对其产生影响。伴随着房地产和其他有形资产的重置成本增加，房地产价值也随之上升，因此房地产投资具有较强的增值性，具体表现在以下两方面：一是城市土地数量的有限性、用地用房的供给有限性、农村土地转化为城市土地受限制、房屋建造的高度受限制；二是城市用地用房和公用设施的需求扩张性、城市化趋势增强、居民生活水平的提高。

（三）保值性良好

房地产在人类生产生活中是必需品，住房需求是大众普遍拥有的需求，即使经济处于衰退阶段,房地产的使用价值也很少出现下降的情况,所以房地产具有良好的保值性。同时经验和研究结果显示,在通货膨胀期间,房地产价格具有与物价水平同步上涨的性质,即房地产在一定程度上具有对抗通货膨胀的能力。

(四)金融支持易得

金融机构普遍认同,通常将物业作为抵押品是保证贷款者有能力安全按期收回贷款的最佳方式。除投资者本身的资金收入和资信情况可以作为保证以外,物业也是一种具有重要价值的信用保证。从金融机构的角度考虑,在一般情况下,投资者对资金分期付款的需要可以由物业的租金收入来满足,根据这一点,金融机构可以提供较高的抵押贷款比例和优惠的利率政策。

(五)投资者资信等级提高

维持物业经营需要大量的人力物力和财力,所以拥有物业可以作为拥有资产、资金实力的有效证明。这对于提高物业投资者的资信等级和提升投资交易机会质量具有重大意义。

房地产投资的主要劣势包括资金占用多、资金回收期长、投资风险大等。比如:房地产行业和物业的开发投资,需要的资金量巨大,经常高达几百万、几千万甚至上亿元,即使只要求投资者预先支付 20% 的自有资金作为前期投资,依然有许多投资者无力支付;房地产开发投资的回收都需要在开发过程结束后的三至五年才能完成,有的甚至更长;等等。这些都将导致较大的投资风险。

五、房地产投资基金概述

(一)REITS 的概念

REITS 是 Real Estate Investment Trust 的简称,即房地产投资基金。

美国房地产投资信托联合会对 REITS 的定义是:"REITS 是一种筹集众多投资者的资金用于取得各种收益性房地产或向收益性房地产提供融资的公司或商业的信托机构。"

港监会在《REITS 守则》中对 REITS 的定义是:"REITS 是以信托方式组成的而主要投资房地产项目的集体投资计划。"

总的来讲,REITS 是一种通过发行基金券,筹集大量资金形成信托资产,再交给专业投资机构投资经营的房地产及法定相关业务,获得的收益按照基金券持有人出资比率分享,并共担风险的投资方式。

（二）REITS 的规模

REITS 起源于 20 世纪 60 年代的美国房地产市场，随着时间的推移，它已经在全球范围迅速扩张，覆盖了多个国家、地区和行业，并在美国、澳大利亚、日本等发达国家以及印度、泰国等新兴市场发达的发展中国家得到了迅速的发展。全球市场被划分为多个领域，其中包括美国、亚太、欧洲、泛拉美以及泛非洲。截至 2019 年，这几个市场规模分别达 1.33 万亿、3940 亿、2467 亿、895 亿、292 亿美元，呈现出蓬勃发展的态势。2011—2019 年，全球 REITS 的市值经历了一次惊人的增长，从 7900 亿美元飙升至 2.09 万亿美元的惊人数字。

根据智研咨询发布的《2020—2026 年中国房地产投资信托基金行业市场运营模式及发展前景展望报告》，2019 年全球有 13 个市场市值规模超百亿，其中美国占比高达 63.6％，远远领先其他市场。除美国外，其他头部市场亦呈现良好增长态势，尤其亚太区域表现十分亮眼。亚太市场上，2011—2019 年，日本、澳大利亚、新加坡、泰国等的 REITS 市值分别从 382 亿、561 亿、235 亿、9 亿美元增长至 1514 亿、1006 亿、739 亿、105 亿美元，增长幅度达到 296％、79％、214％、1067％，特别是日本和澳大利亚的规模迅速扩张至全球的第二和第三，成为拉动亚太整体规模的主要力量。

（三）REITS 的融资量占比

截至 2020 年 3 月 31 日，在美国上市的 REITS 市值共计 9931 亿美元，持有价值约为 2 万亿美元。其中，基础设施 REITS 市值份额最大，目前占比 18.96％，市值为 1883 亿美元。

我国 REITS 产业起步晚、规模小，但发展比较快。截至 2019 年，已发行 20 家，规模达到约 500 亿元。行业类型上，以房地产企业为主，商业用房、租赁住房约占 65％，但基础设施类 REITS 仅约占 8％。截至 2020 年 3 月底，已有 31 单类 REITS 产品在上交所发行，规模 548.09 亿元，覆盖仓储、产业园区、租赁住房、商办物业、高速公路等不动产类型。

（四）REITS 的分类

1. 按照组织形式划分：公司型 REITS 和契约型 REITS

公司型 REITS：根据公司法规定，运用 REITS 股份发行的方式募集资金，以用于房地产投资，而且基金拥有自主自由的运作方式和独立的法人资格。公司型 REITS 募集的基金份额面向的是不特定的广大投资者，故 REITS 股份的持有人最终都可以成为公司的股东。

契约型 REITS:在建立信托合同的基础上,通过发行受益人证书筹集资金,然后用于房地产投资。但它并不是一个独立的法人,只是代表一种资产。其成立由一家基金管理公司发起,基金管理人作为受托人接受委托投资房地产。

两者的主要区别在于各自的依据、运营方式以及是否为独立法人等方面的不同,由此可见契约型 REITS 比公司型 REITS 更灵活。在美国,公司型 REITS 占主导地位;而在英国、日本、新加坡等国家,契约型 REITS 则较为常见。

2.按照投资形式划分:权益型 REITS、抵押型 REITS、混合型 REITS

权益型 REITS:主要用于投资房地产并拥有所有权,偏好从事房地产经营活动,如客户服务和租赁服务等。传统的房地产公司与 REITS 的区别主要在于 REITS 的首要目标是把房地产运营作为投资组合的一部分,而传统的房地产公司侧重开发后转售。

抵押型 REITS:是投资房地产抵押支持的证券,主要收益来自房地产抵押贷款的利息。

混合型 REITS:介于权益型 REITS 与抵押型 REITS 之间,混合型 REITS 在从事抵押贷款服务的同时也拥有部分物业产权。

当前,市场上流通的绝大多数 REITS 为权益型,而另外两种类型的占比极小,不到 10%。权益型 REITS 可以提供更好的流动性和长期投资回报,因此具有更加稳定的市场价格。

3.按照运作方式划分:封闭型 REITS、开放型 REITS

封闭型 REITS:在发行之前,发行量就已经确定,不允许随意追加股份,通常在证券交易所上市流通。当投资者不想继续持有时,可以在二级市场完成转让或出售。

开放型 REITS:可以随时发行新股,以增加新的不动产的投资资金,投资者也可以在合约规定的时间和场所自由购买。如果投资者不愿继续持有,也可以随时在合约指定的时间和场所要求赎回股份。

4.按照基金募集方式划分:私募型 REITS、公募型 REITS

私募型 REITS:募集资金的方式不公开,有其特定的募集对象。也正是因为其不公开性,通常不上市交易。

公募型 REITS:以募集信托资金的方式进行公开,且必须通过监管机构严格的审批才可发行,发行时允许进行大量宣传。

（五）REITS 的日常运作流程

在中国,REITS 的日常运作流程一般包括:准备申报文件、进行尽职调查、设计方案、搭建结构、进行资产评估以及信用评级、产品设计、在沪深证券交易所市场/中证报价系统挂牌/流通审核、基金业协会备案、完成沪深证券交易所市场/中证报价系统的上市和流通等流程。

中国 REITS 常见架构:由管理人发起设立专项资产支持计划并设计产品,向投资者募集资金;由基金管理公司发起设立私募股权投资基金,并担任私募股权投资基金的管理人,负责管理该私募基金;以专项资金支持计划为基础认购基本份额,向特定目标企业进行债权转股权的融资活动;该基金持有项目公司的股权;商业地产归属于该项目公司持有。

目前,中国 REITS 基金主要为"私募基金＋专项计划"。

（六）REITS 的特点

1.流动性较高

REITS 将整个房地产资产分配到公开市场上流通或报价的小单元中,降低了投资者的准入门槛,拓展了房地产投资的退出渠道,为投资者提供更为广泛的投资选择。

2.资产组合丰富

大多数 REITS 资金被用于购买和持有房地产资产,这些资金能够创造稳定的现金流,包括但不限于办公楼、商业零售、酒店、公寓、工业房地产等。

3.税收优惠

鉴于 REITS 自身的组织结构不会带来新的税收负担,因此在某些地区,可能会对 REITS 产品实行一定的税收优惠政策。

4.良好的治理结构

开放型 REITS 绝大部分为主动管理型公司,都会以积极的态度进行管理并完善公司的治理结构,会积极参与整个物业的经营管理流程。同时,它拥有完整的公司治理结构。

5.收益率较高

REITS 通常会将绝大多数收益(90％以上)分配给投资者,这给了投资者长期的高回报。

6.低杠杆

REITS 与房地产、上市公司相似,通常采用杠杆经营模式,但其杠杆相对适中,如美国的 REITS 资产负债率长期维持在低于 55% 的水平。

REITS 具有投资成本低、分割单位小、投资回报率高且收益稳定的特点,对个人投资者比较友好。从机构投资者的角度来看,更多的资金和人脉资源代表了可以获得更高的收益,且 REITS 投资低杠杆的特点意味着风险有所降低,有利于该项基金项目的推广。总而言之,REITS 适合重视分红的长期投资者。

第三节　文化产品

【导入案例】

"艺术品资产证券化"骗局

2016 年初,上海王先生了解到一家名为中国国际艺术品产权交易所(以下简称国艺产交所)的机构,该机构在网上交易名为"古墨集珍""国之瑰宝""秀雅珍宝"等艺术品的股票,所涉及的标的物包括画作、雕塑、陶瓷和金丝楠木等。

国艺产交所的工作人员向王先生介绍,公司所选择的艺术品都是极具升值潜力的艺术品,投资它们就是投资未来,交易金额没门槛,当天买入当天就能卖出,比 A 股隔天才能卖出的机制更加灵活。工作人员还承诺,现在买股还可以拿原始股,包赚不赔。

在花言巧语的轮番轰炸下,王先生决定一试,而且这家机构承诺的原始股更是让王先生颇为心动。于是,王先生先后拿出几十万元买了原始股。

一段时间后,他发现这些股果然只涨不跌,收获颇丰,便放下心来拿出百万家当,一股脑儿地投入了"艺术品资产证券化"的陷阱。但狐狸尾巴终有露出的一天,当王先生准备大展拳脚之时,却发现国艺产交所的网站打不开了,想要联系对方也联系不上。而王先生则成为受害人。

思考:我们该如何在产品种类繁多的文化品投资领域甄别真假,避免风险呢?

一、文化产品投资的概念

艺术品是历代艺术家智慧劳动和成就的结晶。它能够作为一种特殊商品直接流通于艺术市场,且艺术品也具备一定的商品基础属性,即商品的使用价值和经济价值,这与其他商品相同。不同之处在于,艺术品的实际使用价值主要表现在精神层面而非物质层面,其主要目的是充分满足社会上人们的某些精神和审美需求,同时也是文化传承的一个重要载体,极具文化价值。

当代艺术品金融有时也称文化金融,是指在当代艺术品的创作、流通和对其价值的发现过程中,通过各类金融渠道和金融机构进行的各类筹款、融资和其他相关金融活动的统称。艺术品金融的迅速崛起和发展促进了艺术品表现出资产化的特点,衍生出了各种类型的金融产品,引起了社会业界的广泛重视和关注。

艺术品金融大致可分为以下几个类型:艺术银行、与艺术品有关的融资和募集筹资、为艺术品的投资者提供的其他金融服务等。

收藏价值的来源是藏品本身的艺术价值,这是社会普遍的看法。所以判别艺术品价值的关键在于分析市场状况。在数量庞大、品种繁多的艺术品市场中,如何挑选艺术价值更高、升值潜力更大的藏品,成为诸多艺术品评定机构成立的初衷。只有充分了解艺术品市场的数据,才能准确估计艺术品市场的现状,预测艺术品市场未来发展态势,为广大艺术品爱好者提供参考意见。

在艺术品行业发展早期,加拿大政府就已经提出了设立艺术银行这一重要概念,其中一个重要的目的就是充分激发本国和外国年轻绘画艺术家们的绘画兴趣并对其事业进行帮助和支持,鼓励他们积极地发展自己的绘画艺术。艺术投资银行是一种专门从事艺术投资服务的非营利金融机构,其最主要的经营运作方式就是利用其他地方各级政府向艺术事业发展提供的社会成本资金进行扶持,以及利用其他政策上的资金保障购入一些优秀当代艺术家或工程设计师的作品,再将这些艺术作品进行艺术转租或者直接售卖给公共艺术空间、地方各级政府相关部门、企业或私人,或将艺术作品进行艺术陈列、收藏、装饰,从而通过艺术市场快速有效地获得可周转的社会资金,形成良性的市场循环。与其他银行的艺术存款方式类似,艺术存款银行主要用于存储艺术物品。有一些艺术银行还充分利用自己的艺术文化商品展览仓库,举办各种文化艺术商品展览,以此不断增进广大国民对文化艺术的深入了解,加深文化认识,并进一步提高自身文化艺术欣赏享受能力。

根据市场交易额数据,中国大型当代艺术品网上交易平台市场交易规模由

2015 年的 36.58 亿元迅速增加到 2019 年的 134.37 亿元，复合平均年增长率约为 38.4％。估计 2024 年中国各类大型艺术品交易信息服务交易平台的合同年度总净值交易额将首次达到 300 亿元，复合合同年度净值总增长率预计约为 18.4％。因为具备艺术知识专业化和广泛性的现代艺术品市场购买者不断增加，现代先进科学信息技术不断驱动，具有商品鉴别、确认、估价、验证、物流、集中仓储保管和长期追溯增值服务等优质增值服务的艺术商品交易平台在未来会呈现高速成长的趋势。

二、文化产品投资的特点

（一）投资周期的不确定性

艺术品是一种需要通过各种收藏方式去不断提升投资价值的产品，在当今市场上，人们常常把每一笔重复的艺术交易看作是一次新的投资，然而，作为投机性投资行为的短期投资却无法充分体现这些艺术品的价值。统计数据分析表明，如果对于当代艺术品长期投资项目采用中期或者中期化的投资管理策略，则该项目前三年复报预期收益率最好，而持有投资期限一般为 3—6 年的中期基金投资的书画艺术品，其长期投资的年复率和报酬率平均大约为 27％，比一般投资持有期限在 6 年以上的艺术品高约 7 个百分点。

（二）投资具有一定风险

作为一个专业的艺术品投资者，要真正实现收藏品的投资保值，除了需要关注投资回报率，还需要愿意承担一定的风险。因此对于新手来说，建议选择投资周期相对较短、风险相对较小的美学作品，一方面可以提高新手的专业技术知识和鉴别能力，另一方面也可以使新手在投资中积累经验，进一步了解美术品投资。

（三）投资具有一定前景

工艺品投资的前景在多个方面展现出积极的态势，以下是对其投资前景的详细分析。

1.市场现状

工艺品行业市场规模巨大，全球每年的销售额以数千亿美元计算。特别是中国，作为全球最大的工艺品生产国，工艺品行业市场规模持续扩大。中研普华产业院研究报告显示，2023 年全国工艺美术及相关行业规模以上企业共有 5600 家，累计完成营业收入约 9000 亿元,利润总额达到 450 亿元。①

随着人们生活水平的提高和审美观念的改变,消费者对于独特、精美的工艺品需求持续增长,尤其是那些文化艺术价值较高的作品。工艺品不仅满足了人们的审美需求,还承载着丰富的文化内涵和艺术价值,成为人们欣赏、收藏和传承的重要物品。

2.投资优势

艺术品作为一种特殊的资产,不仅具备增值性和稀缺性,还具有一定的流动性。这使工艺品成为投资者眼中的"香饽饽"。与股票、房地产等传统投资方式相比,工艺品投资的风险相对较小,而且其价值往往会随着时间的推移而不断提升。

工艺品是文化的载体,蕴含着丰富的历史和文化内涵。投资者在获得经济收益的同时,还能感受到文化的熏陶和精神的满足。这种双重价值使工艺品投资更具吸引力。

3.发展趋势

未来工艺品行业将继续加强创新,提升产品品质和文化内涵,以满足消费者日益增长的需求。创新设计将成为工艺品行业的重要发展方向,为投资者提供更多具有独特性和市场竞争力的投资选择。

随着消费者对个性化、定制化产品的需求不断增加,工艺品行业将更加注重个性化定制服务。这种服务模式将满足消费者的个性化需求,同时也为投资者提供更具差异化和竞争力的投资产品。

线上线下融合也将成为工艺品行业的重要发展趋势之一。企业需加强线上渠道建设,提高线上销售能力,以拓展销售渠道并提高市场竞争力。这种融合模式将为投资者提供更多便捷的购买渠道和更广阔的市场空间。

4.挑战与应对

工艺品行业面临原材料成本上升的挑战。为了应对这一挑战,企业需要加强成本控制和质量管理,提高产品附加值和市场竞争力。

工艺品市场竞争较为激烈。投资者在选择投资对象时,需要充分了解市场情况和企业实力,选择具有竞争优势和发展潜力的企业进行投资。

综上所述,工艺品投资前景广阔,但也需要投资者充分了解市场情况和企业实力,谨慎选择投资对象。同时,企业也需要加强自身建设,提高产品质量和文化内

---

① 中国行业研究网.2024 年工艺品行业市场发展现状及未来发展前景趋势分析［EB/OL］.（2024-07-02）［2024-07-11］. https://www.chinairn.com/news/20240701/170548396.shtml.

涵,以满足消费者需求并应对市场挑战。

三、文化产品投资的方法

艺术品的金融化投资是以金融行业的理念和模式为基础,对艺术品市场进行管理和优化的一种方式。从市场角度看,它是以艺术品为载体,通过艺术品金融产品进行资金融通,实现对艺术资产价值增值的过程;就工具而言,它以金融资产的形式和相关流程投资艺术品或艺术品的组合,最终将其纳入个人或机构的理财范围。

就投资属性而言,艺术品金融化投资呈现以下显著特征:一是地位越来越凸显,成为金融机构资产管理中的投资标的;二是其价值和影响力越来越大,成为金融机构评估企业或个人信用评级和资产定价的重要标的。

艺术品金融化投资的目的在于,一方面,在金融机构专业运营的基础上,投资者通过购买艺术品金融化产品以获取最大的投资回报;另一方面,艺术品的持有人通过信用评级或进行价值评估,使相应的艺术品进入融资或其他金融服务。

四、文化产品投资的形式

(一)艺术品基金

2007 年 6 月,"非凡理财·艺术品投资计划 1 号"(以下简称"非凡"1 号)由中国民生银行推出,这是我国首个对外公开的艺术品基金。虽然在运营过程中遭遇了金融危机,但该产品在两年后的到期收益率在 25% 左右,成为行业内的佼佼者。对于银行的理财产品而言,这样的收益具有极其重要的意义。

中国民生银行在该基金的运作中负责销售渠道,所募集的资金通过中融信托公司的专项信托,委托给北京邦文当代艺术投资公司进行投资。三方涉及的费用如下:银行管理费占比 2%,信托投资公司信托费用占比 1.5%,投资顾问费用占比 2%。类似阳光私募基金在证券市场上的运作方式,"非凡"1 号通过技术手段实现了保本理财的目标。这个技术手段被称为回购,即投资的藏品到期无法出售时,被委托的投资公司以高于购入价 10% 的价格进行回购,确保客户的利益不受损失。由此可得,"非凡"1 号为客户所提供的预期收益率在 0 至 18% 之间,为客户带来了可观的回报。而后中国民生银行发行"非凡"2 号,在总结"非凡"1 号经验的基础上推出了更具可持续性的做法,即放弃提供预期回报率,投资顾问也不作出回购承诺,取而代之的是,投资顾问将其资金的 20% 用于跟投操作,这种方式是股权投资基金(PE)常用的做法。

与证券投资基金类似,艺术品基金也分为两类,即公募和私募。公募的艺术品基金由银行、信托公司等金融机构发行,而私募则只限于"小圈子"范畴,面向社会的不特定公众发行。

艺术品投资基金的兴起,标志着艺术投资正朝着更加专业化和理性化的方向不断发展。这也对基金操盘者的专业素养提出了较高的要求,尤其在如何选择艺术品的投资类别、艺术家和作品、投资时机等方面,提出了相当高的要求。当前,艺术品投资市场所面临的最大问题在于,投资者过度追求短期盈利的炒作行为较多,导致市场缺乏理性。如果艺术品基金的投资行为仅限于盈利,那么艺术品基金的运作将不可避免地面临着巨大的风险。

(二)艺术品赏鉴

2009年6月,包括一项创新艺术品赏鉴计划在内的私人银行艺术品赏鉴计划在招商银行启动,该创新计划使客户可以在银行推荐的当代艺术品中任意选择自己钟爱的作品,在存入一定的保证金后,即可享受该艺术品的鉴赏权益。在艺术品的免费鉴赏期内,顾客可以将其带回家,深入品味其内在的艺术价值和精髓。艺术品鉴赏期限满后,即使其升值,客户仍有权以原价购买该作品。该金融产品的意义在于,它为客户进行艺术品投资提供了一定的"缓冲期",也表明银行在艺术品投资计划中更加注重提供艺术品特性的服务,从而进一步促进了艺术与金融的有机融合和互动。

(三)艺术品按揭

2009年6月,中国中菲金融担保公司在国内推出了首个当代书画金融按揭服务,以满足投资者购买艺术品时的融资需求。该项服务的对象为价值超过10万元的书画艺术品,且按揭仅限于拍卖公司的拍品,预付款为拍品总金额的50%,还款期限为1年,按揭的利息则以银行当日利率来核算。拍卖公司将对按揭购买的拍品进行临时保管,直至贷款余额得到清偿。

在同一时期,中国工商银行福州分行与福建省民间艺术馆合作推出了一项名为"艺术品免息分期付款"的业务,当投资者在福建省民间艺术馆内按揭购买艺术品时,必须先向中国工商银行申请一张牡丹贷记卡,并通过分期付款的方式获得艺术品。如果投资者是个人,还需要办理贷款手续。对于价值不超过10万元的艺术品,银行提供分期付款服务,期限最短为3个月,最长可达24个月,以满足不同客户的实际需求。这两个项目的启动,为艺术品进入消费主义时代提供了强有力的资金支持,同时极大地推动更多金融企业和艺术品投资者进入该领域。

（四）艺术品"股票"

2009年7月,北京华彬艺术品产权交易所正式揭牌成立,这是我国首家艺术品产权交易所。该所的成立开启了艺术品证券化的全新篇章,也意味着艺术品可被视为一种可拆分的"股票"。

艺术品产权交易的基本流程包括以下几个步骤:资产包发行人提交申请→文物部门进行售前审批、鉴定评估→上市审核委员会审核→保险公司承保→发行人对拟上市艺术品进行路演→博物馆托管→承销商进场发行。

在交易方式方面,它类似于股票市场,为提高交易效率和准确性,采用电子化、份额化的连续交易和撮合成交等机制。符合条件的投资者只需按流程完成以下环节即可实现艺术品的份额化交易:在文化艺术品交易所开立权益账户→与银行签订三方存管协议→开立资金账户→下载交易系统。

2011年1月26日,天津文化艺术品交易所推出了两幅山水画《黄河咆哮》和《燕塞秋》作为首批进行艺术品"份额化"交易的作品。这两幅画分别发行了600万份和500万份,且其售价均为1元/份,在上市的第一天就实现了惊人的100%涨幅。截至2011年3月16日收盘时,两幅画的"股票"价格分别上涨至17.16元和17.07元,时间不到两个月,但涨幅却超过了16倍,这让股票市场的许多牛股都望尘莫及。艺术品份额化金融交易的最显著特征在于降低了普通投资者的门槛,从而极大拓展了艺术品投资者的参与范围,同时也相对缩短了艺术品的投资周期,使艺术品投资成为一种大众广泛接受的投资方式。

（五）艺术品信托

2010年6月,我国首次发行艺术品投资集合资金计划,是由国投信托有限公司发行的"飞龙"系列艺术品信托基金。"飞龙"系列信托基金的推出,标志着我国信托业进入一个新阶段,也为信托公司发展艺术品业务提供了有益借鉴。该信托基金的运作模式是:信托计划一旦确立,所筹集的资金将被用于从某一确定的投资公司购买艺术品;信托计划到期,该投资公司享有优先回购的权利,其间所获得的资金将返还给投资者。显然,该产品名为"基金",实则是一种以自己的艺术品(按一定的折扣)为质押品的质押贷款,从投资者那里筹集资金。例如,该信托1号产品,其信托融资额为4650万元,期限为18个月,具体为购买几幅知名画作的收益权。购买的艺术品(质押品)的评估价值超过9000万元,质押折扣率为50%。在该产品到期后,实际收益率达到了7.08%,与预期收益率的7%基本持平。

在艺术品信托领域,可分为浮动收益和固定收益两类。浮动收益类型即对于未来的艺术品市场持看涨的乐观态度,虽然收益较高,但也必须承担相应的风险;固定收益类型以质押担保的方式运作,能获得较好的流动性和变现能力,具有较高的安全性,但相对于浮动收益类型,其收益较低一些。

(六)艺术品质押贷款

2010年7月,中国民生银行、福建运通担保公司和福建省民间艺术馆联手推出了一项全新的质押融资业务,即"寿山石质押贷款"。该项业务一经发布便引起了业界的关注,并迅速得到业内各方面专家及广大中小企业的广泛好评,成为当时我国质押融资市场上最引人注目的创新之一。福建省物价局唯一认可的寿山石价格评审机构(福建省民间艺术馆)充分发挥其在寿山石鉴定评估领域的专业优势,提供专业保障;福建运通担保公司为借款人提供担保,确保借款人无法及时偿还贷款时银行不受影响,从而有效解决质押品(寿山石)无法流通或实现交易等问题,同时也降低了质押贷款给银行带来的放款风险。中国民生银行在获得福建省民间艺术馆对质押物(寿山石)的专业鉴定评估意见以及福建运通担保公司的担保后,结合最新的"商贷通"产品,为借款人提供资金支持。

这种新的融资方式,是把收藏与商业信用相结合的一种创新形式。当收藏者(借款人)将藏品质押给银行后,没有改变藏品的所有权,收藏者能获得所需的流动资金,这大大有利于收藏者到其他领域进行投资和获利。

第四节　彩　票

【导入案例】

兴义一群众彩票投资被骗 39 万元

2021年9月某日,兴义市的张某在家中上网时,通过广告链接下载了一款彩票软件,登录注册为会员后软件客服就将其拉进了一个可以领取红包的聊天群。当天就有人在群里发红包,大家在群里抢得不亦乐乎。后来,群里有人称那些不是会员的人也在群里把红包抢了,建议以后有什么事情在"企业密信"里讲。

张某下载"企业密信"并进行注册后很快有人说起在软件内买彩票赚钱的事情,称这个平台特别好,风险小回报高,至少有30%的回报率,并且有专人教学怎么操作。

张某听后十分心动,在软件内找了一名"老师","老师"介绍操作很简单,以买大小的方式进行下注即可。在"老师"的教导和指引下,张某决定小试牛刀,小数额提现后又向对方提供的银行卡转账多次,累计充值金额高达39万元。在张某准备提现时,却发现平台禁止提现操作。

张某静下心来越想越觉得不对劲,就选择到公安机关报警,经警方核实张某总计损失390400元。

思考:我们该如何避免投机心理,合理运用彩票进行投资呢?

一、彩票的概念

彩票,又称彩票奖券,是一种抽签和发放彩票抽奖的方式,最终将会用作帮助需要投资筹集资金的人,而不是简单的彩票赌博。

彩票是一种以书面形式呈现的凭证,上面印有号码或图形(文字),购买者可以自愿购买并按照特定规则获取奖励。这款娱乐游戏以平等机会和公平竞争为基础,为玩家提供了一种独特的娱乐体验。一项现代研究指出,彩票能用人人平等而又合理合法的方法,满足人类天生具有的摆脱道德责任的欲望,即中奖者不会因为一夜暴富而有任何不安的心理负担,而彩票的受助者也因为双方互不见面不会产生任何道德责任或义务。彩票之所以能够广受欢迎,究其原因,主要还是受心理因素的影响。

截至2023年,全球已有139个国家和地区推出了彩票的销售。现代发行彩票的最主要功能价值是通过发行彩票来筹集资金;其目标价值在不同国家和地区不尽相同,主要为社会福利、公共卫生、教育、体育、文化等领域。另外,彩票还有其特殊的社会价值,那就是以相对合法公正的方式重新分配社会闲置资金,进而达到协调社会矛盾和关系的目的。

二、彩票的种类

(一)按彩票特征分类

1.传统型彩票

它以其独特的魅力吸引了越来越多的人参与其中,成为一项深受大众喜爱的娱乐休闲方式。这种彩票为被动式设计,由发行部门预先印制号码(通常为5至7位数字)、中奖方式、奖金等级和中奖金额,彩民购买后是否中奖,需等待公开摇奖的结果才能知晓。一般情况下,以彩票的开奖号码与彩票号码中的几个或多个首位数和尾数相对应来确定中奖的等级和中奖金额。作为历史悠久的传统型彩票,遍布除美国以外的其他各国,西班牙的内德维德(Navidid)是全球最大的传统型彩票。

2. 乐透型彩票

"乐透"一词源自外文"lotto"一词的翻译,意为"分享",最初是一种纸牌游戏。乐透型彩票以其极富趣味性的特点,为人们带来了传统型彩票无法企及的高度灵活性和娱乐性。

3. 数字型彩票

这种类型的彩票一般采用随机分配方法,即通过比较不同的组合方案来确定最佳的中奖机会。数字型彩票是一种以三位数(000—999)、四位数(0000—9999)或五位数(00000—99999)为基础的彩票,其开奖方式通常为每日一次,购买者可以根据自己的喜好选择一个三位数或四位数或五位数的组合。资金的数额取决于不同的组合方式,其中最基本的是通过排列和组合这两种方式来实现。排列方式要求预测号码的数字和顺序必须与开奖号码完全一致;组合方式则无需遵循特定的顺序要求,只需确保数字相符即可。数字型彩票在美国、加拿大、澳大利亚、马来西亚和摩洛哥等国家呈现出多样化的面貌。

4. 透透型彩票

这种类型的彩票以游戏者为对象,通过一定程序向其提供具有特定含义的数字或文字信息而产生奖金。透透型彩票实则是一种以体育竞技和猜谜为主的彩票形式。这种彩票也可用于体育竞赛,既具有一定的观赏性,又有一定的娱乐性,因而深受人们的喜爱。它是体育比赛与彩票的结合,需要彩票玩家预测体育比赛的结果,因此含有智力因素。1923年,透透型彩票首次在英国亮相,随后迅速传播至欧洲和南美的多个足球狂热国家,彩金的支付方式通常是按照固定比例进行分配。

透透型彩票是我国体育彩票中的一种。

（二）按彩民参与方式分类

1.摇奖彩票

当彩民购买彩票后,发行机构会利用摇奖机为其开出一个奖号,这种彩票即摇奖彩票。为了确保公正,避免人为操纵和暗箱操作,摇奖通常在公开场合或通过电视直播进行,这是一种最基本、最原始的开奖方式。在中国,除了即开型和透透型（如足彩）彩票,其他彩票大都为摇奖彩票,并在公证机关的监督下,通过电视直播摇号的全过程。

2. 摸奖彩票

在彩民付款后,彩民自行从装有彩票的箱子中摸出一张彩票,并立即当场当众揭开或刮开,以确定自己是否中奖,这种行为被称为摸奖彩票,通常是一种即开即兑的行为。在彩票发行的初期,这类彩票曾风靡一时。

3. 竞猜彩票

竞猜彩票是指彩民通过对彩票号码进行深入分析和精准预测,以选出与开奖结果相符的彩票号码从而获得中奖的机会。竞猜的主要吸引力在于需要彩民搜集信息,并对其进行归纳和分析,以协助自己确定竞猜的目标对象。

4. 投注彩票

投注彩票是指玩家通过对某位运动员或球队进行调查和研究,以下注购买相应的彩票。1992年,深圳、广州和北京的有奖赛马首次采用了这种彩票投注方式,使这些城市的马术运动进入了一个全新的阶段。投注彩票的主要吸引力在于,它是一种介于娱乐和博彩之间的投机行为,满足了彩票爱好者的好奇心、冒险精神和竞争性,为他们提供了一种独特的体验。根据体育比赛的不同,投注方式也可分为单中和连中。

（三）按开奖时间分类

1.即开型彩票

购买即开型彩票时,彩票票面上的数字或图案会被一层纸或特殊涂膜覆盖,彩票玩家需要揭开或刮开覆盖物,然后根据销售现场的兑奖公告或票面上公布的规则来判断自己是否中奖。

2.电脑型彩票

这是一种利用计算机网络系统进行发行和管理的彩票。每一种电脑型彩票都必须是销售一期后才能开奖,也就是说,一个系统的各电脑销售点收集完一期的出售数据后,计算机控制中心才能进行开奖操作。电脑型彩票的投注、兑奖和奖金分配均由计算机完成,开奖则通过摇奖机或比赛结果来决定,从而消除了人为因素对彩票开奖过程的干扰,确保了彩票数据的安全性和可靠性。

彩民可以通过对比自己所选号码或机选号码与摇奖机上的中奖号码或比赛结果,以确定自己是否中奖、中奖等级以及可获得的奖金数额。奖金的分配方式可以是灵活多变的,也可以是固定不变的,通常会采用混合的方式。若为浮动奖励,则奖金的分配取决于销售金额、奖池中所积累的金额以及中奖人数(单人独得;多人平均获得;若无人中奖,则奖金滚存至下期的最高奖级奖金彩池中)。

(四)按彩票发行机构分类

1.福利彩票

福利彩票是指中国福利彩票管理中心自 1987 年以来发行的彩票。早期的福利彩票分为传统型彩票和即开型彩票两种,其中包括即开型彩票(如刮刮乐)、乐透型彩票(如双色球、36 选 5)和数字型彩票(如 3D)三种,后两种属于电脑型彩票。

2.体育彩票

1994 年 3 月起,中国体育彩票管理中心开始发行一种名为"体育彩票"的彩票。该彩票有三个主要类型,分别是即开型彩票(如顶呱刮)、乐透型彩票(如大乐透、22 选 5)、数字型彩票(如排列 3 和排列 5)和竞猜彩票(如足彩、赛事天天彩和奖牌连连猜)等,其中后三种类型均为电脑型彩票。可以观察到,与福利彩票相比,体育彩票增加了一种基于竞猜的彩票形式。当然,该分类方法仅适用于中国。

三、彩票的作用

政府视彩票行业为社会筹措公益性经济资金的一个重要途径。彩票业是由政府主办的。

彩票发行过程中,国家将提供法律和社会保护,并且社会公众可以通过相关的法律手段进行监督。针对彩票的发行,国家实施了一系列的优惠政策,这也使彩票在社会日常生活中始终处于合法且被认可的地位。

目前,现代化彩票发行的主要职能在于募集资金,彩票的主要目标价值包括但不限于社会福利、公共卫生、教育与文化等方面。彩票作为一种金融工具,能够通过公正合法的方式重新分配社会闲置资金,从而缩小社会贫富差距,维护社会稳定。彩票在一定程度上促进了社会财富的再次分配,积极推动相关行业的稳定发展,能够对营造良好的社会风气产生积极影响,有利于增强公众的社会公共责任意识和社会主义参与意识,丰富社区公众的娱乐和生活,因此彩票本身具有特殊的社会价值。

此外,不同类型的彩票图案如人物、花卉或历史事件等,具有观赏和收藏价值,未中奖的彩票在一定程度上可能会随着收藏时间的推移而升值。

四、彩票的操作方法

购买彩票的主要渠道有两种,一种是线下的投注站,另一种是通过彩票官网购买。彩民通过投注站购买时,投注站会提供选号以及开奖号码公布的服务,相对方便快捷,安全性高。彩民还可以通过彩票官网购买彩票,彩票官网会提供更多服务,除了提供选号和开奖号码公布的服务,还有往期号码中奖概率以及号码连线等参考数据。但是在网络上存在虚假的彩票网页网址,存在被诈骗的风险。在彩民确定了购买的渠道之后,可以自行根据不同彩票的规则选择合规的号码,并按要求进行购买。要注意的是,一般在彩票官网进行的购买都需要绑定银行卡,以增加安全性。

彩民在开奖以后如果中奖,根据购买渠道的不同,兑换方法也不同。如果是通过线下投注站购买,可以携带中奖彩票去投注店内兑奖;如果是在彩票官网购买,确认无误后平台会自动将中奖金额转入之前绑定的银行卡。同时,如果中奖金额巨大,有可能会通知本人去指定的某一兑奖点领奖。

彩票中奖为意外偶然所得,应当缴纳个人所得税,税率为 20％。偶然所得应纳税额计算公式为:

$$应纳税额＝应纳税所得额×适用税率＝每次收入额×20％$$

复习题

一、选择题

1. 以下对于黄金特点的描述中,哪一项不正确　　　　　　　　　　(　)

    A. 保值性强　　　　　　　　　　B. 流动性高

    C. 纳税额度高　　　　　　　　　D. 投资形式多样

2. 以下哪一项不属于房地产投资的劣势　　　　　　　　　　　　(　)

A.投资风险较高 　　　　　　　　B.投资收益单一

C.资金占用大,周转慢 　　　　　　D.专业知识要求高

3. 以下几类 REITS 投资方式中,哪一项与其他分类方式不同 　　　（　　）

A.混合型 REITS 　　　　　　　B.契约型 REITS

C.权益型 REITS 　　　　　　　D.抵押型 REITS

4. 艺术品与其他商品相同之处在于 　　　　　　　　　　　（　　）

A.具有商品的属性 　　　　　　B.具有一定的欣赏价值

C.可以作为一般等价物 　　　　D.是用于交换的劳动产品

5. 以下对于彩票的描述中,错误的是 　　　　　　　　　　　（　　）

A.彩票分为即开型兑奖彩票和被动型公益彩票

B.可以通过网络购买彩票

C.彩票只有中奖才有价值

D.彩票会受国家监督

6. 如果一个家庭的成员比较喜爱饰品收藏,他们更有可能以何种方式投资
黄金 　　　　　　　　　　　　　　　　　　　　　　　　（　　）

A.实物黄金投资 　　　　　　　B.纸黄金

C.期货黄金 　　　　　　　　　D.黄金 T＋D

7. 以下哪一项不是彩票的作用 　　　　　　　　　　　　　　（　　）

A.丰富居民的娱乐和生活 　　　B.为公共事业集资

C.可以作为长期理财的工具 　　D.具有收藏价值

8. 以下对于艺术品投资的描述中,不准确的一项是 　　　　　　（　　）

A.进行艺术品投资首先需要投资者有一定的鉴别能力

B.每家银行都设有完整的艺术银行业务体系可供投资者投资

C.艺术品投资依然需要承担一定的风险

D.艺术品的收藏价值源于自身的艺术价值

9. （　　）比较适合那些没有足够的精力密切关注和投资黄金市场的理财者

A.纸黄金 　　　B.民生金 　　　C.实物黄金 　　　D.黄金预付款

二、判断题

1.彩票的网上操作具有一定的安全隐患,所以彩票只能在线下购买,但可以在
网上进行兑奖。 　　　　　　　　　　　　　　　　　　　　（　　）

2.房地产投资指的是投资者对于住宅用房的购买和投资,旨在期望日后房产升值后卖出。　　　　　　　　　　　　　　　　　　　　　　　　　（　　）

3.由于房地产投资所需的本金巨大,让许多资金实力不是特别雄厚的投资者望而生畏。　　　　　　　　　　　　　　　　　　　　　　　　　（　　）

4.彩票最主要的社会性作用是缩小贫富差距。　　　　　　　　　（　　）

5.对于艺术品的投资不仅只有实物收藏这一种途径,还可以通过银行等机构开办的各种业务进行投资。　　　　　　　　　　　　　　　　　　（　　）

6.REITS是一种通过发行基金券,募集大量资金形成信托资产然后交由专业投资机构投资经营房地产及法定相关业务,获得的收益按照基金券持有人出资比率分享,并由投资机构承担大部分风险的投资方式。　　　　　　　　（　　）

7.REITS投资成本低、分割单位小、投资回报率高且收益稳定的特点使其适合重视分红的长期投资者。　　　　　　　　　　　　　　　　　　（　　）

8.黄金无法通过调节杠杆进行投资交易。　　　　　　　　　　　（　　）

9.在房地产投资中,物业的收入不算在房地产投资的收益来源中。　（　　）

三、问答题

1.如果你家中的老人手中有1万元闲置,让你帮忙进行投资,你会在上述的几种金融工具中选择哪一种或几种进行投资呢？说说你的理由。

2.有一些投资者认为,投资房地产是稳赚不赔的生意,故将手中的资金盲目投向房地产市场,你认为这种行为是正确的吗？谈谈你的理解。

第九章 ....

家庭金融风险及其防范

学习目标

● 了解家庭融资和投资风险的种类
● 明白如何防范投资风险
● 了解个体风险和家庭风险
● 明白如何利用金融工具规避风险

【导入案例】

梁某某等人集资诈骗案①

梁某某,广东南雄人,系贵州省广东商会实业有限公司(以下简称贵广公司)法定代表人。

贵广公司无任何资金,未开展任何经营活动,梁某某以建立大方雨冲陶瓷工业基地项目为由,组织以王某某、吴某某等人为成员的招商部向全国各地不特定对象非法吸收资金,集资户的投资额分别为 1.2 万元、3.2 万元、9.2 万元三个档次,上不封顶,分红比例为月息 2%、4%、6%,每月两次分红,一年还本;介绍他人集资的,介绍人按被介绍人集资金额的 10% 获取提成;实行七级分红逐级提成法,介绍人如果自己向公司投有资金的,除享有 10% 的介绍提成外,每月按被介绍人分红额的一定比例提取红利,提至第七层。具体为:第一层的提成比例为被介绍人分红额的 20%,第二层提成比例为被介绍人分红额的 15%,第三层至第七层的提成比例为被介绍人分红额的 10%。2009 年中,随着集资金额的增多,梁某某与招商部研究决定,将投资额调整为每股最低 10 万元,上不封顶,分红率月息 6%,每月两次分红。

2008 年 12 月 1 日至 2009 年 11 月 30 日,贵广公司的集资款收入总金额达到了 1.41 亿元。在这些资金中,有一部分是用于购置房产和其他资产的支出。梁某某用其中 533 万元购买了辉腾、悍马和别克等八辆高档汽车,用 130 万元买下贵阳住房,用 470 万元买下无经营权项目,250 万元送给他人;招商部王某某、吴某某等将各自分得的 100 万—200 万元用于个人消费或偿还债务,

① 毕节市人民检察院.【以案普法】毕节市 8 个非法集资典型案例公布[EB/OL]. (2023-10-17) [2024-06-11]. https://www.bijie.gov.cn/ztzl/rdzt/czffjzxczl/202310/t20231017_82765485.html.

用于项目建设的资金仅为 730 万元。案发时尚有 3892 万元未能归还。

2009 年 10 月 3 日,毕节市公安局以梁某某等人涉嫌非法吸收公众存款罪立案侦查,2009 年 11 月 11 日对其采取刑事拘留,2009 年 12 月 18 日经贵州省人民检察院毕节分院批准逮捕,捕后检察机关提前介入协助公安机关收集、固定、完善证据,检察机关认为梁某某等人更符合集资诈骗罪特征,2010 年 11 月 4 日检察机关以集资诈骗罪对梁某某等 15 人提起公诉,法院采纳检察机关的案件定性,判处梁某某、王某某等人死缓、无期徒刑等不同刑罚。

2019 年 9 月,在逃十年的招商部成员叶某某在深圳市罗湖区被公安机关抓获归案;2019 年 12 月 13 日,毕节市公安局以叶某某涉嫌集资诈骗罪移送毕节市人民检察院审查起诉。

【典型意义】

正确区分非法吸收公众存款罪和集资诈骗罪的关键在于其目的是否为非法占有。行为人没有将所获取的大部分资金用于生产经营活动,而是用于自己的个人支出,主要通过借新还旧的方式归还本息,导致无法归还巨额的集资款,可以认定其目的是非法占有。本案中,梁某某仅将 5% 的集资款用于项目建设,具有非法占有目的,检察机关更换罪名精确起诉,同时协助公安机关最大限度追赃挽损,维护社会稳定,确保办案取得良好的政治效果、法律效果和社会效果。检察官告诫犯罪分子,天网恢恢疏而不漏,以身试法者,终将难逃法律的制裁。

思考:如何避免诈骗集资和非法集资?

家庭投资可能会有盲目性和冲动性,风险意识薄弱的家庭往往会被标有高利率高回报稳定分红的理财产品或投资项目所迷惑,而将高风险和投资诈骗的可能抛诸脑后。因此,家庭投资者在进行投资决定之前一定要先了解风险再进行合理投资。

第一节　家庭投融资风险及其防范

家庭投资风险包括投资中的收益变动风险和本金亏损风险。投资者为了防范和规避风险需要对自身的投资目标和风险偏好进行确认,以分散投资和调整资金比例的方式进行资产组合,最后达到控制风险,实现收益的目的。

一、风险分类

(一)按投资风险的形成原因

根据风险形成原因的不同,可将其归纳为自然、社会、经济和技术四个方面的风险。

自然风险源于自然因素,如地震、洪水和台风等的不规则变化带来的不确定风险。

社会风险是指由于个人或者团体的欺诈、盗窃、失职等行为给投资者造成损失。

经济风险是指在投资活动中,因管理不善或市场等因素发生变化而带来的一系列风险,包括但不限于价格、利率和通货膨胀等方面的风险。经济风险与市场环境密切相关,对投资决策具有重要影响。市场固有的经济风险是投资风险管理中至关重要的课题。

技术风险是指由于技术设计和管理不善而产生的风险,如运行系统故障或环境整治工程质量不达标等而产生的风险。

(二)按投资风险的性质

根据不同的投资风险属性,可以将其分为纯粹风险和投机风险两大类。

纯粹风险是指那些只可能导致损失或无法带来收益的风险。

投机风险是一种既有可能导致经济损失,也有可能带来利润的风险现象。投机风险给社会带来损失的可能性很小,但对社会经济发展产生不利影响,有些还可能引起较严重的社会问题。投机性风险可能导致三种潜在的结果:造成经济损失、未造成经济损失以及从中获取利益。如果投机者获得了一定程度上的收益,社会也会从中获益。如果投机风险给活动主体造成了经济上的损失,但全社会有可能未受到任何损失,其他人或许还会因此而获利。

（三）按投资风险的范围

根据所涉及投资风险的范围不同,可将其划分为系统性风险和非系统性风险。

系统性风险是指在一定程度上无法通过一定范围内的分散投资策略来降低风险。在一定范围内不可分散的风险有可能在一个更大的范围内分散化。比如将投资范围由一国市场扩大到国际市场,一国市场上无法分散的风险可能在国际市场上分散。因此,系统性风险是相对于一定的投资范围而言的。

非系统性风险也被称为特定风险、异质性风险、个体风险等,通常是受与一个或多个特定资产相关的一系列特定因素影响。例如,公司计划推出新产品但因环保问题无法上市销售,进而导致股价下跌;又如,某农业公司因产品歉收等负面新闻而引起的股价下跌;再如,工人罢工、新产品开发失败、失去重要的合同、诉讼失败、宣告发现新矿藏、竞争对手被外资并购等,这些也是非系统风险。

二、家庭融资风险

对于企业,经营融资是必不可少的一部分,无论是企业的建立还是企业的上市融资,都是为了扩大市场份额和追求更大的利润,而为了追求更快的份额增长速度和利润增加就不得不面对融资风险。对于家庭和个人,融资的方式也一样,不确定的风险也不小,因此选择正规的融资渠道和签订合法的融资合同是控制风险的最佳方法。

（一）家庭融资特点

家庭融资不仅具有金额较小、使用周期短、资金需求的时效性强、融资频率高等特点,还有像房贷、车贷等长时期大金额的融资需求,针对不同的融资需求家庭往往会选择不同的融资平台或方式,其风险也自然不同。

1. 小农型家庭

根据第七次全国人口普查结果,全国人口中,居住在城镇的人口为 90199 万人,占 63.89%;居住在乡村的人口为 50979 万人,占 36.11%。[①] 我国是一个农业人口占比较大的国家,对于许多从事农业生产的工作者来说,农业生产经营注重时效性且高风险,但他们不青睐农业保险,农民又缺少足够的抵押物向银行借款。因此,许多农民往往会向亲友或非正规的贷款公司借款,恶劣的气候和动植物的传染

---

① 第七次全国人口普查公报［EB/OL］.（2021-05-11）［2024-06-11］. https://www.gov.cn/guoqing/2021-05/13/content_5606149.htm.

病以及农产品价格的波动等都会让许多负债的农民血本无归甚至陷入无法偿债的困境。

2. 个体工商户型家庭

截至 2021 年底,全国登记在册工商户人数突破 1 个亿,其中每户平均能带动 2.68 人,以此推算,全国个体工商户解决了我国至少 2.68 亿人的就业。个体工商户家庭多以经营餐饮、服务、零售为主,个体工商户的融资需求主要有三方面:一是筹备开业的资金需求;二是经营过程中的流动性资金需求;三是扩大经营规模时的资金需求。个体工商户的资金需求呈现出与其所处行业密不可分的特点。与小农经济周期性地获得收入不同,个体经营户还款能力较强,其收入通常相对稳定。个体工商户的具体资金需求取决于企业的经营规模。商机是成功的关键,拥有允足的资金更是抓住商机的关键,所以资金需求的及时性很重要。

3. 职工型家庭

该家庭成员以雇员或依赖性合同工为主,不以生产资料的占有获取收入,以出卖劳动力或知识技能获取报酬,收入和消费相对较稳定。他们的融资需求多是非生产非经营性,大多用于购房、购车。由于他们稳定的收入和可预见的消费,银行会较倾向于贷款给职工型家庭。

(二)家庭融资风险种类

1. 高利贷

随着我国金融体系的不断完善以及对发放高利贷的违法组织的打击,我国居民借高利贷的现象明显减少。作为一种古老且便捷的借款方式,高利贷曾在民间隐秘发展。高利贷的最常见形式有利滚利和砍头息等,它们以看似合理的方式收取高利息,或以系统故障等原因拖收欠款,往往让借款人不能及时还款而陷入债务的泥潭。

2. 房产的贬值

购买房产是绝大多数家庭背负巨额债务的主要原因之一,也是大多数家庭抵抗通胀实现资产增值的有效手段,后者往往是经济发展和人们购房保值心理预期的共同结果。房价的不断增值会充斥泡沫,多数家庭看不见泡沫和危机,或者抱有侥幸心理。截至 2019 年末,我国房贷市场存量已经达到 29.8 万亿元,占所有居民总债务比例的 53.9%。许多家庭以原有的房产抵押贷款购买新房,若是房产出现普遍的贬值,那么这些房产就会给贷款人带来巨大的经济压力,银行对于他们的坏账可能也会增加,从而影响金融市场的稳定和信心。

3.分期付款导致的风险

在互联网金融越来越发达、借款和超前消费越来越便利的情况下,分期付款有着周期长、还款压力小、小额无息等优势,成为许多青年人的消费选择,但总体的还款金额不变,这也导致了许多借款人在不知不觉中借贷了超乎他们预期的金额,使每月的还款金额逐渐增大,可支配资金越来越少,以致需要不断借新债还旧债。

三、家庭投资风险

在人们可支配收入不断增加,不再满足于存银行定期的情况下,更多的人选择更高收益的理财和投资,随着收益的提高,风险也随之增大。多数的家庭投资者缺乏投资知识,往往会听从朋友或专家等的分析投入许多积蓄,只看见了描述的大幅稳健收益而忽视了亏损风险或骗局。

家庭投资最重要的投资目标是得到稳健的财富增长,这就要求投资风险必须是可控的、可被承受的。应该说大多数投资其风险和收益是基本平衡的,有些违法的投资骗局只会让投资者血本无归,乃至负债累累。

1.房产贬值风险

房产贬值不仅有家庭融资风险,也有家庭投资风险。作为负债,房产贬值会使家庭资不抵债;作为投资,房产贬值也是造成家庭经济损失的一大原因。在早期房价飞速上涨的时候,房产的金融属性相对较强,房产贬值风险小;现在房产的存量越来越大,需求却不断萎靡,除了中心城市,中小型城市房产的营利性逐渐褪去,房产的风险逐渐暴露。

2.诈骗风险

在家庭投资中,投资者往往是信息劣势的一方,因此许多诈骗团伙会通过网络或电信诱导投资者投资各类看似拥有发展前景、实际上是非法集资的投资项目,刚开始时会以返利等形式分红以进一步吸引投资或让投资者事实上帮助传销,直到最后集资数目充足再脱逃。

3.银行等金融机构破产等风险

人们往往会下意识地认为将现金存银行是一种无风险的储蓄,最多也就是通胀使货币贬值的风险,但最近几年我国出现几次银行破产事件,让人们认识到银行也未必是一个绝对安全的金库。在海南发展银行事件①之后又出现了三家银行的

---

① 1998 年 6 月 21 日,中国人民银行发表公告,关闭刚刚诞生 2 年 10 个月的海南发展银行,这是中华人民共和国金融史上第一次由于危机而关闭一家商业银行。

破产,其中包含 2021 年 2 月 7 日被裁定破产的包商银行。

第二节　家庭财产传承风险

20 世纪,多数中国人普遍没有大量的资产传承给下一代,即使拥有一些房产和地产,也是通过家长指定等方式来决定家产的分配。改革开放后特别是 21 世纪,不少人都有了一定的财产,很多家庭将面对财产传承的问题,这时传承家产不再是一件可以通过口头分配等方式完成的事情,而是需要详细地规划或请专业人员处理的事情。

一、传承方式

家庭资产是每个家庭的财富总和,包含劳动所得收入、理财、保险、房产、股权、债权等。流动性资产保证生存、防御性资产保障生活、投资类资产改善生活,合理的家庭资产配置具备保障生活、抵御风险和资产增值三种功能。家庭资产传承,是一种将个人或者家庭、家族财产安全有保障地按照自己的意愿进行传递、分配的行为,具体有遗嘱、保险、家族信托三种方式。

遗嘱是家庭资产传承的首选项。大部分有资产传承想法的个人或家庭会选择立遗嘱。遗嘱可用于分配理财、房产、储蓄等任意类型的资产,具有普适性强、即时性强、包含性强的鲜明特点。

《中华人民共和国民法典》第一千一百二十三条规定,继承开始后,按照法定继承办理;有遗嘱的,按照遗嘱继承或者遗赠办理;有遗赠扶养协议的,按照协议办理。

遗嘱有六种形式,即自书、代书、打印、录音录像、口头和公证。除了必须去公证处公证的公证遗嘱,其他类型的遗嘱都可由遗嘱人自行操作完成。在起草遗嘱时,应牢记以下几点,以减少将来发生纠纷的可能性。

第一,自书遗嘱的撰写必须由遗嘱人全权负责,包括但不限于对遗嘱内容的全面规划和撰写。第二,对于代书遗嘱、打印遗嘱、录音录像遗嘱以及口头遗嘱,必须有至少两位见证人全程见证,以确保其真实性和可靠性。见证人要符合《中华人民共和国民法典》的要求:有见证能力,不能和遗嘱内容有利害关系,不能是与继承人、受遗赠人有利害关系的人。第三,代书遗嘱需要遗嘱人、代书人、见证人签名并注明年、月、日。第四,遗嘱人在危急情况下,可以立口头遗嘱。口头遗嘱应该有两个以上见证人在场见证。危急情况消除后,遗嘱人能够以书面或者录音形式立遗嘱的,所立的口头遗嘱无效。第五,公证遗嘱不能有涂改。

二、传承风险

资产传承无论是采用法定继承,还是采用遗嘱继承或遗赠继承等方式,都会存在程度不一的风险。

法定继承方面,会存在因子女继承人的婚姻风险、父母继承人的继承风险以及因继承的财产类别不清而引起继承人间纷争的风险。

遗嘱继承方面,会存在遗嘱无效、遗嘱失效、遗嘱内容不清无法执行、继承人公证不到位等风险。

遗赠继承方面,会存在财产赠与后无法收回风险、子女受赠人的婚姻风险、受赠人无管理能力等风险。

为科学有效地传承好财产,我们需要提高风险防范意识,了解风险防范的方式,有效使用高效专业的防范工具。

第三节　家庭个体安全风险防范——保险

一、保险的定义

《中华人民共和国保险法》(以下简称《保险法》)第二条规定:"本法所称保险,是指投保人根据合同约定,向保险人支付保险费,保险人对于合同约定的可能发生的事故因其发生所造成的财产损失承担赔偿保险金责任,或者当被保险人死亡、伤残、疾病或者达到合同约定的年龄、期限等条件时承担给付保险金责任的商业保险行为。"

从法律的角度来看,保险是一种以合同形式呈现的行为。在保险交易中,投保人和保险人之间以平等的法律地位为基础协商签订合同,是一个要约和承诺的过程,旨在确立双方的权利和义务。

从风险管理的角度来看,保险可被视为一种有效的风险管理策略或风险转移机制。保险的基本功能就是转移风险,这种风险转移机制不仅体现在将风险转移给保险公司,还体现在通过保险将大量的单位和个人联合起来,将个体应对风险转化为集体共同应对风险,从而实现风险分散和损失补偿的目的。

从财务角度来看,保险作为一种高效的财务安排,能够有效地分担意外事故带来的损失,从而保障财务的安全性。通过支付保费,投保人能够将不确定的高额损失转化为小额支出——保费,或将未来的大额或持续的支出转化为当前固定的或一次性的支出——保费,从而提升其财务效率。

在人寿保险领域,保险的特性表现得尤为显著。作为一种财务安排,人寿保险具有储蓄和投资功能,而且其理财产品的特质也不可忽视。从这个特定的意义上讲,保险公司扮演着金融机构的角色,保险业则是金融行业不可或缺的重要组成部分。

二、保险的要素

现代商业保险的要素包括五个主要方面,这些方面共同构成了现代商业保险的基石。

(一)可保风险的存在

保险公司所能承担的特定风险,即所谓的可保风险。一般而言,可保风险的可保性需要满足多个方面的条件。

第一,风险应当是纯粹的风险。若此风险转化为真实的风险事件,则仅存在损失的可能性,而不存在任何潜在的收益机会。

第二,风险应当存在导致大量主体遭受经济损失的可能性。保险标的数量的充足性程度直接影响实际损失与预期损失的差异程度,从而对保险业务的稳定性产生深远的影响。

第三,风险应当存在导致巨大经济损失的可能性。风险所带来的潜在影响可能导致巨大的经济损失,这是被保人绝对不愿意承担的损失。

第四,风险不能使大多数的保险标的同时遭受损失。这个条件要求遭受损失发生具有分散性,以达到保险的最终目的,实现多数人支付小额保费,而赔付的是遭遇大额损失的少数人。因为当大多数保险标的同时遭受重大损失时,可能会出现保险人所建立的保险资金无法补偿损失的现象。

第五,风险应当具有可测性。在保险经营过程中,保险人需根据风险发生的概率以及其对被保险标的造成损害的概率,来核定精确的保险费率。因此,保险人在衡量可保风险时,需要综合考虑和预测各种可能的影响因素。

（二）大量同质风险的集合与分散

保险的过程,其实质是风险集合和风险分散的过程。保险人通过保险将众多投保人所面临的分散性的风险集合起来,当发生保险责任范围内的损失时,其实质就是将少数人发生的损失分摊到全部投保人,即通过保险的补偿或给付行为分摊损失,进而将集合的风险分散。保险风险的集合和分散必须建立在风险大量性和风险同质性的基础上。

（三）保险费率的厘定

保险在形式上是一种经济保障活动,其实质是一种特殊商品的交换行为,制定保险商品的价格就成了保险的基本要素,即厘定保险费率。保险商品的交换行为是一种特殊的经济行为,为确保保险双方的利益,保险费率的厘定需要遵循公平性、合理性、适度性、稳定性和弹性五个方面的原则。

为防止各保险公司间保险费率的恶性竞争,一些国家对保险费率的厘定方式作出了具体规定。《保险法》第一百三十五条规定:"关系社会公众利益的保险险种、依法实行强制保险的险种和新开发的人寿保险险种等的保险条款和保险费率,应当报国务院保险监督管理机构批准。国务院保险监督管理机构审批时,应当遵循保护社会公众利益和防止不正当竞争的原则。其他保险险种的保险条款和保险费率,应当报保险监督管理机构备案。"

（四）保险准备金的建立

保险准备金是指根据相关法律规定或业务特定需要,保险人从其保费收入或盈余中拿出一定数量与其所承担的保险责任相对应的基金,以保证其如约履行保险赔偿或给付义务。《保险法》第九十八条规定:"保险公司应当根据保障被保险人利益、保证偿付能力的原则,提取各项责任准备金。保险公司提取和结转责任准备金的具体办法由国务院保险监督管理机构制定。"保险公司应提存的准备金主要包括未到期责任准备金、未决赔款准备金、总准备金以及寿险责任准备金四类。

（五）保险合同的订立

保险合同是体现保险关系的一种民事法律形式,反映投保人与保险人之间的合同关系,这种关系需要通过一定的法律形式固定下来,以做到保护和约束,这种以法律形式确立的合同关系就是保险合同。保险关系产生于社会经济生活中,并随着经济活动而发展变化着。保险合同是投保人和保险人双方履行各自权利和义务的依据。为确保获得保险赔偿或给付,投保人需要承担交纳保险费的义务。保险人有收取保险费的权利,以承担赔偿或给付投保人的经济损失义务为前提,风险的发生与否、具体的时间、损失的程度,这些均存在不确定性。这就要求双方在确定的法律或契约约束下履行各自的权利和义务。

三、保险的分类

(一)按照实施方式,可分为强制保险和自愿保险

强制保险是由国家(政府)通过法律或行政手段实施的一种保险,又称法定保险,其目的是确保公民的安全。虽然强制保险的保险关系是由投保人与保险人之间的合同行为所产生的,但合同的订立受到法律规定的约束。在实施强制保险的过程中,可以有两种选择方式:一是保险标的与保险人均由法律限定;二是保险标的由法律限定,但投保人可以自由选择保险人。例如,机动车交通事故责任强制险就是强制保险的一种。

自愿保险是指投保人和保险人双方在平等自愿的基础上,通过签订相应合同而建立的保险关系。这种保险关系是当事人双方自由决定并在彼此达成共识后建立的合同关系。投保人享有自主权,可以自由决定是否签订保险合同、选择向谁投保和中途退保等事宜,同时也可以对保险金额、保障范围、保障程度和保险期限等进行自由选择。保险人则可以根据情况自愿决定是否承保和怎样承保等。

【开胃阅读】

部分其他国家强制保险制度

依据德国有关法律规定,有120多种活动需要进行强制保险,大体可分为五类。一是职业责任强制保险。如《税务顾问法》第67条规定了税务顾问和税务代理人的强制职业责任保险;《德国审计师行业管理法》第54条规定了审计师强制职业第三者责任保险;《联邦律师法》第51条规定了律师强制第三者责任保险;《德意志联邦共和国公证人法》第19A条规定了公证人强制第三者责任保险。二是产品责任强制保险。如《医用产品法》第20条规定了医用产品强制责任保险。三是事业责任强制保险。如《德国民法典》规定了强制旅游责任保险;《货物运输法》第7A条规定了承运人强制责任保险;有关法律还规定了航空器第三者责任强制保险、油污染损害强制责任保险、核能源利用强制责任保险。四是雇主责任强制保险。如《保安服务业管理规定》第6条规定了保安雇员强制责任保险。五是特殊行为强制保险。如《联邦狩猎法》第17条规定了狩猎强制责任保险和机动车事故责任强制保险。

此外，韩国和俄罗斯的法律均规定了公共场所火灾责任强制保险。日本、韩国、俄罗斯、南非、瑞士、英国等国家的法律规定了核设施责任强制保险。

（二）按照保险标的，可分为财产保险与人身保险

财产保险是以财产及其有关利益为保险标的的一种保险，旨在保障财产的安全和稳定。财产保险包括财产损失保险、责任保险、信用保证保险等。财产损失保险是以各类有形财产为保险标的的财产保险，业务种类较多，主要包括企业财产保险、家庭财产保险、运输工具保险、农业保险等。责任保险的保险标的为被保险人依照法律和契约对第三者的财产损失或人身伤害应承担的赔偿责任，主要业务包括产品责任保险、公众责任保险、雇主责任保险等。信用保证保险是以各种信用行为为保险标的的保险，主要业务种类包括产品保证保险、商业信用保险、合同保证保险等。

人身保险是以人的寿命和身体为保险标的的保险，包括人寿保险、健康保险、意外伤害保险等。人寿保险是一种以投保人的生存或死亡为给付保险金条件的人身保险，包含定期寿险、终身寿险、年金保险、万能寿险等。健康保险是一种以投保人的身体为保险标的的人身保险，确保投保人在疾病或意外事故所致伤害时发生的费用或损失能够获得补偿，包括但不限于医疗保险、疾病保险、护理保险等。意外伤害保险是以投保人的身体作为保险标的的一种人身保险，且以意外伤害致投保人身故或残疾为给付保险金条件，其主要业务种类包括普通意外伤害保险和特定意外伤害保险等。

（三）按照承保方式，可分为原保险、再保险、共同保险和重复保险

原保险是保险人与投保人直接签订合同建立保险关系的一种保险。在这个关系中，投保人将风险转嫁给保险人，而保险人直接承担投保人在保险责任范围内的损失赔偿责任。

再保险亦称"分保"，是指保险人转移所承保的部分或全部风险和责任给其他保险人的一种保险。转出业务的是原保险人，接受分保业务的是再保险人。

共同保险亦称"共保",是一种由多个保险人共同直接承担同一保险标的、同一保险利益、同一保险事故的保险。保险标的价值为共同保险中各保险人承保金额的总和。在实务操作中,可能是多个保险人分别与投保人签订合同,也可能是多个保险人与某一保险人签发一份保险合同。

重复保险是指投保人在同一保险周期内,以同一保险标的、同一保险利益、同一保险事故,分别与多个保险人签订保险合同。

（四）按照保险的性质,可分为社会保险和商业保险

社会保险是一种福利制度,国家通过立法实施社会政策,依靠全社会的力量保障全体人民的经济生活。社会保险是一种强制性的保险,凡是按规定需要参加的对象都必须参加,以确保投保人在遭遇年老、疾病、伤残、死亡、生育等事故而减低收入的情况下,能获得保险金以维持基本生活。

商业保险是由投保人缴付保险费给保险人建立保险基金,以赔偿或给付投保人遭遇灾难性事故或其他约定事件时的损失。

（五）按照保障的主体,可分为团体保险和个人保险

团体保险是以集体名义使用一份总合同,向其团体内的成员所提供的保险。例如,企业按集体投保方式为其职工个人向保险公司集体办理投保手续。

个人保险是以个人名义向保险人投保的财产保险或人身保险。

四、健康保险

（一）健康保险的概念

健康保险是人身保险中的一种,以人的身体作为保险对象,也称疾病保险,是由保险人负责补偿投保人因疾病或其他意外事故受到伤害造成医疗费用支出或经济收入损失的一种保险。

健康保险所涵盖的意外事件,包括但不限于疾病和意外伤害。疾病源于人体内部的因素,进而造成身体或精神的痛苦或不适。构成疾病的要素条件应该包括三个方面:第一,必须是因明显的非外来因素所造成;第二,必须是因非先天性的因素所造成;第三,必须是因非久存的原因所造成。意外伤害是在投保人未预见到或违背其自身意愿的情况下,突然发生外来致害物明显、剧烈地侵害投保人身体这一客观事实,意外伤害的构成必须包括意外和伤害两个必要条件。

一般来说,健康保险的保障项目包括两类:一是被保险人因疾病或意外事故引起的医疗费用支出,即医疗保险或医疗费用保险;二是因疾病或意外事故导致的收入损失,即收入损失补偿保险。

(二)健康保险的特征

与人寿保险和意外伤害保险相比较,健康保险有以下特征。

1.保险标的、保险事故具有特殊性

健康保险以人的身体为保险标的,以疾病或意外伤害引起的医疗费用、收入损失以及疾病致残、失能或死亡为保险事故。我国《健康保险管理办法》第十四条规定:"医疗意外保险和长期疾病保险产品可以包含死亡保险责任。长期疾病保险的死亡给付金额不得高于疾病最高给付金额。其他健康保险产品不得包含死亡保险责任,但因疾病引发的死亡保险责任除外。医疗保险、疾病保险和医疗意外保险产品不得包含生存保险责任。"

2.保险经营内容具有特殊性

首先,健康保险的承保标准复杂。由于其事故的特殊性质,健康保险的承保条件相比其他人身保险而言更为复杂和严格,这也是其特殊之处。因此,在健康保险的承保实务中,保险人按照风险程度将被保险人分为标准体保险和非标准体保险两类。标准体保险是按正常费率予以承保的保险;非标准体保险则通过提高保费或重新规定承保范围来予以承保。对于患有特殊疾病的人们,保险人制定特种条款,从而既可以拓宽保险人的经营范围,又不至于给保险经营带来过大的风险压力。

其次,厘定保险费率的因素复杂。影响人体健康的因素多而复杂,因此,在厘定健康保险费率时,不仅要考虑疾病的发生率、疾病持续时间、残疾发生率、死亡率、续保率、附加费用、利率等因素,还要考虑保险公司展业方式、承保理赔管理、公司主要目标以及道德风险、逆选择等因素对费率的影响。

3.健康保险多为短期保险

短期健康保险是指保险期不超过1年的健康保险,且没有保证续保条款。保证续保条款是一种合同协议,即若投保人在前一保险期间届满后提出续保申请,则保险公司有责任依据约定的费率和原有条款继续承担保险责任。绝大多数健康保险(尤其是医疗费用保险)的保险期限均为1年,重大疾病保险、特殊疾病保险和长期护理保险除外。

4.健康保险具有补偿性

虽然健康保险是一种以人的身体为保障对象的人身保险,但除重大疾病保险外的健康保险是以投保人因疾病或意外事故所产生的医疗费用支出和经济收入损失为保险责任,而医疗费用和收入损失都可以用货币来衡量其大小,有确定的数额。因此,除疾病保险以外的健康保险在性质上具有补偿性,属于补偿性保险,保险人赔付不能超过投保人实际支付的医疗费用或实际收入损失。同时,如果投保人由于第三方的责任遭受意外事故产生的医疗费或收入减少,保险人补偿后,可以取得代为追偿权向责任方追偿。

【拓展阅读】

《健康保险管理办法》第五条规定:"医疗保险按照保险金的给付性质分为费用补偿型医疗保险和定额给付型医疗保险。"费用补偿型医疗保险是指根据被保险人实际发生的医疗、康复费用支出,按照约定的标准确定保险金数额的医疗保险,给付金额不得超过被保险人实际发生的医疗、康复费用金额。定额给付型医疗保险是指按照约定的数额给付保险金的医疗保险。

5.健康保险实行成本分摊

由于健康保险风险大、具有不确定性和不可预测性,保险人在签订所承担的医疗保险金给付责任时,通常会附有一些限制或制约性的条款,以明确投保人与保险人共同承担所发生的医疗费用支出。

(三)我国健康险的发展历程

根据时间推进,我国健康险的发展总体上可以划分为以下三个阶段。

1.0 时代(2016 年之前):在这个阶段,经历了从探索期到成长期的过程。商业健康险的发展速度加快,成为我国健康保险业快速发展的一个重要标志。随着商业保险公司全面参与基本医疗保险和大病保险,健康险市场在这一阶段呈现出更加多元化的发展趋势。2010—2016 年,健康险呈现惊人的增长,从最初个位数的增长率迅速攀升至 2015 年的 51.87%;同时,健康险保费收入也实现了从百亿到千亿级别的跨越式提升。

2.0 时代(2016—2020 年):在这个阶段,百万医疗险问世,健康险市场"百家争鸣"。2016 年,《"健康中国 2030"规划纲要》的发布以及"平安 e 生保"等百万医疗险的推出,使这一年成为具有里程碑意义的一年。以数百元保费撬动数百万元保额,年保费增长 67.71%,成为近 10 年来健康险市场同比增长最快的一年。

3.0 时代(2020 年开始):在这个阶段,健康险专业化之路开启。2020 年,人身险同比增长率高达 15.67%。随着政策利好的不断释放以及市场环境的逐步改善,城市定制型商业医疗保险——"惠民保",开始引起公众的广泛关注,并进入了蓬勃发展的阶段。许多分析家认为,随着时间的推移,"惠民保"将进一步提升人们对保险的认知水平,从而给健康险行业的全面发展带来积极的影响。

2020 年 1 月,中国银保监会和其他 13 个部门联合发布《关于促进社会服务领域商业保险发展的意见》,力争到 2025 年,商业健康保险市场规模超过 2 万亿元。

(四)我国健康险发展现状

健康险的规模逐年扩大,成为行业发展的新动力。随着国民生活水平的不断提高,治疗大病的医疗费用压力越来越大,民众的健康意识越来越强,对健康险的需求也日渐强烈。根据中国银行保险监督管理委员会数据统计,我国健康险的保费收入规模呈现逐年增长的态势,2011—2021 年,保费从 691.72 亿元增长到 8447 亿元,增幅达 12.21 倍,增长率远远超过了人身险的其他险种(见表 9-1)。

表 9-1　我国保险业健康险 2015—2021 年发展情况　　　　单位:亿元

年份	2011	2012	2013	2014	2015	/
原保险保费收入	691.72	862.76	1123.50	1587.19	2410.47	/
年份	2016	2017	2018	2019	2020	2021
原保险保费收入	4042.50	4389.46	5448.13	7066	8173	8447

数据来源:中国银行保险监督管理委员会网站。

客户认可度逐年提升,发展水平仍显滞后。随着保险监管的加强,保险逐步回归本源,保险保障性不断提高,保险服务及专业化程度显著增强,保险理赔质量大幅提升。伴随着保险业务人员素质的提高,保险产品的宣传方式也相对合理,过度营销逐渐得到规范,客户认可度也逐年增强。2011 年,我国健康险占人身保险的 7.11%,至 2021 年,占比份额提高到了 25.42%,已占据了人身险市场总量的四分之一。

第四节　家庭财产传承风险防范——信托

一、信托的内涵

从广义上讲,信托是指在信任基础上的委托行为,涉及社会、法律与经济等方面,狭义的信托仅限于经济范畴。不同国家的信托法对信托的具体规定有所不同。不管各国信托法如何规定,信托都是一种代人理财的财产管理方式,是委托人在对受托人信任的基础上,将其财产委托给受托人进行管理或者处分,以实现受益人(可能是委托人本身,也可能是他人)的利益或者特定目的。

信托通常具有社会学、法学、经济学方面的内涵。从社会学内涵看,信托不仅是一种信用关系,也较好地反映人们信任的社会关系。从法学内涵来看,信托最早是委托人将家庭财富及其财富管理权交付给代理人所产生的关系。从经济学角度来看,信托和信托企业是密切相关的。信托企业是一个金融机构,作为代理人为委托人服务。

信托的本质是"受人之托,代人理财",这种本质具体表现为以下几个方面:信托的前提是财产权,信托的基础是信任,信托是为了受益人的利益,信托收益按实际收益计算,信托体现了多边信用关系。信托行为的起点是受托人从作为信托财产原始所有者的委托人处获取信托财产,并通过信托业务运用这些财产,以满足委托人的要求,从而使受益人获得相应的利益并实现信托目的。在信托关系中,受益人扮演着实际利益获得者的角色,使受益人获益是信托行为的最终目标。

二、信托业务种类

信托公司经营的业务是多种多样的,在不同的业务中信托机构扮演的角色也有所差异,明确基本的信托业务种类有助于我们更好地了解信托。

（一）信托领域所涉及的业务类型

1.按信托性质划分

信托业务按其性质可分为信托类业务和代理类业务。

信托类业务是指信托财产的所有者为了实现其指定人或其自己的利益,将信托财产委托给受托人,并要求受托人根据信托目的代为管理或进行妥善处理。这类信托中受托人得到的处理权限与承担的风险较大,因为它要求信托财产发生转移,且受托人需独立管理信托财产。

代理类业务是指委托人授权受托人按照信托目的,代表委托人处理一定的经济事务。这类业务中委托人通常不转移信托财产的所有权,授予信托机构的权限极小,信托机构只是办理相关手续,不负责纠纷处理等,也不承担垫资责任,所以风险也相对较小。

2.按信托目的划分

信托按其目的划分为民事信托、商事信托,以及介于民事和商事两者之间的民事商事通用信托。

民事信托是受托人以非营利为目的而承办的信托形式,也被称为非营业信托,主要办理与个人财产有关的各种事务,如财产管理、买卖代理、遗嘱执行等。

在英国最早产生的信托业务便是民事信托,主要基于当时为了安全且稳妥地转移和管理财产而设立;目前民事信托仍然得到广泛运用。民事信托完全出于自发的需要,完全基于信誉,承办方不收取任何报酬,通常涉及婚姻法、经济法、继承法和其他民事法律。商事信托也称营业信托,是受托人以营利为目的而承办的信托。在这类信托业务中,以商法为依据建立信托关系,按商业原则办理信托,最后通过经营信托业务来获得盈利。

作为全球最早完成从民事信托向商事信托转型的国家之一,美国在这一过程中扮演了至关重要的角色。美国 19 世纪就开展了大量以营利为目的的商事信托业务;英国是在 1925 年才真正引入了商事信托制度。在实际实务中,民事信托与商事信托间存在许多紧密的联系,并没有严格的界限,有些甚至可以通用,可以根据其设定信托的动机来区分业务的归属。比如"担保公司债信托"业务,其债券属于商法规范的范畴,而把财产抵押给受托人又涉及民法中相关保证的内容。当设定信托的动机侧重抵押品的安全问题,则可以将其归属为民事信托;若设定信托的动机是为了保证债券的发行,则可以将其归为商事信托。

3. 按信托关系发生的基础划分

根据发生信托关系基础的不同,信托可被分为自由信托、法定信托。

自由信托是当事人按自己的意愿在信托法规的框架下,通过自由协商设立的信托,也称任意信托。自由信托具有自主性,不受外部因素的干预,是最普遍的一种信托业务。自由信托还可分为契约信托和遗嘱信托。

法定信托是指直接根据成文法规定而成立的信托。这类信托的设立通常缺少信托关系形成的明白表示,或者有明确的法律规定,是由司法机关根据其权力指派确定信托关系的建立。法定信托又可细分为鉴定信托和强制信托。

4. 按委托人的性质划分

根据委托人的不同,信托可分为个人信托、法人信托以及通用信托。个人信托其委托人为个人,分为生前信托和身后信托。生前信托仅限于委托人在世时有效,是指委托人在世时要求受托人办理信托业务。身后信托则只在委托人去世后生效,是指受托人办理委托人身后执行遗嘱、管理遗产等相关信托业务。

法人信托是指由单位或公司等具备资格的法人委托受托人开展的信托业务,委托人不是个人而是法人。

通用信托是指委托人既可以是个人也可以是企业法人,其委托信托机构办理信托业务,如公益信托、不动产信托、投资信托等。

5. 按信托受益对象划分

根据信托业务受益对象的不同,可以将信托划分为私益信托与公益信托。

私益信托是指委托人为了自己或指定受益人的利益而设置信托,受益人是具体指定和明确的。例如,某人将其财产转移给受托人,并委托其代为管理,同时在信托合同中明确指定将所得收益交给其子女用于生活和上学。其中,信托的受益人仅限于所指定的子女。

公益信托是指由学校、慈善组织、宗教及其他社会公共利益机构为委托人设立的信托。该信托是为了促进社会公共利益,而不是为特定的受益人谋利益,所以受益人是社会公众中符合相关条件的人。例如,某委托人将相关财产权交信托机构代为管理,其中所得收益用于奖励那些推动人类社会科技发展的突出贡献者,这种信托就属于公益信托。

6. 按受益人是不是委托人本人划分

根据委托人与受益人之间的互动关系,信托可被划分为自益信托与他益信托。

自益信托是指委托人为其自身利益而设立的信托业务。该信托业务中,委托人与受益人均为其本人,且自己为唯一受益人。自益信托只能是私益信托。

他益信托是指委托人为了他人的利益而设立的信托。该信托业务中,委托人设立信托是为了第三者的收益。信托中指定的第三者对收益是同意接受还是拒绝接受,可以有明确的态度,也可以采取默认方式。

自益信托和他益信托有时融为一体,在某些信托业务中可以同时兼有。例如,信托文件中明确:若干年内运用信托财产所得的收益归委托人所有和支配;一定年限后,信托财产归第三者。其中就既有自益信托又有他益信托。

7. 按信托的标的划分

根据信托标的不同,可分为资金、实物财产、债权和经济事务四类信托。

资金信托是指委托人将自己拥有的资金委托给信托机构进行管理的信托业务,它以货币资金为标的,所以也称金钱信托。

实物财产信托是指委托人将自己拥有的实物财产(含动产或不动产)委托给信托机构进行管理的信托业务,它以实物财产为信托标的。

债权信托是一种以债权凭证为信托标的的信托业务。例如,企业委托信托机构代为收取或支付款项、代收保险理赔等。

经济事务信托是指委托人要求受托人代办各种经济事务的信托业务,它以委托凭证作为标的。例如,专利转让、委托设计、委托代理会计事务等。

8. 按信托是否跨国划分

信托根据信托业务是否跨国,分为国内信托和国际信托。

国内信托是指信托关系人及信托行为均在国内进行的信托业务。

国际信托是指信托关系人及信托行为跨越国界的信托业务。随着国际交往的日益密切,国际信托业务广泛开展。在实际实务中,因为涉及多个国家,所以国际信托还具有国际性、双重复杂性和有限性等特点。

9. 按信托资金的处分方式划分

根据信托资金的不同处分方式,信托可分为单一信托和集合资金信托。

单一信托是指委托人单一,且委托机构依据委托人确定的管理方式单独管理和运用信托资金的行为。该信托业务中,从受托到运用的全过程均为个别进行,因此可以较好地贯彻账户不同、运用效益也不相同的收益分配原则。该业务对投资者的投资额提出了相当高的要求;要求受托人必须按委托人指明的用途使用资金,且对委托人之外的其他任何人不存在信息披露的义务。

集合资金信托是指受托人接受两个或两个以上委托人的委托,并且依据委托人确定方式或由受托人代为确定方式进行管理和运行信托资金的信托业务。在这类业务中,信托机构会把信托资金集中起来进行运用,然后将所得利益根据信托资金的份额进行分配。

(二)我国信托业务的种类

《中华人民共和国信托法》于 2001 年 10 月 1 日起施行,对信托机构的业务进行了规范化管理。该法主要是对信托公司的业务范围和组织结构以及信托业务管理活动作了详细规定。《信托公司管理办法》于 2007 年 3 月 1 日起施行,第三章规定了信托公司的经营范围,第十六条则明确了"信托公司可以申请经营下列部分或者全部本外币业务:(一)资金信托;(二)动产信托;(三)不动产信托;(四)有价证券信托;(五)其他财产或财产权信托;(六)作为投资基金或者基金管理公司的发起人从事投资基金业务;(七)经营企业资产的重组、购并及项目融资、公司理财、财务顾问等业务;(八)受托经营国务院有关部门批准的证券承销业务;(九)办理居间、咨询、资信调查等业务;(十)代保管及保管箱业务;(十一)法律法规规定或中国银行业监督管理委员会批准的其他业务"。

由此可见,我国信托机构目前办理的信托业务,按内容大体分为四大类,即:资金信托业务、财产信托业务、投行业务和其他类业务。财产信托义包括动产信托、不动产信托、有价证券信托与其他财产或财产权信托。投行业务包括投资基金、并购重组、公司理财、证券承销等业务。其他类业务主要有代理、咨询、担保等。

三、家族信托的含义

家族信托是一种信托机构受个人或家族的委托,代为管理、处置家庭财产的财产管理方式,以实现委托人的财富规划及传承目标。

家庭信托是为了达到投资、继承、慈善等财产管理的意图,有效避免因婚姻问题、继承问题等争端导致利益受损,从而最大限度地促进委托人的财富传承和保值增值。业务运行中,委托人以将自己个人和家族的财产委托他人的方式设立信托,受托人则根据合同内容,以委托人的利益为出发点,管理委托人或家庭的资产。家族信托在一定程度上被视为一种科学的投资方式。

最早家族信托的受托人是那些在信托行业中享有良好声誉、业务能力强大且历史业绩卓越的个人,但一个人的寿命是有限的,这就有可能引起受托人的数量不足和断层,渐渐地,一种较为有效的解决方案被推出,那就是由法人来代替一般人从事信托业务,这样就能够很好地应对人生命有限这一问题。目前,家族信托的受托人基本上为专业的信托企业或组织。信托受益人并非仅限于家族嫡系,而是由信托委托人指定受益人范围和数量。

四、个人信托的成立步骤

为了更好地利用信托实现理财及其他目的,个人信托的设立及执行一般要经过以下基本步骤。

（一）确定信托目的

信托目的是个人设定信托的基本出发点，也是检验受托人是否完成信托事务的标志，所以在设立信托时首先必须明确信托目的，如希望实现维护财产完整、财产的增值、隐匿财产、退休安养、照顾未成年子女、管理不动产等。

（二）确定需交付信托的财产

信托财产是信托关系的中心，信托财产不能确定的信托是无效信托。在个人信托中也必须明确信托财产。当然，个人信托的财产形式多种多样，包括金钱、有价证券、不动产等。

（三）确定受益人

受益人是按照信托合同享有信托利益的当事人，信托受益权包括本金及孳息，可以有三种分配收益的情形：自益信托，受益人就是委托人本身；他益信托，由委托人指定本人以外的他人享受全部利益；部分自益、部分他益，如可以指定他人享受信托财产运用产生的利益，而财产本身却仍归委托人所有。

（四）选择受托人

受托人包括个人或机构，在我国多为信托公司。在选择受托人时，要考虑其合法性、资信状况、资产实力、专业人才配置、分支设置、经营业绩等，特别要考虑其是否拥有阵容强大的理财规划团队，以便为自己的财产做最有效的配置与规划，提高财产的运用效果。

（五）签订信托合同

确定了信托目的、信托财产、信托受益人，也挑选了值得信赖的受托人，接下来就要通过有效的沟通，签订信托合同。

（六）转移信托财产

信托财产法律上的所有权只有移转给受托人，信托才能发生效力，受托人才能运用自己的身份有效地管理与处置财产。

（七）受托人履行义务

信托法要求受托人履行诚实、信用、谨慎、有效管理信托财产的义务，受托人要恪尽职守、妥善管理，认真执行信托合同，如有违约，应承担相应的赔偿责任。

（八）完成信托目的，交付财产

当信托期满或者实现了信托目的之后，受托人要按照规定尽快收回信托财产并转交给合同约定的财产持有者。

复习题

一、选择题

1. 以下哪个金融产品的风险相对较低 （　　）

    A. 股票　　　　　　B. 国债　　　　　　C. 银行储蓄　　　　D. 黄金

2. 以下哪类保险不属于财产险 （　　）

    A. 火灾险　　　　　B. 公共责任险　　　　C. 万能险　　　　　D. 运输险

3. 我国银行存款保险偿付最高额度为 （　　）

    A. 20 万元　　　　　B. 30 万元　　　　　C. 40 万元　　　　　D. 50 万元

4. 高利贷的年化利率要超过多少 （　　）

    A. 24％　　　　　　B. 48％　　　　　　C. 36％　　　　　　D. 28％

5. 以下不属于信托三方当事人的是 （　　）

    A. 受信人　　　　　B. 受益人　　　　　C. 授信人　　　　　D. 委托人

6. 以下不属于商业医疗补充险优点的是 （　　）

    A. 参保范围大　　　　　　　　　　　B. 起付线低

    C. 对于参保人限制少　　　　　　　　D. 对于重疾险提供额外保障

7. 理财保险通常在购买几日内赎回不用缴纳额外费用 （　　）

    A. 8 日　　　　　　B. 15 日　　　　　　C. 30 日　　　　　　D. 10 日

8. 以下哪类金融产品是需要纳税的 （　　）

    A. 国债　　　　　　B. 银行存款　　　　C. 信托　　　　　　D. 余额宝

二、判断题

1. 理财保险是稳健的投资可以保本保息。 （　　）

2. 保单会随着保险公司的破产而失效。 （　　）

3. 纳税是每个人的义务，但通过信托可以合法免交遗产税。 （　　）

4. 所有情况的高利贷都属于非法吸收公共存款罪。 （　　）

5. 商业补充险更适合年龄较大且退休的人群。 （　　）

6. 在公司进行进出口贸易时,由于收付款的时间和货物发出时间的不同导致交易货币价值变化的风险称为汇率风险。　　　　　　　　　　（　　）

7. 所有的投资和理财都是有风险的,国债也是如此。　　　　　　（　　）

8. 在我国,信托的受托人不可以是自然人。　　　　　　　　　　（　　）

9. 地方债和国债一样没有违约风险。　　　　　　　　　　　　　（　　）

10. 黄金因其保值性是一种低风险的投资品。　　　　　　　　　　（　　）

三、问答题

1. 按信托标的的不同可将信托划分为哪几类?

2. 与人寿保险和意外伤害保险相比,健康保险有哪些特点?

3. 什么是再保险?

4. 影响人们对保险种类和金额选择的原因有哪些?

第十章 ....

家庭理财规划

学习目标

- 理解如何进行理财规划
- 理解如何专门对子女教育进行财务规划
- 理解如何对家庭税务进行避税规划
- 理解如何对婚姻进行财务规划
- 学会如何制作家庭理财规划书

【导入案例】

年收入 50 万元家庭走向破产

李先生是一位中高收入的职场人士,年收入约 50 万元。他拥有一定的储蓄,但对财务管理和资产规划没有深入的了解。

李先生在没有充分考虑未来财务需求的情况下,购买了一辆豪华汽车,花费 30 万元;为了追求高品质生活,他经常外出旅游、购买名牌服饰和高端电子产品,每年消费高达 20 万元;李先生还贷款购买了一套价值 200 万元的房产,每月需要支付 1 万元的按揭。

几年后,李先生因公司重组失业,失去了稳定的收入来源,他的健康状况也出现了问题,需要支付高额的医疗费用。由于没有储蓄和投资,他无法支付房贷和医疗费用,面临财务危机。

由此,李先生不得不出售豪华汽车和房产,以支付医疗费用和生活开支。但由于房产市场低迷,他以低于购买价的价格出售房产,遭受了经济损失。李先生的生活品质大幅下降,他不得不削减开支,过上紧缩的生活。

李先生没有为未来可能的医疗开支、子女教育费用或退休生活做储蓄或投资;没有购买任何保险,以应对意外或疾病带来的经济压力;他的储蓄大部分都用于短期消费,没有进行长期投资以增值。

从李先生的故事我们可以学到:个人应该根据自己的收入水平和生活需求,制订合理的资产规划;应避免过度消费,尤其是在没有充分考虑未来财务安全的情况下;应为意外、疾病、失业等潜在风险准备应急资金;应进行长期投资,以实现资产增值和财务自由。

本章主要讲述家庭应当如何进行理财规划,介绍了家庭组成、子女出生以及日常生活需要使用的资金,家庭税收应该如何调节,婚姻与财富之间的关系及家庭理财规划书的制作过程和方法。

第一节　子女教育

对于很多家庭来说,子女的教育支出占了家庭生活消费支出的较大比例,相当一部分家庭对子女教育的支出感到有压力。

目前的教育费用普遍不低。根据国家统计局发布的数据估算,一个孩子从出生到大学本科毕业,平均教育成本为 65.4 万元。对于大多数的家庭来说,65.4 万元是一笔绝对不小的开销。父母之爱子,必为其计深远,家长应该尽早做好教育金规划。

一、子女教育费用的估算

(一)全国居民人均消费支出及构成

根据国家统计局数据,2023 年,全国居民人均消费支出 26796 元,比上年名义增长 9.2%,扣除价格因素影响,实际增长 9.0%。分城乡看,城镇居民人均消费支出 32994 元,农村居民人均消费支出 18175 元。[①]

全国居民人均消费支出情况如图 10-1 所示。2023 年,全国居民人均食品烟酒消费支出 7983 元,增长 6.7%,占人均消费支出的比重为 29.8%;人均衣着消费支出 1479 元,增长 8.4%,占人均消费支出的比重为 5.5%;人均居住消费支出 6095 元,增长 3.6%,占人均消费支出的比重为 22.7%;人均生活用品及服务消费支出 1526 元,增长 6.6%,占人均消费支出的比重为 5.7%;人均交通通信消费支出 3652 元,增长 14.3%,占人均消费支出的比重为 13.6%;人均教育文化娱乐消费支出 2904 元,增长 17.6%,占人均消费支出的比重为 10.8%;人均医疗保健消费支出 2460 元,增长 16.0%,占人均消费支出的比重为 9.2%;人均其他用品及服务消费支出 697 元,增长 17.1%,占人均消费支出的比重为 2.6%。

---

① 国家统计局. 2023 年居民收入和消费支出情况[EB/OL]. (2024-01-17)[2024-06-11]. https://www.stats.gov.cn/xxgk/sjfb/zxfb2020/202401/t20240117_1946643.html.

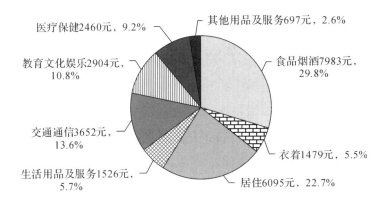

图 10-1　2023 年居民人均消费支出及构成

资料来源:国家统计局. 2023 年居民收入和消费支出情况［EB/OL］.（2024-01-17）［2024-06-11］. https://www.stats.gov.cn/xxgk/sjfb/zxfb2020/202401/t20240117_1946643.html.

（二）全国家庭孩子 0—17 岁的平均养育成本

1.养育成本的组成

养育成本包括消费性支出和非消费性支出两大部分。

消费性支出包括教育支出和非教育支出两大类。教育支出包括托儿费、学杂费、教材、参考书、课外书费,教育软件费,学习所用交通费,择校费,在校伙食住宿费,课外辅导费,以及其他教育费用等。非教育支出包括食品支出、衣物支出、居住支出、日用品支出、医疗保健支出、交通和通信支出、娱乐支出等。

非消费性支出包括保险支出、人情往来支出、捐款等。

非消费性支出占养育成本的比重较低,消费性支出是养育成本的主要部分。本章所描述的养育成本主要是指消费性支出。

2.0—17 岁不同阶段的平均养育成本

根据 2023 年全国居民人均消费支出数据,假定各个年龄段的消费支出是相同的,那么把孩子抚养到 18 周岁之前的平均支出为:26796×18＝482328 元,其中,城镇孩子的平均养育成本为 32994×18＝593892 元,农村孩子的平均养育成本为18175×18＝327150 元。

实际上,各个年龄段的消费支出并不是相同的。

根据《中国生育成本报告 2022 版》估算方法,对照 2023 年人均消费支出,下面估算各年龄段的平均养育成本。

怀孕期间的成本,包括办卡建档、营养品、产前检查费用以及备孕用品,估算平均支出为 1 万元左右。

分娩和坐月子费用，包括住院费用、手术费用等。这部分费用的高标准和低标准相差很大，估算平均支出为 1.5 万元。如果产后需要去月子中心，则费用更高。

0—2 岁婴儿的养育成本，假设与人均消费支出相同，则平均每年为 26796 元，三年共 80388 元。

3—5 岁孩子的养育成本，在人均消费支出的基础上，再加上平均每月 1000 元（即每年 12000 元）的幼儿园或学前教育支出，则平均每年养育成本为 26796＋12000＝38796 元，三年共 116388 元。

6—17 岁子女的教育成本较高。2011 年 2 月，中国青少年研究中心家庭教育研究所成立的"中国义务教育阶段城市家庭子女教育成本研究课题组"对北京、广州、南京、哈尔滨、石家庄、西安、成都、银川共八个城市近 5000 名中小学生家长展开问卷调查和结构性访谈，调查显示，城市家庭平均每年在子女教育方面的支出占家庭子女总支出的 76.1％，占家庭总支出的 35.1％，占家庭总收入的 30.1％。北京大学中国社会科学调查中心（ISSS）发布的中国家庭追踪调查 CFPS2010－2018 的数据显示，孩子的养育成本占家庭收入的比例接近 50％，其中教育支出占养育成本的比例达 34％。

根据国家统计局数据，2023 年全国居民人均支出构成中，教育文化娱乐支出为 2904 元。假设一个普通的三口之家（父、母、正在上中学的孩子），那么这个家庭 2023 年的教育文化娱乐总支出为 2904×3＝8712 元。正常情况下，这个家庭的教育文化娱乐支出中，孩子占了大部分，父母只占小部分，为便于计算，我们假设 2023 年孩子的教育文化娱乐支出为 2904×2＝5808 元，父母的教育文化娱乐支出共计 2904 元。

根据以上测算方法，可以把 6—14 岁孩子的养育成本，在人均消费支出 26796 元（已经包含一项教育文化娱乐支出 2904 元）的基础上，再加上一项教育文化娱乐支出 2904 元，即按 2023 年情况计算，平均每年养育成本为 26796＋2904＝29700 元。

考虑到高中阶段不再是义务教育，并且有部分高中学生是在校住宿，把 15—17 岁高中三年的养育成本在 6—14 岁孩子养育成本的基础上，每年再加上 2000 元，即平均每年养育成本为 29700＋2000＝31700 元。

根据以上测算，我们将 0—17 岁的平均养育成本进行了汇总，并进行了成本比例分析（见表 10-1）。

表 10-1 0—17 岁的平均养育成本

不同阶段	养育成本	阶段合计/元	占总养育成本比例/%
怀孕期间	10000 元	10000	1.7
分娩和坐月子	15000 元	15000	2.6
0—2 岁	26796 元/年	80388	13.8
3—5 岁	38796 元/年	116388	19.9
6—14 岁	29700 元/年	267300	45.8
15—17 岁	31700 元/年	95100	16.3

3. 大学期间的养育成本

实际上,年满 18 周岁的大多数大学生的学费和生活费仍然依靠父母支付,所以还需要估算大学四年的养育成本。

大学的学费随学校和专业的不同有所不同,通常公办大学的学费为每学年 5000—8000 元不等,个别专业(如艺术、音乐表演等)每学年 8000—10000 元,民办大学的学费一般为每学年 1.2 万—3 万元不等,个别专业(如医学、艺术类等)会更高一些。住宿费每学年 800—2000 元左右。本书以公立大学和民办大学平均每学年学费 1 万元计算,住宿费按每年 1500 元计算,生活费按每月 2000 元计算,则大学本科期间每年的养育成本为: 10000 + 1500 + 24000 = 35500 元,四年共 142000 元。

与 0—17 岁阶段的平均养育成本进行合计,至孩子大学本科毕业,平均养育成本为 726176 元。

4. 研究生期间费用

本科毕业后,根据每个个体的实际,除就业外,还会有一些孩子继续深造,即国内读研或出境留学。出境留学费用十几万元到几百万元不等,本书以选择国内读研为例进行估算。

全日制研究生分为学术型硕士和专业硕士两个方向:学术型硕士研究生的收费标准为 8000 元/学年,不同专业有所不同;专业硕士研究生学费按照不同专业类别差别较大,学费普遍高于学术型硕士,一般为 12000 元/学年,部分热门专业学费较高,具体视专业和学校而定。

以 8000 元/学年的学费计算,国内研究生学制基本是三年,则三年下来读研学费为 24000 元;生活费、住宿费等与本科期间相差不大,按住宿费每年 1500 元计算,生活费每月 2000 元计算;读研期间会有生活补贴,按 8000 元/学年计算;综上,读研期间每年的平均支出为 $1500+24000=25500$ 元,合计三年成本为 76500 元。

二、子女教育规划理财工具

(一)子女教育规划的特点

子女教育规划是整个家庭理财规划中的重要环节,通常子女教育又可分为基础教育和大学教育。大学教育费用普遍较高,从前文估算分析的情况也能看出这一点,对其进行理财规划的需求也最大。

在现实中,高等教育具有较高的个人边际利益,个人收益率通常高于社会收益率,高等教育支出也常常能够给受高等教育的家庭成员带来未来收益。因此,高等教育投入规划也就成为家庭必须考虑的一件事情。

教育规划与家庭其他理财规划有显著的区别,主要有以下几个特点。

第一,时间无弹性。子女一般到了 18 周岁就要念大学,除去子女幼儿阶段的开销,能准备教育金的时间大致为其小学到中学(约 12 年)。

第二,费用无弹性。教育费用相对固定且会逐年递增,无论家庭收入与资产如何变动,基本负担不会减轻。

第三,阶段性高支出。比如大学教育,平均每个孩子每年 2 万元,四年就是 8 万元;出境留学费用,总计 30 万元以上。这些费用支付周期短、支付费用高,需提前做财务准备。

第四,持续周期长,总费用庞大。子女从小到大将近 20 年的持续教育支出,总金额大。

第五,额外费用差距大,必须准备充足。子女的资质不同,整个教育过程中相关花费差距很大,需要多准备不能少准备,更不可不准备。

以上特点充分表明,家庭成员在规划子女教育费用时一定要遵循"目标合理、提早规划、定期定额、稳定投资"的原则。

(二)教育规划理财工具

根据上述教育规划与家庭其他理财规划的特点,下面介绍几种符合教育规划原则的理财工具。

1.教育储蓄

教育储蓄是指个人按国家有关规定在指定银行开户并存入规定数额资金、用于教育目的的专项储蓄,是一种专门为学生支付非义务教育所需教育金的专项储蓄。教育储蓄采用实名制,开户时储户要持本人(学生)户口簿或身份证,到银行以储户本人(学生)的姓名开立存款账户,开户对象为在校小学四年级(含四年级)以上学生。

教育储蓄是每月固定存额,到期支取本息的一种定期储蓄。全日制高中(中专)、大专和大学本科、硕士和博士研究生,三个阶段可分别享受一次 2 万元教育储蓄的免税优惠。教育储蓄最低起存金额为 50 元,本金合计最高限额为 2 万元,存期分为 1 年、3 年、6 年。

2.政府债券

个人可以用证券账户进行国债逆回购,优势是低风险、产品期限较多、可根据资金使用期限自由选取。政府债券具有安全性高、流通性强、收益稳定、免税待遇的特征。

3.教育保险

教育保险又称教育金保险、子女教育保险、孩子教育保险,是以为孩子准备教育基金为目的的保险。教育保险是储蓄型的险种,既具有强制储蓄的作用,又有一定的保障功能。

教育保险相当于将短时间急需的大笔资金分散逐年储蓄,投资年限通常最高为 18 年,所以越早投保,家庭的缴费压力越小,领取的教育金越多。

目前市面上的教育金保险主要有三种:一是纯粹的教育金保险,可以提供高中和大学期间的教育费用,有的还可提供初中教育经费;二是专门针对某个阶段教育金的保险,通常是针对初中、高中或者大学的某个阶段,主要以附加险的形式出现;三是不仅能提供一定的教育费用,还可以提供以后创业、婚嫁、养老等生存金的保险。家长在选择教育金保险时要从实际的教育费用需求出发。

4.基金(股票)定投

这一投资方式可以平摊投资成本,降低整体风险。它有自动逢低加码、逢高减码的功能,无论市场价格如何变化总能保持相对比较低的平均成本,但对基金的选择要慎重,最好是能获得一个相对平均的收益。

5.子女教育信托基金

对于收入较高的家庭,可以将其财产所有权委托给受托人(如信托机构),使受托人按照信托协议的约定为受益人(如孩子)的利益或特定目的,管理和处分信托财产。在子女教育创业信托中,父母委托一家专业信托机构帮忙管理自己的一笔财产,并通过合同约定这笔资金用于将来孩子的教育和生活。

子女教育支出具有可预见性、周期性和长期性,对于一般工薪家庭来说,如果等到需要时才开始筹措,就显得比较吃力,因此必须通过细水长流的方式,利用资金的复利效应,在相当长的一段时间内逐渐积累起一笔可观的教育储备金。

第二节　家庭税务

以前,人们觉得只有有大额资金进出的企业才会非常重视税务规划,保证省下不必要的支出,实现收益最大化。随着我国的逐渐富强,高资产人士越来越多,税务规划也越来越被重视。面对不可回避的高额税收,肩负着子女教育和赡养老人等经济压力的家庭,都要在遵纪守法和个人支出最小化的前提下做好税务规划。

家庭每年的税务支出也属于家庭支出的一部分,家庭税务支出主要包括个人所得税、增值税、消费税、车辆购置税、房产税、契税、土地增值税、印花税等。家庭税务支出品种较多,不同家庭可能涉及的税费情况也不尽相同。如果家庭税务规划妥当,一年能给家庭省下几千元、几万元或更多的支出。

依法纳税是公民的义务,自觉纳税是公民社会责任感和国家主人翁地位的具体体现,每个公民应该自觉诚实纳税,自觉履行公民的基本义务。随着国家税务机关电子税务系统的不断更新优化,"金税"系统也不断进步。那么我们应该在遵守国家法律法规依法纳税的前提下,如何合理做好家庭的税务规划呢? 以下对几个家庭重要税种进行说明。

一、个人所得税

(一)个人所得税概念

个人所得税按《中华人民共和国个人所得税法》规定,"在中国境内有住所,或者无住所而一个纳税年度内在中国境内居住累计满一百八十三天的个人,为居民个人。居民个人从中国境内和境外取得的所得,依照本法规定缴纳个人所得税。在中国境内无住所又不居住,或者无住所而一个纳税年度内在中国境内居住累计不满一百八十三天的个人,为非居民个人。非居民个人从中国境内取得的所得,依照本法规定缴纳个人所得税。纳税年度,自公历一月一日起至十二月三十一日止"。

应当缴纳个人所得税的个人所得有工资、薪金所得,劳务报酬所得,稿酬所得,特许权使用费所得,经营所得,利息、股息、红利所得,财产租赁所得,财产转让所得,偶然所得。

其中,居民个人取得前四项所得(也称综合所得),按纳税年度合并计算个人所得税;非居民个人取得前四项所得,按月或者按次分项计算个人所得税。纳税人取得后五项所得,依照《中华人民共和国个人所得税法》规定分别计算个人所得税。另外还有一些收入是免征个人所得税的,比如抚恤金、救济金等;也有一些是减征个人所得税的,如残疾、孤老人员和烈属的所得,减征的具体幅度和期限由省、自治区、直辖市人民政府规定,并报同级人民代表大会常务委员会备案。

随着社会的发展,我国的税种也越来越多,人们日常生活涉税也越来越频繁。不论是生产经营还是获得工资薪金和劳务报酬,又或许是参与分配、偶然获奖,也可能是消费支出,皆可能成为纳税人。涉税事项越多,做好税务规划就越有必要。通过规划,可以寻找到最适合自己的税务政策规定。

例如,父母超过 60 岁可申请赡养老人附加扣除,多子女时是分摊扣除还是集中收入较高者扣除,支出成本上会有些差异;涉及子女教育附加扣除时,根据夫妻双方的收入情况来决定单方还是双方扣税,支出成本上也会有些差异。2024 年个人所得税起征点为 5000 元,个人所得税税率如表 10-2、表 10-3 所示。

表 10-2　个人所得税税率表一(综合所得适用)

级数	全年应纳税所得额	税率/%
1	不超过 36000 元的	3
2	超过 36000 元至 144000 元的部分	10
3	超过 144000 元至 300000 元的部分	20
4	超过 300000 元至 420000 元的部分	25
5	超过 420000 元至 660000 元的部分	30
6	超过 660000 元至 960000 元的部分	35
7	超过 960000 元的部分	45

注 1:本表所称全年应纳税所得额是指依照《中华人民共和国个人所得税法》第六条的规定,居民个人取得综合所得以每一纳税年度收入额减除费用六万元以及专项扣除、专项附加扣除和依法确定的其他扣除后的余额。

注 2:非居民个人取得工资、薪金所得,劳务报酬所得,稿酬所得和特许权使用费所得,依照本表按月换算后计算应纳税额。

表 10-3　个人所得税税率表二(经营所得适用)

级数	全年应纳税所得额	税率/%
1	不超过 30000 元的	5
2	超过 30000 元至 90000 元的部分	10
3	超过 90000 元至 300000 元的部分	20
4	超过 300000 元至 500000 元的部分	30
5	超过 500000 元的部分	35

注:本表所称全年应纳税所得额是指依照《中华人民共和国个人所得税法》第六条的规定,以每一纳税年度的收入总额减除成本、费用以及损失后的余额。

（二）相关税务规划

税务规划即税务筹划,是指在纳税行为发生之前,在不违反法律、法规的前提下,通过对纳税主体(法人或自然人)的经营活动或投资行为等涉税事项做出事先安排,以达到少缴税或递延纳税目标的一系列筹划活动。

个人所得税务进行规划的经济行为和环节不少,需要结合日常实际情况与税法规定事项进行有目的性的规划,通过税收筹划,可以找到最有利于家庭各成员的纳税方法。

1. 投资涉税环节的规划

纳税人如果有宽裕的资金并计划进行证券等形式投资,就存在税收规划的空间,税收筹划的机会就比较多,如何投资,需要纳税人认真分析在投资回报率相同情况下哪里的税收成本更低。例如,如果想投资上市公司,在经济周期、国际形势都不错和其他客观条件存在的环境对经济形势都影响不大的情况下,是投资境内上市公司还是投资境外上市公司,要根据国家对投资境内外企业获得红利需缴纳的个税情况来决定。

2. 收入涉税环节的规划

对于每一个老百姓、每一个家庭而言,取得收入都是一个涉税且可进行税务规划的重要环节。个人所得税按项目征收:综合所得适用 3% 至 45% 的超额累进税率;经营所得适用 5% 至 35% 的超额累进税率;利息、股息、红利所得,财产租赁所得,财产转让所得和偶然所得,适用比例税率,税率为 20%。

收入渠道不同,征收率就不同,中间就存在给纳税人以收入渠道为媒介的税务规划。值得注意的是,某笔收入应当按照什么项目进行征税要谨慎,既要符合法律法规,又不能带来税务方面的法律风险。

另外还需要注意纳税申报。《中华人民共和国个人所得税法》第十一条规定:

"居民个人取得综合所得,按年计算个人所得税;有扣缴义务人的,由扣缴义务人按月或者按次预扣预缴税款;需要办理汇算清缴的,应当在取得所得的次年三月一日至六月三十日内办理汇算清缴。预扣预缴办法由国务院税务主管部门制定。"

3.财产处置涉税环节的规划

资产一般对于企业来说是厂房、机械设备,对于个人来说就是房产、车子。

假设老李是某银行一名退休了十年的老职工,在杭州名下有一套十年前90米²的"房改房"。老李今年打算回老家北京住,就想把这套房转到儿子小李名下。资产评估结果出来,房产价值200万元。老李面临一个问题,是赠与小李,还是卖给小李呢?

经过税务师分析,第一种方式——赠与小李。房产赠与只允许在直系亲属间进行。如果是这种形式,老李需要缴纳房产价值2%的公证费、房产价值3%的契税,共计缴纳税费为老李名下房产价值的5%。也就是说,老李如果将房产直接赠与小李,那么在过户环节所需的费用为10万元。第二种方式——卖给小李。个人首次购买90米²及以下普通住宅,契税税率为1%。对个人销售或购买住房暂免征收印花税。对个人销售住房暂免征收土地增值税。个人购买超过2年(含2年)的普通住房对外销售的,免征营业税。也就是说,老李如果将房产卖给小李,只需要在过户环节花费2万元即可。

通过税务师的分析和比较,老李采用卖给小李的方式比赠与形式少缴税8万元。

4.消费涉税环节的规划

应该说每一个人都离不开一件事——消费。消费环节可以说是节税机会最多的环节。例如,为了激活二手房市场,国家各相关部门对二手房市场有所干预,对二手房的持有时间以及不同房源转让的营业税免征政策进行了详细规定。如果购房者能够充分利用普通住房及非普通住房的政策差异进行规划,其涉税利益就会出现不同的效果。

以契税为例,如果买卖土地使用权、买卖房屋,其契税的主体为所交换的土地使用权、所买卖房屋的价差。那么根据相关规定进行规划进而减少契税带来的费用支出,就可规避一些税款,实现家庭收益最大化。

再以车辆购置税为例。车辆购置税是一个更新变化速度快的税种,往往不到半年就会出新规。如果有购车的需求,那就要根据当时的车辆购置税规定进行相应的税务规划。购车者应该根据规定来调整自己的购车预算。

二、契税

在我国境内转移土地、房屋权属,承受单位和个人为契税的纳税人,纳税人应当依照《中华人民共和国契税法》规定缴纳契税。契税税率为3％至5％,契税的具体适用税率由省、自治区、直辖市人民政府在税率幅度内提出,报同级人民代表大会常务委员会决定,并报全国人民代表大会常务委员会和国务院备案。省、自治区、直辖市可以依照规定的程序对不同主体、不同地区、不同类型的住房权属转移确定差别税率。

在实际操作中,依照法律、法规可根据自己的实际需要做相应的成本规划。

（一）签订分立合同可降低契税支出

对于承受与房屋相关的附属设施(包括停车位、汽车库、自行车库、顶层阁楼以及储藏室,下同)所有权或土地使用权的行为,按照契税法律、法规的规定征收契税;对于不涉及土地使用权和房屋所有权转移变动的不征收契税。

采取分期付款方式购买房屋附属设施土地使用权、房屋所有权的,应按合同规定的总价款计征契税。

承受房屋附属设施权属为单独计价的,按照当地确定的适用税率征收契税;如与房屋统一计价的,适用与房屋相同的契税税率。

（二）改变抵债时间可免征契税

企业按照有关法律、法规的规定关闭、破产后,债权人(包括关闭、破产企业职工)承受关闭、破产企业土地、房屋权属以抵偿债务的免征契税。

（三）改变抵债不动产的接收人可不纳契税

A欠B钱,B欠C钱。A将一套固定资产转给B,B再将这套固定资产转给C,整个过程有两个契税纳税环节,偿还债务的成本比较高。若A直接将资产转给C,则可以避免一个契税纳税环节,债务偿还成本变低。

三、印花税

印花税是对在经济活动和经济交往中书立、领受具有法律效力凭证行为征收的一种税,因其采用在应税凭证上粘贴印花税票作为完税的标志而得名。印花税法是调整印花税征纳关系法律规范的总称。《中华人民共和国印花税法》规定,在中华人民共和国境内书立应税凭证、进行证券交易的单位和个人,为印花税的纳税人,应当依法缴纳印花税。

（一）印花税三大特点

1.税率低、税负轻、范围广

印花税是每一个企业都必须面对的一种税,如企业领用营业执照或者是签订购销合同,就会产生纳税义务,购销合同按照购销金额万分之三缴纳印花税。印花税的税率相对比较低,如万分之三、万分之五、千分之一等。

2.双向征收

印花税是唯一一个实行双向征收的税种,发生应税行为签订合同,一般至少两方参与,当事人都是签订合同的行为人。因此,双方或多方的行为人都是印花税的纳税义务人,要按照合同上注明的金额缴纳印花税。

3.未分别记载,采用孰高原则

对分别记载的,分别按照适用税率征收;对未分别记载的,采用孰高原则。

（二）印花税的筹备

印花税的筹划方法通常包括利用核定征收的税收筹划;科学预估合同金额,避免多交税款;拆分合同,分别按印花税不同税率征收;只规定收费标准,不规定期限,暂按5元贴花。

1.印花税的核定征收

根据合同的签订率,假如合同签订率低,低于印花税的核定比率,那么选择查账征收,对企业更有利。反之,如果合同签订率比较高,高于印花税的核定比率,采用核定征收的方式缴纳印花税,可以让企业节税。

2.预估合同金额

由于印花税是一种行为税,特定的应税行为如果发生了,就需要纳税,即无论合同是否履行或者履行了多少,都需要按照合同的签订金额缴纳印花税。因此,懂筹划的会计师会按最低合同执行金额签订合同,等实际工作量基本确定,签订补充协议合同时明确剩余经济合同金额。

3.拆分合同

很多企业在签订合同时,选择拆分合同签订,这样就可以分别核算印花税,有部分项目的合同是可以不征收印花税的,如租赁绿植租金合同。

4.金额不明确暂按5元缴纳

如果涉及财产租赁合同,可以先规定月租金标准不约定具体租赁期限。对于这类合同签订时可以先按5元征收印花税,执行时再按实际的金额计税。

四、消费税

消费税是以消费品流转额作为征税对象的各种税收的统称,是政府向消费品征收的税项,征收环节单一,多数在生产或进口环节缴纳。消费税根据税法确定的税目,按照应税消费品的销售额、销售数量分别实行从价定率或从量定额的办法计算应纳税额。消费税的纳税期限与增值税的纳税期限相同。

想要家庭税务减少,就必先做好家庭税务规划。普通人不知道如何做好税务规划怎么办? 可以借鉴以下几个案例,通过婚姻、孩子、老人等家庭成员进行税务安排。

案例一:王氏夫妇通过婚姻进行税务规划,因为他们夫妻收入差别比较大。老王年收入 20 万元,夫人年收入三四万元。王氏夫妇有一套投资房进行附扣税,在收入差别大的夫妇中这样的附扣税带来的效果并不好,税务效果比较好的一种方式是让高收入者购买附扣税的房产,即通过"按份共有"方式来进行扣税,对附扣税、折旧,收入较高的一方按收入比例进行较高的抵扣。王氏夫妇 100 万元的房产,老王拥有 80%,夫人拥有 20%。一年的利息加折旧,房产的亏损约 2 万元,老王可以抵扣 80%,夫人可以抵扣 20%,这样会比一人抵扣一半的税务效果要好,可以多省下一些钱。哪种持有方式最好是购买时刻决定,中途可以更改。

案例二:老李通过孩子来做税务规划。老李家办有一个企业,家中有两个孩子。按相关规定,个人所得税的起征点是 5000 元,如果家里有 16 岁以上的小孩,不管是在上高中还是在读大学,都是可以支付工资的对象。老李的大儿子大李今年 18 岁刚高考结束。老李给大李每个月开 5000 元工资,老李的二儿子今年 16 岁刚上高二,老李也给他开 5000 元的工资。大李和二李的工资加起来 10000 元,那么老李的应纳税所得额就少了 10000 元,可以少交 300 元到 4500 元的税了。

看到这里你是不是会问:二李不是上学吗? 怎么可以向其支付工资呢? 因为上学可以兼职,年满 16 周岁的符合劳动法要求。《中华人民共和国劳动法》第十五条规定:禁止用人单位招用未满十六周岁的未成年人。文艺、体育和特种工艺单位招用未满十六周岁的未成年人,必须遵守国家有关规定,并保障其接受义务教育的权利。

案例三:老张通过退休老人来做税务规划。居民个人的综合所得全年应纳税所得额以每一纳税年度的收入额减除费用 6 万元以及专项扣除、专项附加扣除和依法确定的其他扣除后的余额确定,退休费免征个人所得税。给退休老人列支薪资其实就是用了上述政策,也是一种比较好的节税方式。老张的工资虽然不是太高,年薪 12 万元,个人所得税税率为 10%,但是企业所得税税率高达 25%。所以,对于大多数薪资不高的家庭来说,把退休人员或者小孩安排到企业里工作支付薪资是一个常用的节税税务策略。老张给退休老人支付 5000 元的月薪,退休老人无需缴税,企业每月省下 750 元的税费,按两位老人计,即每月省下 1500 元的税费。同时,老王个人所得税的 10%,即 10000×10%＝1000 元税务费也省了下来。这样,老张通过给两位老人支付工资的方式,每月共计省下 2500 元的税费,累计一年即为 3 万元。如果是更高收入的人群,则节税会更多。

在老李和老张的节税方式中,薪资支付对象不同,但其实质是一样的,都是通过支付劳务的方式减免所需要纳税的税额。

从上述案例的分析和结果来看,懂法懂税务和如何操作都十分重要,应该做好家庭税务规划。

第三节　婚姻与财富

在越来越多人的观念中,理财已成为人生中不可或缺的技能,其重要性已越来越凸显。理财的质量深深影响家庭未来的生活质量,并且与家庭、个人的幸福指数息息相关。理财不仅是把钱放在银行里,更不是随随便便把钱投出去,有很多需要注意的地方。

中年是最缺乏安全感的年龄阶段。人们赚钱是为了满足吃喝玩乐,解决一切生活所需,本质就是一个满足安全感的过程。所以说在一定程度上,没有钱就没有安全感。理财的质量越高,生活就越轻松和稳定,当"黑天鹅"降临的时候,也不会不知所措。

大多数平凡人,究其一生,也不过是在追求安全感这个目标,财富自由的本质是为了人身自由。人们为了将来生活没有那么多顾虑和约束,都在不断积累财富。

中国第一批独生子女正在逐步踏入婚姻的殿堂。他们收入高低不同,在社会上的身份地位不同,思维、价值观也不同。公务员、工人、高管等不同人群在收入、地位、价值观上是不一样的。

年轻人具有以下几个鲜明的特点:受教育水平高、收入不菲、思想先进。这些人拥有优点的同时也隐藏着一些缺点:受社会环境和家庭背景的影响,可能存在过度消费、理财不当等问题。

这些年轻人从步入社会到成家立业，生活环境发生了不小的变化，但是他们仍然保持着以前的消费理念、习惯。这些理念、习惯带来的坏处在他们结婚成家之后慢慢地显现了出来。有些年轻人喜欢过度消费，导致不够钱交租金，吃不饱穿不暖；有些年轻人投资不谨慎，导致夫妻二人乃至于前两代人的积累大幅度锐减。

本书以王五为例，分析婚后的生活中理财应该要注意哪些问题。

王五是一个零售行业企业的销售总监，年薪 25 万元。在王五和王夫人步入婚姻殿堂之前，打算买一套新房子当作婚房。

购房时，房产经理说要先支付 20% 的定金即 20 万元，其余部分可由银行贷款。但是，王五和其夫人连 20 万元都拿不出来。二人心里想：以我们的工资，20 万元不是不用一年就挣到了吗？钱呢？

看着相同圈子里的朋友们，有车有房，甚至一些人收入都不如他们那么高。可是为何他们连 20 万元都拿不出来？

笔者认为，王五和其夫人的消费习惯和消费观念需要改变。例如，没到周末就跟朋友去高档餐厅吃饭，到了周末又跟朋友去吃饭蹦迪。最新的手机一出，王五没等降价就直接买了；王夫人的包包更是堆满了衣柜……这种习惯和观念就是把钱偷走的元凶。

总结上面，想要把钱攒下来的话，可以用以下方法。

一、攒钱的小技巧

勤俭持家是中华民族的美好传统，需要传承和发扬。如何节俭，我们需要掌握一些小技巧。

用好消费记录。习惯性每天睡前翻翻自己的消费记录，看看今天花了多少钱，哪些是不该花的，反思一下自己的消费习惯。

拒绝冲动消费。网上浏览想购物时可把物品先添加至购物车不结算，也许一周过后就不需要这个物品了。建议逛超市前先写好购物清单，这样也可以有效避免冲动购物。

定期处理闲置物品。经常整理家中物品，做到"断、舍、离"，把用不着的东西、闲置的东西全部处理掉，说不准还可以回收一小部分成本。

少点外卖。坚持自己做饭，自己做的饭不仅干净健康，而且还能在锻炼自己厨艺的同时省下大部分日常生活开销。

科学购物。遇到确定想要买的东西时,一定要合理科学规划,在自己能力范围内买最好的。如果一件物品,觉得买回来后有可能会被闲置的,那就算只花了 10 元也是浪费。

减少没有意义的社交。一定的社交是必须的,但无选择无边际的社交需要慎重和取舍,有些快乐不是真正的快乐,把这笔钱存下来也是一笔不小的钱。

树立正确的存钱意识。存钱不等于抠门,如果因为存钱让幸福感降低了,那就一定是走偏了。可以给自己设定近期、远期的存钱小目标,养成良好的存钱习惯与养成良好的消费习惯一样重要,物质充裕是幸福的基本保障。

年少未老时拥有的财富一定要把握好,不能有钱就奢侈消费、肆意挥霍、夜夜笙箫。一个家庭除了存钱,还要懂得如何去理财,去创造更多的财富,以确保家庭所有成员过上幸福的生活,确保老有所依、小有所养。

二、婚后理财应该遵循的原则

(一)量力而行,随时熟悉资金情况

可以建立财务管理档案,记录家庭每个月的收支情况。收入不是理财该分析的,理财该分析的是支出。哪些是必要的支出,哪些是不需要的支出。

可以开通网上银行,随时查看银行卡的余额以掌握资金的去向和使用情况,克制消费欲望,做到理智消费。

(二)强制储蓄,日积月累

当资金还没有积累到一定数量的时候,可以考虑另开一张银行卡作为强制储蓄卡,每月收到工资后,双方将事先约定好的数额存到强制储蓄卡里,相互监督。

(三)合理投资,确保资金保值

随着时间的推移,夫妻二人已经逐渐有了一定的积蓄。如果长期放银行,利率最高也不会超过 5%,始终跑不过通货膨胀。所以要想财富保值增值,就要懂得投资理财。如果住房是刚需的话,可以考虑购置房产;如果住房不是刚需,房地产行业也不景气,投资上市公司的股票、基金或者债券、黄金都是不错的选择。这些理财工具在本书前面详细介绍过,本章不再展开。

【案例】

李四今年 30 岁,是上班族,最近才结婚。结婚之后,夫妻二人为了下一代的教育以及退休后的幸福生活开始了理财之路。丈夫税后年收入 12 万元,妻子税后年收入 8 万元。二人约定丈夫每月拿出 3000 元、妻子每月拿出 2000 元存入储蓄账户,二人存入储蓄账户的比例是 3∶2,与双方的收入比例一致。夫妻之间互相监督,约定如果每月 7 日之前有人未将钱存入储蓄账户,则这个月的家务就由失约者承担。到了季度末,将所存的钱根据市场行情投入当时最适合的理财投资工具,以实现钱生钱,为家庭的财富积累做贡献。

三、婚后理财注意事项

(一)尊重双方消费习惯

夫妻之间要尊重对方的消费习惯。婚后的生活不一定像刚谈恋爱时那么有新鲜感。可以在情人节的时候买束玫瑰花送给对方,也可以在双方生日的时候买个礼物赠送,还可以在特殊的节假日来一场说走就走的旅行。这些“生活仪式感”会让我们的生活变得更加美好、更有人情味。

(二)建立家庭财富基金

对普通家庭而言,刚结婚时家里财富通常不甚充裕,正处于积累阶段。需要通过理财达成的目标不少,如抚养子女、赡养父母、买房以及退休后的幸福生活等等。

不妨给这些目标分别建立账户,把每个月储蓄卡里的钱分别存入这些账户,用这些账户分别进行相同或者不同的投资理财,推进财富增长或保值。

(三)避免铺张浪费

对于不必要的物品,应该断舍离,控制日常开销,做到科学消费、理智消费,避免铺张浪费。

(四)尽早准备教育经费

几个家庭财富基金账户中,如果房子不是刚需或者已拥有了房子,可以考虑尽快准备下一代的教育经费。

(五)适时买一些保险

保险能够帮助家庭增强抵御风险的能力。虽然意外发生的概率不高,但意外发生后再后悔将于事无补,应当防患于未然。意外事故给家庭带来的危害不仅体现在身体健康和经济方面,还可能影响所有家庭成员的心态和相互关系。

如果双方收入差距较大,保险通常由收入较高的一方买。客观分析,夫妻双方发生事故的概率是相同的,但是出现事故时家庭可承受的情况是不一样的。如果收入较低的一方发生事故,家里还有收入高的一方提供经济支柱;但是如果收入高的一方发生事故,家庭就像是突然没了顶梁柱,就会迫切需要保险赔偿金。

如果双方收入差距不大,那么两人都要配置保险,主要考虑人寿保险、意外险、车险、健康险。

第四节　家庭理财规划书制作

人的一生十分漫长,改变命运不是靠当下的某个行为,而是需要一个漫长的过程。大多数人都是平凡的,房产、车子、孩子教育、结婚都可能成为他们的"锥心之痛"。之所以这些会成为"痛",是因为自身的经济状况不足以应对这些问题。因此制定好家庭理财规划尤为重要和必要,想要做好家庭理财规划,家庭理财规划书将是一个合适的工具。

一、人一辈子要赚多少钱才够用

人这一辈子需要花多少钱? 换个问法:人这一辈子要赚多少钱才够用?

要花钱的地方很多,如孝顺父母、退休养老、休闲社交、旅游玩耍、购车、购房、孩子教育、家用开销等。

房子在以上支出中占比最大,买套像样点的房子,包括装修,少则几十万元,高则几千万元,本书暂以 100 万元计。

市面上一辆安全的车子约 15 万元,按十年换一次车,加上保养、各项税金、罚金等每月 1500 元计,30 年费用约为 100 万元。

按本章前面子女教育费用的估算,不考虑留学,在国内培养一个孩子从出生到大学本科毕业需要约 65 万元。

赡养老人是每个子女应尽的法律义务。假如一个月给父母每人 300 元,夫妻双方 30 年给父母的钱大约是 $300 \times 4 \times 12 \times 30 = 43.2$ 万元。

家庭的日常开支是避不开的支出。假设家里三口人,每月开销 3000 元,30 年

需要 $3000 \times 12 \times 30 = 108$ 万元。

一家人每年看电影、旅行、郊游的开销以每年 1 万元计,30 年需要 30 万元。

假设退休后再活 15 年,每个月和老伴用 2000 元过日子。$2000 \times 12 \times 15 = 36$ 万元。

统计一下:房子 100 万元,车子 100 万元、孩子 65 万元、父母 43.2 万元、家用 108 万元、休闲 30 万元、晚年 36 万元,这是不计生病、失业等意外开销,总共 482 万余元。

平均一下,每月家庭开销约 1.4 万元,换句话说,家庭月收入 1.4 万元及以上才可以基本维持生活开销。随着环境的变化和需求的不断提高,相关费用还会有不同程度的增加。

为进一步做好规划,增加收入,投资理财是不可或缺的方法。投资理财,从家庭理财规划书的制作开始。

二、家庭理财规划书的制作

家庭理财规划书包含一个家庭有多少人、收入是多少、身体健康状况如何、基本开支是多少、理财要达成的目标是什么,还要将宏观理财环境考虑进去,以便进行家庭财务状况分析。

那么家庭理财规划书应该怎么制作呢?下面给出相关的步骤:罗列家庭财务基本信息;制定理财目标;理财背景假设;对家庭基本状况进行分析;风险属性分析;建立理财组合。以下以张三一家的情况为例。

第一步,罗列张三一家的家庭财务基本信息。张三一家四口人,张三今年 50 岁,是一名工地工人,月收入 5000 元;张夫人也是 50 岁,以前是全职妈妈,孩子长大后自己就在家里做家政,无收入;大张(张三的大儿子)今年 23 岁,公司销售,月收入 3500 元;小张(张三的二儿子)今年 20 岁,在读大学生,无收入。

张三一家每月花销 1000 元,小张生活费每月 1000 元,家庭水电费、杂费一共 500 元,保险费用及其他费用全年大约为 30000 元,现一家四口人居住在一个 90 米² 的商品房里,大张有一辆车。

第二步,制定张三一家的理财目标。预计三年后大张结婚需要一套婚房,价格在 80 万元左右;小张两年后毕业,出于工作需要,可能考虑买一辆车,价格在 12 万元左右;另外家庭需要有 10 万元的应急金。

第三步,现阶段张三一家的理财背景假设。通货膨胀率 5%,大宗商品价格年增长率 5%,收入增长率 3%,房屋贷款利率 5%,存款平均利率 3%。

第四步,对张三一家的基本状况进行分析。张三一家处于过渡期,大张处于刚刚步入社会的阶段,张夫人无收入,老张尚能工作几年。家庭积蓄不丰厚,整体来说负担不轻,属于风险厌恶类型。理财目标也非常明确,就是买房、买车和存够应急金。目前家庭年支出 60000 元,约占家庭年收入的 59%。换句话说,储蓄率可以达到 41%。在一家四口只有两人拥有收入的背景下,张三一家的储蓄率是非常不错的。

第五步,风险属性分析。

家庭理财规划的风险属性分析需要综合考虑家庭的就业状况、资产状况以及家庭负担、风险管理意识、投资经验等(见表 3-5)。通过科学合理的理财规划,家庭可以更好地管理和降低经济风险,实现财富的保值增值。

第六步,建立理财组合。

张三家中应该储备一点现金,一旦银行发生挤兑导致取款困难,就会发生现金难取的问题。

张三家财务和收支状况比较稳健,贷款的偿还能力较强,每月都有一定的结余。张家的财富大多数都是流动性较强的,足以覆盖家庭的日常支出和应对突发事件。资金流入全部只靠工资薪金,说明理财意识薄弱,会导致后续财富增值困难。现金流动中,投资和保障性支出比重过低。由于房地产的流动性过低,建议可将房产作为抵押申请三年贷款额度,以增加这部分财富的流动性。

拟建立的投资组合如下:

一是建议老张购置人寿保险。老张是全家的顶梁柱,主要收入都靠老张,万一出意外对这个家庭来说是一个非常大的损失。而且老张的年龄偏大,应该为老张配置一份人寿保险。保额需要根据当年的保险政策计算并购买。

二是建议为夫人和小张购买相应保险。张夫人和小张或许可以购买商业医疗保险,也可以尽早缴社保,以享受相应的医疗保障。

三是三年后大张需要婚房一套。除去以上两项,将结余资金部分存入大张买房专门账户里,以备结婚之需。

四是两年后小张需要一辆车。除去上述三项后的余额,部分存入小张买车专门账户里,以备两年后买车之需。

复习题

一、选择题

1. 教育金规划有哪些原则 （ ）

  A.及早准备　　　　B.安全第一　　　　C.专款专用　　　　D.定期投入

2. 投资子女教育保险金风险和收益如何 （ ）

  A.风险大　　　　B.风险小　　　　C.收益高

  D.收益赶不上通货膨胀,但是差不了太多

3. 下列哪些税种可以在家庭中筹划 （ ）

  A.个人所得税　　　B.企业所得税　　　C.契税　　　　D.消费税

4. 筹备印花税有哪几个步骤 （ ）

  A.了解合同的订单率,决定是否采用核定征收的方式缴纳印花税

  B.预估合同金额

  C.拆分合同

5. 下列属于攒钱小方法的是 （ ）

  A.习惯性翻看消费记录　　　　　　B.定期处理闲置物品

  C.坚持自己做饭　　　　　　　　　D.设定存钱目标

二、判断题

1. 小孩的教育经费可以边上学边规划,不需要提前规划。 （ ）

2. 理财就是理财,没有必要做理财规划书。 （ ）

3. 理财的时候必须考虑其风险。 （ ）

4. 爸妈给的房子,配偶没有分配权或所有权。 （ ）

5. 夫妻双方,如果其中一方将名下的房产卖了,另一方也能轻易追回。 （ ）

三、问答题

1.子女教育费用怎么估算?

2.制作家庭理财规划书应该遵循哪些步骤?